普通高等教育数据科学与大数据技术系列教材

# 数据科学与工程实战

王昌栋　赖剑煌　主编

科学出版社

北　京

## 内 容 简 介

本书是一本全面介绍数据科学理论与实践的综合性教材，旨在向读者展示如何在多样化的数据环境中应用数据科学技术以解决复杂的实际问题。本书的主要内容分为以下两部分：第一部分(第1、2章)主要介绍数据科学与工程的背景、定义、原则和基本概念，以及数据科学基础理论；第二部分(第3~7章)介绍高级应用和案例研究，旨在帮助读者建立数据科学与工程的基础知识，并在每个实践章节中，按照背景介绍和场景分析、数据工程基础实践、高阶算法研究及实战的脉络，为读者提供一个循序渐进的学习框架、实践指南和解决问题的方法。

书中案例包括知识图谱构建与挖掘、文本检测、多模态数据分析和推荐系统等，通过案例分析与实际操作示例，理论与实践紧密结合，帮助读者更好地理解和掌握数据科学的实际运用。

本书可作为普通高等学校计算机相关专业高年级本科生、研究生的教材，也可供相关领域专业人员（如数据挖掘工程师）等参考使用。

---

**图书在版编目(CIP)数据**

数据科学与工程实战 ／ 王昌栋，赖剑煌主编. --北京 ：科学出版社，2025.2. --（普通高等教育数据科学与大数据技术系列教材）. --ISBN 978-7-03-080584-3

Ⅰ．TP274

中国国家版本馆 CIP 数据核字第 2024SQ8241 号

责任编辑：于海云 ／ 责任校对：韩 杨
责任印制：师艳茹 ／ 封面设计：马晓敏

科学出版社 出版
北京东黄城根北街 16 号
邮政编码：100717
http://www.sciencep.com

三河市骏杰印刷有限公司印刷
科学出版社发行　各地新华书店经销
*

2025 年 2 月第 一 版　开本：787×1092　1/16
2025 年 2 月第一次印刷　印张：15 1/2
字数：380 000

**定价：69.00 元**

（如有印装质量问题，我社负责调换）

# 前　言

在现代信息社会，数据被喻为"新石油"，随着新一轮科技革命和产业变革深入发展，数据作为关键生产要素的价值日益凸显。数据科学与工程在数据驱动的决策和创新中扮演着核心角色。数据科学家和工程师通过建立可靠的数据基础和系统来处理海量的数据，同时开发高效的人工智能算法来提取数据中有价值的信息。党的二十大报告强调"我们要坚持教育优先发展、科技自立自强、人才引领驱动，加快建设教育强国、科技强国、人才强国"。本书以科技创新驱动教育发展，为我国数据科学与工程相关领域培养人才，助力我国高水平科技自立自强。本书从基础的统计学原理讲起，逐步深入到机器学习方法、大数据处理技术及其在各行各业中的应用，特别强调数据科学在今日社会中的重要性，无论是在商业策略、医疗健康还是公共政策制定中，数据科学的角色都显得尤为关键。

本书主要内容如下。

第 1 章绪论，介绍数据科学与工程的背景、定义、原则和基本概念，这包括数据科学的基本原理及其与数据工程的关系、数据工程的角色和案例分析，以及数据科学与工程面临的挑战。

第 2 章数据科学基础理论，介绍后续章节所必备的机器学习和人工智能基础知识和技术，旨在帮助读者建立数据科学领域的核心知识和理论基础，也为后续学习和实践中的数据科学项目奠定了坚实的基础。

第 3 章知识图谱构建与挖掘实践，关注于利用专利大数据进行知识图谱构建与挖掘的实践，其中介绍了知识图谱与构建背景知识、知识图谱构建与挖掘的优化技术，并通过知识图谱感知的专利成果聚类模型开发实践案例巩固知识的运用。

第 4 章文本检测实践，关注于利用互联网大数据进行文本检测的实践和应用，其中介绍了互联网文本检测背景知识、基于字符相似性网络的垃圾文本检测优化技术，并通过基于字符相似性网络的对抗垃圾文本检测模型实践示范促进知识的学习。

第 5 章多模态数据分析实践，关注于在医疗领域中应用多模态数据分析技术进行医疗大数据的实践，其中介绍了多模态数据分析背景知识、医疗大数据分析背景知识，并通过基于多模态数据融合的智慧医疗诊断模型开发实践案例使读者更好地掌握多模态数据分析技术在医疗大数据实践中的方法和技巧。

第 6 章推荐系统实践，关注于推荐系统及其在人岗智能匹配中的应用实践，其中介绍了推荐系统的背景知识、推荐系统的优化技术，并通过基于知识图谱的可解释人岗智能匹配实践的案例讨论，展示算法在实际的业务环境中的运用。

第 7 章 工程实践的简要回顾及扩展，概括总结了前面章节中高级应用和案例研究之间的内在逻辑关系，并提供了数据工程实践扩展的思路和方向。

本书基于数据科学与工程学科的综合性、交叉性特征，提供了深入的理论知识、实践指导和案例研究，便于读者在数据科学与工程领域中建立坚实的基础知识，掌握相关技能和工具，并深入了解相关技术和应用。综合来说，本书具有如下三大特点。

(1)系统性强：本书涵盖广泛的主题，展示了全面的知识体系。从第 2 章的基础理论到后续四章的实践应用，从数据收集和清洗到模型训练和部署，涉及多个学科领域，如机器学习、计算机科学和工程等。

(2)综合性强：本书将理论概念与实际应用相结合，能够锻炼读者将所学知识转化为实际解决问题的能力。针对图形数据、文本数据、时间序列数据到多模态数据等多种数据类型场景，本书结合常见的技术模型展开具体的全流程实践教学，从基本概念、原则和技术，到实例、实验和案例研究来展示这些概念和技术的实际运用。

(3)实用性强：本书强调实用性和可操作性，提供了丰富的实际应用案例，涵盖多个领域和行业，如互联网大数据、智慧医疗等。针对数据科学与工程常用的行业领域，如农业大数据的预测分析、互联网文本检测、招聘平台推荐、医疗辅助预测诊断等，这些案例将理论知识应用于实际问题的解决方案，让读者能够从中学习实际应用的方法和技巧。此外，本书还提供了具体的工具、技术和方法，帮助读者在实际项目中应用数据科学与工程的知识和技能。

本书由王昌栋、赖剑煌主编，其他编写成员包括赖培源、陈曼笙、陈弘毅、许展浩、赖凯煌、黄镇伟、郑乐绮、廖德章、何振宇等。其中，第 1、2 章由许展浩、王昌栋编写，第 3 章由赖培源、陈曼笙、廖德章、何振宇编写，第 4 章由许展浩、黄镇伟编写，第 5 章由陈弘毅、郑乐绮编写，第 6 章由赖凯煌编写，第 7 章由王昌栋、赖剑煌编写，全书由王昌栋、赖剑煌统稿。在本书的编写过程中，王增辉等提供了数据和工程源代码，并协助绘制图片等，在此一并表示感谢。

通过对本书的学习，读者不仅可以全面了解数据科学的原理，还可以在工程实践中提高自己的技能水平，为今后从事数据科学与工程领域的工作奠定坚实的基础。

在本书的编写过程中，因作者时间及精力有限，书中难免存在疏漏之处，诚挚欢迎广大读者和各界人士批评指正并提出宝贵的建议。

作　者

2024 年 9 月于中山大学

# 目 录

**第1章 绪论** ··················································································· 1
  1.1 数据科学与工程背景 ································································· 1
    1.1.1 数据科学与工程的形成 ······················································· 1
    1.1.2 数据科学与工程的概述 ······················································· 3
    1.1.3 与其他相关领域的关系 ······················································· 4
    1.1.4 数据科学与工程的重要性 ···················································· 6
  1.2 数据科学与工程的工具和技术 ····················································· 6
    1.2.1 常用工具和技术 ································································ 6
    1.2.2 本书用到的工具和技术导览 ················································· 8
  1.3 数据科学与工程面临的挑战 ························································ 8
    1.3.1 数据隐私和安全 ································································ 8
    1.3.2 道德、伦理与法律问题 ······················································· 9
    1.3.3 数据质量和治理 ······························································· 10
  小结 ···························································································· 11

**第2章 数据科学基础理论** ································································ 12
  2.1 数字图像处理 ········································································· 12
    2.1.1 数字图像概述 ································································· 12
    2.1.2 图像的类型 ···································································· 12
    2.1.3 数字图像的基本概念 ························································ 13
    2.1.4 数字图像处理主要研究内容 ················································ 15
  2.2 知识图谱 ··············································································· 17
    2.2.1 知识图谱的背景 ······························································ 17
    2.2.2 知识图谱的概念 ······························································ 18
    2.2.3 知识图谱的分类 ······························································ 19
    2.2.4 常见的知识图谱技术 ························································ 19
  2.3 数据聚类算法 ········································································· 21
    2.3.1 聚类分析的概念 ······························································ 21
    2.3.2 聚类分析的度量 ······························································ 21
    2.3.3 聚类的分类 ···································································· 22
    2.3.4 聚类算法实战：DBSCAN 算法 ············································ 24
  2.4 文本分析算法 ········································································· 26
    2.4.1 文本的定义 ···································································· 26
    2.4.2 文本的作用 ···································································· 26

2.4.3 文本的形式 ····· 27
2.4.4 常见的文本分析技术 ····· 28
2.5 时间序列分析算法 ····· 31
2.5.1 时间序列 ····· 31
2.5.2 平稳性 ····· 33
2.5.3 时间序列的常用模型 ····· 34
2.6 多模态数据分析算法 ····· 35
2.6.1 多模态数据分析的定义 ····· 36
2.6.2 经典的多模态任务 ····· 37
2.7 推荐算法 ····· 38
2.7.1 推荐系统概述 ····· 39
2.7.2 推荐算法的思想原理 ····· 39
2.7.3 相似性度量方法 ····· 40
2.7.4 推荐算法分类 ····· 41
小结 ····· 43
习题 ····· 43

# 第3章 知识图谱构建与挖掘实践 ····· 44
3.1 知识图谱与构建背景知识 ····· 44
3.1.1 知识图谱背景知识 ····· 45
3.1.2 数据预处理 ····· 46
3.1.3 知识图谱构建 ····· 47
3.1.4 专利大数据实践处理流程 ····· 48
3.1.5 专利大数据介绍及建模 ····· 48
3.2 知识图谱构建与挖掘的优化技术 ····· 55
3.2.1 知识增强与知识融合 ····· 56
3.2.2 面向文本数据的知识图谱处理技术 ····· 57
3.2.3 知识图谱的表征学习 ····· 59
3.2.4 知识图谱的可解释应用 ····· 72
3.3 知识图谱感知的专利成果聚类模型开发实践 ····· 72
3.3.1 知识图谱感知专利聚类算法 ····· 72
3.3.2 系统评测与验证 ····· 78
3.3.3 工程实践 ····· 81
3.3.4 演示系统 ····· 89
小结 ····· 90
习题 ····· 90

# 第4章 文本检测实践 ····· 91
4.1 互联网文本检测背景知识 ····· 91
4.1.1 互联网平台风控场景 ····· 92

  4.1.2 垃圾文本检测处理流程 ················································································94
  4.1.3 垃圾文本检测数据介绍及建模 ······································································95
 4.2 基于字符相似性网络的垃圾文本检测优化技术 ·························································118
  4.2.1 字形相似性 ······························································································118
  4.2.2 字音相似性 ······························································································120
  4.2.3 字符相似性网络 ························································································121
 4.3 基于字符相似性网络的对抗垃圾文本检测模型实践示范 ···········································122
  4.3.1 对抗垃圾文本检测算法 ··············································································122
  4.3.2 系统评测与验证 ························································································130
  4.3.3 演示系统 ··································································································133
 小结 ·····················································································································135
 习题 ·····················································································································135

## 第 5 章 多模态数据分析实践 ·················································································136
 5.1 多模态数据分析背景知识 ····················································································136
  5.1.1 常见数据模态及其特征 ··············································································136
  5.1.2 不同模态数据分析方法异同 ········································································137
 5.2 医疗大数据分析背景知识 ····················································································137
  5.2.1 医学场景介绍 ···························································································137
  5.2.2 医疗大数据特点及建模 ··············································································140
  5.2.3 医学数据分析算法 ·····················································································143
  5.2.4 数据预处理工具介绍 ··················································································146
 5.3 基于多模态数据融合的智慧医疗诊断模型开发 ·······················································153
  5.3.1 多模态数据预处理 ·····················································································154
  5.3.2 多模态数据融合模型设计与开发 ··································································158
  5.3.3 系统评测与分析 ························································································173
 小结 ·····················································································································178
 习题 ·····················································································································178

## 第 6 章 推荐系统实践 ·····························································································179
 6.1 推荐系统的背景知识 ···························································································179
  6.1.1 推荐系统概述 ···························································································179
  6.1.2 推荐系统架构 ···························································································181
  6.1.3 推荐系统数据介绍及建模 ···········································································191
 6.2 推荐系统的优化技术 ···························································································208
  6.2.1 双向推荐系统 ···························································································208
  6.2.2 基于知识图谱的推荐系统 ···········································································210
  6.2.3 可解释推荐系统 ························································································211
 6.3 基于知识图谱的可解释人岗智能匹配实践 ·····························································213
  6.3.1 基于知识图谱的可解释双向推荐算法 ···························································213

| | | 6.3.2 系统评测与验证 | 223 |
|---|---|---|---|
| | | 6.3.3 工程实践 | 224 |
| | | 6.3.4 演示系统 | 227 |
| | 小结 | | 230 |
| | 习题 | | 231 |
| **第7章** | **工程实践的简要回顾及扩展** | | **232** |
| 7.1 | 四个工程实践的简要回顾 | | 232 |
| 7.2 | 数据工程实践扩展 | | 232 |
| | 7.2.1 技术角度的扩展 | | 232 |
| | 7.2.2 应用领域角度的扩展 | | 233 |
| | 7.2.3 跨领域技术应用 | | 234 |
| | 7.2.4 数据融合技术应用 | | 235 |
| **参考文献** | | | **236** |

# 第1章 绪　　论

## 1.1　数据科学与工程背景

本节将介绍数据科学与工程背景，包括数据科学与工程的形成、数据科学与工程的概述、与其他相关领域的关系，以及数据科学与工程的重要性。

### 1.1.1　数据科学与工程的形成

1. 产生背景

1974 年，著名计算机科学家、图灵奖获得者彼得·诺尔(Peter Naur)在其著作《计算机方法的简明调研》(*Concise Survey of Computer Methods*)的前言中首次明确提出了"数据科学(data science)"的概念——数据科学是一门基于数据处理的科学，并提到了数据科学与数据学的区别：前者是解决数据(问题)的科学，而后者侧重于数据的处理及其在教育领域中的应用。数据科学本质上是"让数据变得有用"的科学理论与技术体系。数据是对现实世界(包括物理世界和人类社会活动)的碎片化记录，是现实世界的数字化结果。"让数据变得有用"这一目标，旨在通过获取、加工、分析和处理这些碎片化的数据，从而增强人们对现实世界的认知和操控能力。几乎所有的科学技术和学科分支都对数据科学的产生和发展起到了推动作用。然而，大数据的兴起与发展是推动数据科学形成的最直接、最重要、最核心的驱动力。可以说，大数据的进步是数据科学形成和发展的关键推动力。

数据科学与工程的发展历程可以追溯到 20 世纪中期，早期的统计分析和数据处理技术为现代数据科学奠定了基础。20 世纪 60 年代，数据库管理系统的出现极大地推动了数据工程的发展。进入 21 世纪，互联网和信息技术的迅猛发展带来了大数据时代。大数据时代的到来促使数据科学和数据工程迅速演变，以应对海量数据处理和分析的需求。在这个过程中，数据科学与工程相互促进，共同推动了技术的进步和广泛应用。

在数据科学与工程的发展进程中，有许多关键的人物和事件对该领域产生了重大影响。"数据科学之父"约翰·图基(John Tukey)在 20 世纪 70 年代提出了探索性数据分析(exploratory data analysis，EDA)的概念，开创了现代数据科学的先河；2007 年，图灵奖获得者吉姆·格雷(Jim Gray)提出了"第四范式"的概念，强调了数据密集型科学发现的重要性。

进入 21 世纪以来，Apache Hadoop 和 Spark 等开源项目的兴起，为大数据处理提供了强大的软件工具，进一步推动了数据科学和数据工程的发展。Hadoop 提供了一个可靠的分布式存储和处理框架，使处理大规模数据成为可能；而 Spark 则以其更快的处理速度和更广泛的应用场景，进一步提升了数据处理的效率和灵活性。与此同时，基于 x86 服务器的分布式计算，以大容量硬盘、高吞吐量的固态硬盘相结合的分布式存储设备等硬件技术发展，尤其是以 GPU 为代表的 AI 算法的发展，加速了数据科学与工程的发展和应用。

随着大数据成为当前的热点，信息技术发展的重点从计算转向数据，数据的有效应用变得至关重要。数据科学在这一背景下应运而生并迅速发展。数据科学通常指基于计算机科学、统计学、信息系统等学科的理论和技术，研究数据的收集、整理以及对海量数据进行分析处理，以获得有效知识并加以应用的新兴学科。数据工程则是利用工程的方法进行数据管理和分析，并开展系统研发和应用的学科。数据量的爆炸式增长不仅改变了人们的生活方式和企业的运营模式，也改变了科学研究的基本范式。数据科学和数据工程作为支撑大数据研究与应用的交叉学科，其理论基础来自多个领域，包括计算机科学、统计学、人工智能、信息系统和情报科学等。数据科学与工程学科的目标在于系统而深入地探索大数据应用中遇到的各类科学问题、技术问题和工程应用问题，包括数据全生命周期管理、数据管理和分析技术与算法、数据系统基础设施建设以及大数据应用的实施和推广。这些研究和实践不仅推动了大数据技术的发展，也为各行业提供了创新的解决方案和新的发展机遇。

2. 典型案例分析

数据科学的应用已渗透各个行业，极大地推动了基于数据的决策制定，从而提高了企业和组织的效率与效益。以下是数据科学在不同领域中应用的代表性案例。

1）商业智能和市场营销

亚马逊：作为美国最大的电商平台，亚马逊使用数据科学进行个性化推荐，通过分析用户的浏览和购买历史，向用户推荐可能感兴趣的产品。根据麦肯锡的报告，个性化推荐系统为亚马逊带来了约35%的销售额。通过推荐系统，亚马逊不仅提高了用户体验，还显著提升了销售转化率。

奈飞（Netflix）：作为一家会员订阅制的流媒体播放平台，奈飞利用数据科学分析用户的观影习惯和偏好，推荐个性化的电影和电视剧。根据奈飞的数据报告，奈飞推荐的内容占其总观看时间的80%以上。通过精确的推荐，奈飞每年节省约10亿美元的潜在用户流失成本，同时大大提高了用户满意度和订阅率。

2）医疗健康

沃森（Watson）：IBM的沃森系统利用数据科学和人工智能技术分析医疗数据，帮助医生做出更准确的诊断和治疗方案。沃森能够处理海量的医学文献和病历数据，从中提取有价值的信息，支持临床决策。在癌症治疗中，沃森能够在几分钟内分析数百万篇文献，提供最佳治疗方案，显著提高了治疗效果。

基因组学研究：数据科学在基因组学研究中被广泛应用，通过分析大量的基因数据，科学家能够识别与疾病相关的基因突变。人类基因组计划是一个典型案例，通过数据科学和计算技术，科学家成功绘制了人类基因组图谱，为个性化医疗的发展奠定了基础。

3）金融服务

高盛：高盛使用数据科学技术进行市场预测和风险管理，通过分析金融数据，构建预测模型，帮助进行投资决策和风险控制。高盛的量化交易团队依托数据科学技术，每天处理和分析数百万条交易数据，优化投资组合，降低市场风险。

Visa：信用卡公司利用数据科学技术实时分析交易数据，检测和预防欺诈行为，Visa的实时欺诈检测系统使用机器学习方法，每秒处理约65000笔交易，每年检测和阻止超过250亿美元的欺诈交易，大幅降低了欺诈风险。

4) 制造与供应链管理

通用电气：通用电气利用数据科学技术优化其制造和供应链管理，通过分析生产数据和供应链数据，发现瓶颈和优化生产流程。通用电气的 Predix 平台使用数据分析和物联网技术，帮助企业减少设备停机时间，提高生产效率，每年为客户节省数十亿美元的运营成本。

特斯拉：特斯拉通过分析车辆运行数据，进行预测性维护，降低故障率，提升用户体验。特斯拉的车辆实时监控系统收集和分析大量传感器数据，预测潜在的故障，提前通知车主进行维护，减少了车辆的停机时间和维修成本。

5) 社交媒体和互联网服务

Meta：Meta 使用数据科学分析用户数据，提供个性化的内容推荐和广告投放，提高用户黏性和广告效果。根据 Meta 的数据报告，Meta 的广告投放系统利用数据科学技术，每年为公司创造超过 700 亿美元的广告收入，通过精确的目标广告，大幅提高了广告主的投资回报率。

谷歌：谷歌通过数据科学技术优化搜索引擎算法，提升搜索结果的相关性和精确性，为用户提供更好的搜索体验。谷歌的广告平台 AdWords 利用数据分析优化广告投放策略，每年为公司带来超过 1000 亿美元的收入。

## 1.1.2 数据科学与工程的概述

### 1. 内涵式定义

数据科学与工程是以数据为基础的领域，旨在通过运用统计学、计算机科学和领域知识，从大规模数据集中挖掘有意义的信息和知识。作为一门交叉学科，工程实践在数据科学与工程中起着至关重要的作用。数据科学家和工程师通过建立可靠的数据基础和系统来处理海量的数据，同时开发高效的人工智能算法来提取数据中有价值的信息。工程实践涉及数据的采集、清洗、存储、处理和可视化，以及模型的开发、测试、部署和维护。此外，数据科学与工程的工程实践不仅涉及技术的研究，还需考虑到数据的质量、安全性、隐私保护和伦理等方面的问题。合理的数据管理和工程实践能够提高数据分析的效率与准确性，并将数据驱动的决策应用于各个领域，包括商业、医疗、金融、社交媒体等。

综合来说，数据科学与工程是一门综合性的学科，旨在帮助读者建立从数据采集到数据分析和建模，再到工程实践，乃至规模化部署应用的完整知识体系，实现理论和实践的综合能力提升，并培养读者在数据驱动决策和解决问题方面的能力。特别地，工程实践在数据科学与工程中扮演着重要的角色，通过构建可靠的数据处理系统和应用人工智能算法，将大数据转化为有价值的洞察和决策，推动了数据科学与工程的发展。

### 2. 基本方法

数据工程作为数据科学与工程的核心，涵盖了数据的获取、处理、存储和管理的全流程。在数据获取环节，运用网络爬虫、应用程序接口（application program interface，API）、传感器等现有技术从多元化的数据源中广泛收集信息，并严格确认数据来源，以保障数据的准确性和完整性。随后，进行数据清洗与预处理工作，包括剔除重复、无效或异常数据，对缺失值进行填补或处理，同时完成数据类型的必要转换。为便于后续深入分析，数据还需经过标准化或归一化处理，将数据集中在一个可比较分析的范围。在大数据的存储与管理方面，根据实际需求选择合适的数据库系统，如关系型数据库或 NoSQL 数据库，并设计出科学的数据架构，以确保数据的高效检索与分析。

数据分析与挖掘是数据科学与工程中的关键环节，其核心目的在于从海量数据中提炼出有价值的信息和知识。在探索性数据分析阶段，主要借助统计图形和可视化工具对数据进行直观且全面的初步探索，深入分析数据的分布状态、变量间的相关性以及可能存在的异常值。而在数据挖掘与模式识别阶段，则运用聚类、分类、关联规则挖掘等高级算法，致力于发现数据间隐藏的模式和关联。此外，通过引入机器学习技术，还能对数据进行精准地预测和分类，从而为企业决策提供更为科学、准确的数据支持。

数据科学与机器学习紧密相连，共同助力数据的深层次价值发现与创新应用。在这个过程中，特征工程（feature engineering）发挥着至关重要的作用，它涉及从繁杂的原始数据中精准提取有意义的特征，以供机器学习模型使用。随后，构建并训练各种机器学习模型，如决策树、神经网络等，力求从数据中挖掘出更多有价值的信息。此外，为了确保模型的准确性和有效性，还会通过交叉验证、网格搜索等先进技术对模型的性能进行全面评估，并根据评估结果调整模型参数或采用集成学习方法，以进一步优化模型的表现。

### 1.1.3 与其他相关领域的关系

数据科学与工程作为一门综合性的学科，与多个领域存在密切的关联和互补关系。以下进一步详细阐述数据科学与工程和其他几个研究领域的关系。

1. 与数学的关系

数学是一种高度抽象化和形式化的学科，它深入研究现实世界中的数量关系和空间形式，专注于探索抽象数据和理论结构。数学为数据科学领域提供了坚实的支撑，是量化分析、模型建立以及逻辑推理的基石。数据科学中广泛应用的算法和理论，多源自数学的不同分支，特别是统计学、线性代数和概率论等。然而，尽管数学与数据科学有着紧密的联系，但它们之间还是存在着明显的差异。数学主要研究的是抽象的数据结构和它们之间的关系，追求的是理论上的完美和自洽。相比之下，数据科学则更加注重实践和应用，它关注的是具体的数据集，以及如何巧妙运用数学工具来挖掘这些数据中蕴含的有价值的信息和知识。简而言之，数学为数据科学提供了强大的理论武器，而数据科学则是数学理论在现实世界中的精彩演绎。

2. 与统计学的关系

统计学和数据科学在多个方面有深刻的联系，但同时也展现出一些关键性的差异。统计学主要关注数据的收集、处理、分析和推断，提供一套系统的方法论来探究数据背后的规律和趋势。它为数据科学奠定了坚实的基础，特别是统计模型、假设检验、回归分析等技术在数据科学实践中被广泛应用，助力研究人员从数据中提炼有用信息。然而，数据科学在统计学的基础上走得更远。面对大规模、高维度的数据挑战，数据科学采纳了更为复杂和尖端的技术，如机器学习和深度学习，以更高效地处理数据、挖掘隐藏模式并进行精准预测。这些技术使得数据科学在数据的表示、关系建模和推理方法上显得更加灵活和强大。简而言之，统计学为数据科学提供了坚实的基础，而数据科学则通过引入先进技术，将统计学的理念和方法推向了新的高度。

### 3. 与计算机科学的关系

计算机科学作为研究信息与计算的理论基础的学科，涵盖了计算工具与算法的科学探索。它与数据科学之间存在着紧密而互补的关系。计算机科学为数据科学提供了强大的技术支持，包括高效的数据处理、存储和分析工具，以及先进的算法。这些技术和方法是数据科学能够处理海量数据、挖掘隐藏信息和知识的基础。同时，数据科学的快速发展也为计算机科学带来了新的需求和挑战，推动了计算理论和算法的不断创新与进步。在计算新理论与数据计算新算法的研究上，数据科学和计算机科学有许多共同之处，两者在相互促进中实现了共同发展。这种跨学科的合作与交流，不仅推动了各自领域的发展，也为解决实际问题提供了更多可能性和创新思路。

### 4. 与软件工程的关系

软件工程和数据科学与工程之间关系紧密，同时又各具特色。软件工程为数据科学与工程提供了稳固的软件开发和维护方法论，在数据分析系统和数据可视化工具的构建中得到广泛应用。数据科学家与软件工程师的紧密合作，确保了数据模型和分析结果能够无缝集成到软件系统中，实现数据的高效利用。然而，两者也存在明显差异：软件工程更偏向于软件产品的开发、设计和长期维护，关注产品的稳定性与易用性；而数据科学与工程则聚焦于数据的深入处理与分析，旨在挖掘海量数据的价值以辅助决策。此外，两者在核心技能、使用工具以及应用场景上也各有侧重。

### 5. 与数据挖掘的关系

数据挖掘和数据科学与工程之间有着紧密的关系，同时它们也存在着明显的区别。数据挖掘可以被视为数据科学与工程的一个重要应用领域。在数据挖掘过程中，数据科学家利用一系列技术和算法，从庞大的数据集中识别和提取出有价值的信息。数据挖掘的成功应用，往往离不开数据科学与工程提供的强大技术支持。但数据挖掘更侧重于从数据中发现隐藏的模式和知识，这包括但不限于关联规则挖掘、聚类分析、异常检测等任务。数据挖掘的目标是通过深入分析数据，揭示出其中蕴含的规律性信息，从而为决策提供支持。相比之下，数据科学与工程则提供了一个更全面的数据处理和分析框架。它不仅关注数据的挖掘过程，还涉及数据的收集、清洗、整合、存储以及后续的分析和可视化等环节。

### 6. 与人工智能的关系

人工智能(artificial intelligence，AI)是一个致力于模拟生物智能解决问题的广阔学科，涵盖理论、方法和技术等诸多方面。它与数据科学紧密相连，共享机器学习这一核心技术，使得算法能从数据中学习并优化性能。数据科学不仅为人工智能提供了丰富的数据源，还助力其通过数据处理技术获得更精准、有价值的信息，进而增强人工智能的学习和决策能力。然而，两者也存在差异：人工智能更专注于利用处理后的数据做出智能决策和行动，如自然语言处理、计算机视觉等；而数据科学则贯穿整个数据价值链，包括数据的收集、处理、分析等环节。此外，两者的目标导向不同，人工智能旨在构建模拟人类智能的系统，数据科学则着重于从数据中提取有用信息。

综上所述，数据科学与工程和数学、统计学、计算机科学以及人工智能等学科之间存在着紧密的关联和互补关系。这些学科为数据科学提供了理论和技术支持，同时也从数据科学中获得了新的发展机遇和挑战。

### 1.1.4 数据科学与工程的重要性

为深入贯彻党的二十大和中央经济工作会议精神，落实《中共中央 国务院关于构建数据基础制度更好发挥数据要素作用的意见》，充分发挥数据要素乘数效应，赋能经济社会发展，2023年12月31日，国家数据局等17部门联合印发《"数据要素×"三年行动计划(2024—2026年)》。随着新一轮科技革命和产业变革深入发展，数据作为关键生产要素的价值日益凸显。发挥数据要素报酬递增、低成本复用等特点，可优化资源配置，赋能实体经济，发展新质生产力，推动生产生活、经济发展和社会治理方式深刻变革，对推动高质量发展具有重要意义。新时期的信息化不仅和建设生态文明、拉动消费、提高产品竞争力等密切关联，还涉及移动互联网的环境、云计算和大数据的深刻背景，对数据科学与工程学科的发展有重要的指导意义。

在现代信息社会，数据被喻为"新石油"，其价值不断被挖掘和放大。数据科学通过对数据的收集、处理、分析和可视化，帮助我们从海量数据中提取有价值的信息，指导决策和优化流程。数据科学与工程在数据驱动的决策和创新中扮演着核心角色，使用户能够从海量数据中提取有价值的见解，从而优化业务流程、提高效率、降低成本，并创造新的收入来源。在现代科技和商业中，数据科学与工程的重要性不言而喻。它们不仅帮助企业理解市场趋势和消费者行为，还能够预测未来的变化，从而制定有效的战略规划。学习数据科学与工程对个人和组织来说都是至关重要的。随着数据的不断增长，对能够处理和分析这些数据的专业人才的需求也在不断增加。掌握数据科学和数据工程的技能，可以帮助个人在竞争激烈的就业市场中脱颖而出，同时也能够帮助企业在快速变化的商业环境中保持竞争力。

## 1.2 数据科学与工程的工具和技术

本节将介绍数据科学与工程的工具和技术，包括常用的以及本书用到的工具和技术。

### 1.2.1 常用工具和技术

在数据科学与工程领域，常用的工具和技术可以根据其用途主要分为以下四种类型：数据库管理系统、分布式计算框架、编程语言和机器学习库。每种工具和技术在数据科学和数据工程中扮演着重要的角色，可以帮助专业人员更高效地处理和分析数据。

#### 1. 数据库管理系统

数据库管理系统是用于创建、管理和查询数据库的软件。它们在数据科学和数据工程中扮演着核心角色，负责数据的持久化存储和高效检索。以下是两种常用的数据库管理系统。

(1) MySQL：MySQL 是一种流行的开源关系数据库管理系统，以其高性能、可扩展性和可靠性而著称。MySQL 使用结构化查询语言来管理和查询结构化数据，并具有广泛的应用场景，从小型应用到大型企业级系统。MySQL 支持多种存储引擎，提供了丰富的功能，包括事务处理和复制机制。它在数据科学和数据工程中常用于存储和管理数据,特别是那些需要高可用性和高性能的场景。

(2)neo4j:neo4j 是一种图数据库管理系统,专门用于处理和存储复杂的网络关系数据。与传统的关系数据库不同,neo4j 使用图结构存储数据,这使其在处理社交网络、推荐系统和生物信息学等领域的复杂关联数据时具有独特的优势。

2. 分布式计算框架

分布式计算框架用于处理大规模数据集,能够在多个节点上并行处理数据,提高计算效率和处理能力。以下是两种常用的分布式计算框架。

(1)Hadoop:Hadoop 是一个开源的分布式计算框架,适用于处理大规模数据集。Hadoop 的核心组件包括 HDFS(Hadoop 分布式文件系统)和 MapReduce 编程模型,使其能够高效地在集群上存储和处理大量数据。Hadoop 的生态系统还包括 Hive、Pig 和 HBase 等其他工具,进一步扩展了其功能。

(2)Spark:Spark 是一个快速的分布式计算系统,相比于 Hadoop,它提供了更高的处理速度和更丰富的应用程序接口。Spark 支持多种编程语言(如 Scala、Java、Python 和 R 语言),并且可以在内存中处理数据,大大提高了计算效率。Spark 的核心组件包括 Spark SQL、Spark Streaming、MLlib 和 GraphX,覆盖了数据处理、实时分析、机器学习和图计算等多个领域。

3. 编程语言

编程语言是数据科学家和工程师进行数据处理、分析和建模的重要工具。以下是三种在数据科学中常用的编程语言。

(1)Python:Python 是数据科学中最常用的编程语言之一,其简洁的语法和丰富的库使其非常适合数据处理、分析和可视化。此外,Python 在机器学习和深度学习中的应用也非常广泛,通过 TensorFlow 等机器学习库,数据科学家可以轻松构建和训练模型。

(2)R 语言:R 语言是另一种常用于数据科学的编程语言,特别在统计分析和数据可视化方面表现突出。R 语言丰富的统计和图形功能,以及众多的扩展包,使其成为数据分析师和统计学家的首选工具。R 语言的广泛应用涵盖从基础统计分析到复杂的机器学习任务。

(3)SQL:SQL 是一种专门用于与关系数据库管理系统交互的语言。它用于写入、读取、更新和删除数据库中的数据。SQL 以其简洁和强大而闻名,是数据科学家和工程师进行数据操作和管理的基本技能。SQL 支持复杂的查询和数据操作,在处理大型数据集时非常高效。

4. 机器学习库

机器学习库提供了构建和训练机器学习模型的工具和函数,帮助数据科学家在不同的应用场景中实现智能化数据处理。以下是几种常用的机器学习库。

(1)TensorFlow:TensorFlow 是由谷歌开发的一个开源深度学习框架,广泛应用于机器学习和深度学习任务。TensorFlow 支持多种平台(如移动设备、嵌入式系统和分布式计算环境),并提供了丰富的应用程序接口和工具,帮助数据科学家和工程师构建、训练与部署复杂的神经网络模型。

(2)PyTorch:PyTorch 是由 Facebook 开发的一个流行的深度学习框架,以其灵活性和易用性著称。PyTorch 支持动态图计算，这使得模型的开发和调试更加直观。此外，PyTorch 还提供了丰富的库和工具（如 Torchvision、Torchaudio），支持从计算机视觉到自然语言处理的多种应用。

（3）sklearn：sklearn 的全称是 scikit-learn，它是一个用于机器学习的开源库。sklearn 提供了简单而高效的工具，用于数据挖掘和数据分析，支持各种机器学习模型，包括分类、回归、聚类和降维。scikit-learn 简洁的应用程序接口和丰富的功能使其成为数据科学家和工程师的首选之一。

（4）jieba：jieba 是一个中文分词工具库，基于 Python 实现，广泛应用于自然语言处理任务。jieba 支持三种分词模式：精确模式、全模式和搜索引擎模式，能够高效地处理中文文本数据。它在文本预处理、关键词提取和文本分析等领域具有重要作用。

上述常用工具和技术在数据科学和数据工程中发挥着关键作用，从数据采集、存储、处理到分析和可视化，都离不开这些强大的工具和框架的支持。通过合理地选择和应用这些工具，数据科学家和工程师能够高效地处理和分析数据，提取有价值的信息和洞见，推动科学发现和业务创新。

### 1.2.2 本书用到的工具和技术导览

本书的工程实践章节使用了多种工具和技术来帮助读者更好地理解与实现相关算法和模型，为便于读者根据学习需要进行查阅，表 1-1 归纳了各类工具和技术在各个章节中的使用情况。

表 1-1 本书各实践章节使用的工具和技术

| 工具和技术 | 第 3 章 | 第 4 章 | 第 5 章 | 第 6 章 |
| --- | --- | --- | --- | --- |
| Python | √ | √ | √ | √ |
| sklearn | — | √ | √ | — |
| PyTorch | √ | — | √ | √ |
| jieba | √ | √ | — | √ |
| neo4j | √ | — | √ | — |
| spaCy | √ | — | — | — |
| gensim | — | √ | — | — |
| scipy | — | — | √ | — |
| Transformer | — | — | — | — |
| MATLAB | — | — | √ | — |
| gephi | — | — | √ | — |
| DGL | — | — | — | √ |

## 1.3 数据科学与工程面临的挑战

本节将从三个方面介绍数据科学与工程面临的挑战。

### 1.3.1 数据隐私和安全

**1. 数据隐私**

数据隐私是数据科学与工程实践中的一项重大挑战。随着数据收集和分析技术的不断进步,越来越多的个人信息被收集和存储。如何在使用数据的同时保护个人隐私成为了一个关键问题,隐私泄露可能导致个人信息的滥用,进而带来严重的法律和经济后果。目前,保护数据隐私的措施主要包括以下几个方面。

(1) 合法性与透明性:确保所有数据收集活动都有合法依据,如用户同意或其他法律要求,并对数据收集和使用的目的进行明确和透明的说明。合法性和透明性可以增强用户对数据使用的信任,降低隐私泄露的风险。

(2) 数据最小化:仅收集完成项目所需的最少数据,避免过度收集无关数据。数据最小化原则不仅能降低数据泄露的风险,还能减小数据管理和处理的复杂性。

(3) 加密与匿名化:使用现代加密技术与数据匿名化方法来保护存储和传输中的数据,以防止数据泄露或滥用。加密技术可以确保即使数据被截获也无法被解读,而匿名化则能使数据与个人身份脱钩,从而保护隐私。

(4) 权限控制:限制对敏感数据的访问,确保只有授权人员才能访问需要的数据,并且对数据的每次访问和操作都有记录和审计。权限控制措施能有效防止数据的未授权访问和滥用。

2. 数据安全

数据安全涉及保护数据免受未授权访问和恶意攻击。在数据科学和数据工程领域,数据安全至关重要,因为大量敏感数据在各类系统中流动和存储,面临潜在的安全威胁。为确保数据安全,常见的措施包括以下几个方面。

(1) 加密技术:通过加密数据传输和存储,确保即使数据被截获,攻击者也无法读取和使用这些数据。

(2) 安全审计和风险评估:定期进行安全审计和风险评估,以发现和修复潜在的安全漏洞,该措施有助于及时识别和应对安全威胁,保障数据的完整性和机密性。

(3) 用户身份验证和权限管理:加强用户身份验证和权限管理,确保只有经过验证的用户才能访问系统和数据。

(4) 云安全策略:随着云计算的普及,云端数据安全也成为关注的重点。采取多层防御、数据备份和恢复计划等云安全策略,保障云端数据的安全。

## 1.3.2 道德、伦理与法律问题

1. 数据知识产权归属

在数据科学项目中,明确数据知识产权归属是至关重要的。数据和生成的知识产权(如算法、模型和派生数据)的所有权和使用权需要根据相关法律框架和契约进行明确,以保护创造者的权益,同时尊重数据提供者的权利,以下是几种常见的契约形式。

(1) 知识产权协议:在项目启动之初,与所有相关方就数据和任何形式知识产权的归属达成明确的书面协议。

(2) 数据许可和使用权:确保数据使用遵循适当的许可协议,特别是在使用第三方数据集时,遵守其原有的知识产权约定。

(3) 创新的保护与共享:在保护个人和组织的创新成果的同时,鼓励知识和数据的开放共享，促进科学研究和技术发展。

2. 道德和伦理原则

为规范科学研究、技术开发等科技活动的科技伦理审查工作，强化科技伦理风险防控，促进负责任创新，2023年9月，科技部会同教育部、工业和信息化部等10部门印发了《科技伦理审查办法(试行)》。数据科学的伦理原则是确保技术应用不仅科学合理，而且符合社会道德和法律规范的基础。在数据科学项目中，以下伦理原则尤为重要。

(1) 公平性：保证算法设计和数据处理过程中的公正性，避免任何形式的偏见和歧视。

(2) 责任性：数据科学家和工程师应对他们的分析结果负责，确保结果的准确性和可靠性，并对可能的错误或问题负责。

(3) 透明性和可解释性：确保算法和模型的决策过程是透明的，让利益相关者能够理解和评估模型的决策依据。

(4) 尊重用户权利：在数据科学实践中尊重用户的数据权利，包括知情权、参与权和拒绝权。

### 1.3.3 数据质量和治理

在数据科学与工程领域，数据质量和治理是确保项目成功的关键因素。高质量的数据能够提高分析结果的准确性和可靠性，而良好的数据治理则能够保障数据的管理与使用符合相关法规和最佳实践。

1. 数据质量

高质量的数据是数据科学和数据工程成功的基础。为了确保数据质量，需要关注以下几个方面。

(1) 数据一致性和完整性：确保数据在整个生命周期内的一致性和完整性，避免出现重复、缺失或冲突的数据。这有助于提供全面和准确的信息。

(2) 数据准确性和时效性：数据应当准确反映真实情况，并且及时更新。准确和及时的数据可以提高分析结果的有效性和决策的及时性。

(3) 数据可访问性和可理解性：数据应当易于访问和理解，标准化的数据格式和清晰的数据标签可以帮助数据使用者快速理解和利用数据，提高数据利用效率。

2. 数据治理

有效的数据治理可以确保数据管理与使用的规范性和系统化。以下是一些重要的数据治理策略。

(1) 数据管理政策和标准：制定明确的数据管理政策和标准，涵盖数据收集、存储、处理和共享的各个方面。这可以提高数据管理过程的规范性和一致性。

(2) 数据所有权和责任划分：明确数据的所有权和责任划分，确保数据管理和使用的透明度和可追溯性。清晰的责任划分可以减少管理中的混乱和冲突。

(3) 数据隐私和安全：采用加密、访问控制等技术手段保护数据，防止数据泄露和滥用。同时，必须遵守相关法律法规，确保数据使用的合法合规。

(4)数据生命周期管理：考虑数据的整个生命周期管理，从数据创建、存储、使用到归档和销毁，各阶段都应制定相应的管理策略和措施。全面的数据生命周期管理可以提高数据管理的效率和规范性。

## 小　　结

本章介绍了数据科学与工程的背景、定义、原则和基本概念，这包括数据科学与工程的形成、概述及其与其他相关领域的关系，借此分析了数据科学与工程的重要性；此外，还介绍了数据科学与工程的工具和技术，包括常用的以及本书用到的工具和技术；最后介绍了数据科学与工程面临的挑战，包括数据隐私和安全，道德、伦理与法律问题，数据质量和治理等。

# 第 2 章 数据科学基础理论

## 2.1 数字图像处理

数字图像处理是一种利用计算机技术对数字图像进行各种操作和分析的方法。在这个过程中，图像被转换成一个由有限数量像素组成的数字矩阵。每个像素都有其特定的位置和数值，这些像素共同构成了整个图像。值得注意的是，像素是数字图像处理的基本单位，它们的位置和数值决定了图像的内容与质量。通过对这些像素进行各种算法和操作，如滤波、增强、压缩等，可以改变图像的外观、质量并提取出有用的信息。

### 2.1.1 数字图像概述

图像可以被视为一个二维函数 $f(x,y)$，其中 $x$ 和 $y$ 分别代表图像中的水平和垂直空间坐标，而 $f$ 则代表在该坐标点上的灰度或强度值。在这种定义下，图像的每个像素都具有特定的坐标位置和灰度值。当这些坐标和灰度值都是离散的有限量时，这样的图像称为数字图像。

数字图像与模拟图像形成鲜明对比。模拟图像常常指直接观测得到的影像，如我们眼中的自然风景或直接从成像设备中获得的影像，它们并未经过采样和量化处理，因此在空间分布和亮度取值上都是连续的。对数字计算机来说，处理连续的模拟数据存在挑战，因为连续性涉及无穷和极限，而计算机的本质是离散和有限的，所以为了使这些连续的模拟数据能够被计算机有效处理，需要将其转化为离散的形式，即进行离散化和数字化，这通常通过采样和量化来实现。因此，数字图像在空间分布和亮度取值上都是离散的，与模拟图像形成对比。

这种差异与模拟信号和数字信号之间的区别类似，因为图像本质上也是一种信号。在模拟信号和数字信号之间，连续的模拟信号被离散化以适应计算机处理，这一转换过程使得数字技术能够更高效地处理、存储和传输信号，同时也带来了模拟信号和数字信号之间的基本区别。

### 2.1.2 图像的类型

#### 1. 二值图像

二值图像(binary image)是一种特殊的图像类型，其中每个像素仅有两种可能的取值，通常是 0 和 1。在这里，0 通常代表黑色，而 1 代表白色。在图像处理领域，有时也会说 0 表示背景，而 1 表示前景。由于这种简洁的表示方式，二值图像的存储需求较小，每个像素仅需 1 位(bit)即可完整地存储其信息。

这种简单的表示方法使得二值图像在存储和处理时更为高效。尽管二值图像包含的信息相对较少，但它们在许多应用中都非常有价值，如图像分割、特征提取、字符识别以及医学图像分析等。在这些应用中，二值图像能够突出图像中的关键特征，从而便于后续的算法和分析。

2. 灰度图像

灰度图像(grayscale image)作为二值图像和彩色图像之间的中间形式,保存了介于这两者之间的信息量。与彩色图像相比,灰度图像的信息量更少,因为它只包含一个通道的数据,而彩色图像通常包含三个通道(红、绿、蓝)的数据。灰度图像通过单一的亮度值来表示每个像素的颜色深度,通常在从最暗的黑色到最亮的白色之间的灰度范围内展示。

理论上,灰度图像的亮度值可以根据不同的采样来源在各种颜色和深浅之间变化,甚至可以在不同的亮度级别上呈现不同的颜色。然而,在实际应用中,灰度图像通常是通过单一电磁波频谱(如可见光)测量每个像素的亮度来生成的。在数字表示方面,灰度图像通常使用8位的非线性尺度来存储每个采样像素,从而提供256级灰度深度。如果使用16位表示,灰度图像可以提供高达65536级的灰度深度,这使得它在某些应用中具有更高的精度和细节捕捉能力。

3. 彩色图像

彩色图像(color image)是由三个基本颜色通道(红、绿、蓝,通常简称为RGB)组成的图像,这三个通道的组合可以产生丰富的颜色。与灰度图像和二值图像不同,彩色图像包含更丰富的信息,使其能够准确地反映真实世界中物体的颜色和纹理。

在彩色图像中,每个像素由三个颜色通道的值组成,这三个值通常是8位或16位的整数,表示红、绿、蓝三种颜色的亮度。这三种颜色的不同组合可以产生从黑色到白色,以及从浅色到深色的无数颜色。通过这种方式,彩色图像能够捕捉到比灰度图像和二值图像更丰富的视觉信息,使得图像在真实感和细节方面更为出色。

彩色图像的处理和分析比灰度图像更复杂,因为它涉及三个通道的数据。在计算机视觉和图像处理领域,对彩色图像的处理包括颜色空间转换、颜色增强、物体检测和分割等多个方面,这些都需要考虑到三个颜色通道的相互作用和影响。

### 2.1.3 数字图像的基本概念

1. 图像的采样和量化

图像的采样和量化是数字图像处理中的两个关键步骤,用于将连续的模拟图像转换为适合数字计算机处理的离散形式。

(1)采样:采样是将连续的图像空间转化为离散的像素网格,如图2-1所示。在这个过程中,图像在水平和垂直方向上的每个点都被映射到一个离散的像素位置,这些像素位置构成了图像的网格结构。采样率决定了每个空间单位有多少个像素表示,通常以每英寸像点数(dots per inch,DPI)或每英寸像素数(pixels per inch,PPI)来表示。

(2)量化:量化是将连续的灰度值范围转化为有限数量的离散灰度级,如图2-2所示。在这一步骤中,图像的每个像素的灰度值被近似到最接近的离散灰度级。例如,如果一个灰度图像的原始灰度值范围为0~255,那么量化过程可能会将这个范围均匀地划分为16个或256个离散灰度级。通过采样和量化,连续的模拟图像被转换为一个由离散像素组成的数字矩阵,其中每个像素的值代表了在相应位置的光强度或颜色信息。这种离散表示使得计算机可以进行数字图像处理,如图像增强、压缩、分割和识别等操作。

图 2-1　图像的采样

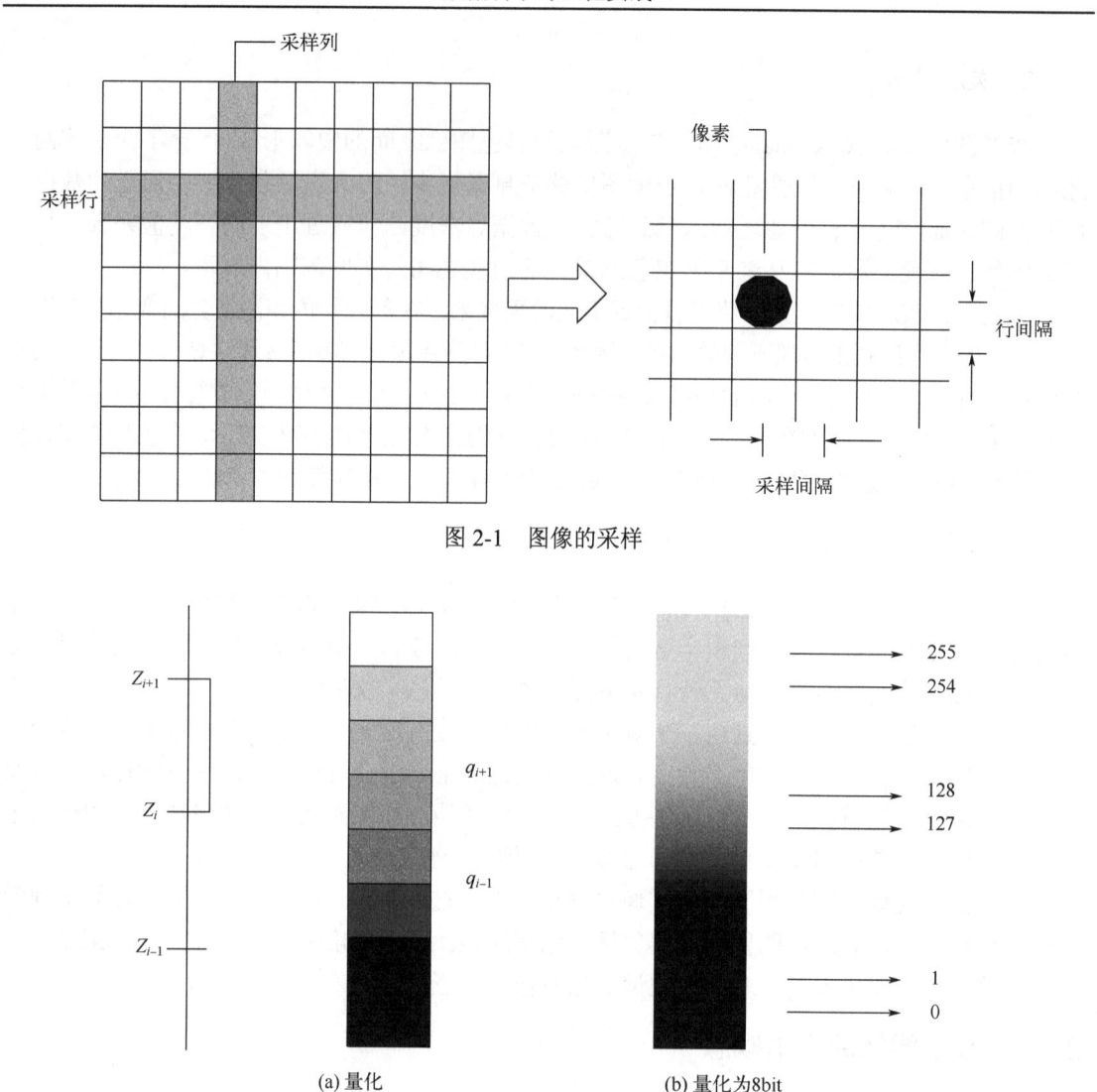

(a) 量化　　　(b) 量化为8bit

图 2-2　图像的量化

2. 图像的灰度和深度

图像的灰度是描述图像亮度的一种度量,也可以理解为图像的明暗程度。在灰度图像中,每个像素的灰度值通常为 0(黑色)~255(白色)。这种范围的灰度值代表了从最暗到最亮的不同程度。图像的灰度值反映了图像中各个部分的亮度差异。较高的灰度值表示更亮的像素,而较低的灰度值则表示更暗的像素。通过分析和处理图像的灰度信息,可以揭示图像中的结构、纹理、边缘等重要特征,这对许多图像分析和计算机视觉任务都是至关重要的。

图像的深度描述了每个像素值的编码精度。例如,一个 8 位深度的图像每个像素的值可以是 0~255($2^8$–1) 的整数,而一个 16 位深度的图像每个像素的值可以是 0~65535($2^{16}$–1) 的整数。深度越高,图像的色彩和亮度的变化范围就越大,其细节越详尽、质量也越高。但是,更高的深度会导致图像文件的大小增大,以及图像处理和存储的计算复杂性增加。

3. 数字图像表示

在计算机中,数字图像可用一个 $M \times N$ 的矩阵表示,图像长为 $M$,宽为 $N$,矩阵中的每个元素即为图像的像素,具体如图 2-3 所示。

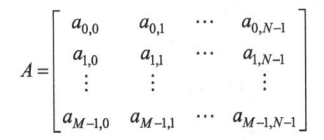

$$A = \begin{bmatrix} a_{0,0} & a_{0,1} & \cdots & a_{0,N-1} \\ a_{1,0} & a_{1,1} & \cdots & a_{1,N-1} \\ \vdots & \vdots & & \vdots \\ a_{M-1,0} & a_{M-1,1} & \cdots & a_{M-1,N-1} \end{bmatrix}$$

图 2-3 数字图像的矩阵表示

## 2.1.4 数字图像处理主要研究内容

1. 图像增强

图像增强是一种通过改善图像的视觉质量或突出特定特征来优化图像的处理技术。这通常涉及对图像的边缘、轮廓、对比度等特性进行调整,以提高图像的清晰度和可读性,或者将图像转换为更适合特定应用的形式,如图像分析或计算机视觉任务。

图像增强的方法主要可以分为两大类:空间域法和频域法。

(1) 空间域法:该方法直接在图像的像素级别进行操作,通过对图像本身的灰度值进行线性或非线性处理来实现增强。这一类方法又可以细分为点运算和模板处理。点运算主要针对单个像素进行处理,包括灰度变换、直方图修正和伪彩色增强等;而模板处理则是针对像素邻域进行处理,包括图像平滑和锐化等技术。

(2) 频域法:该方法将图像视为二维信号,在其变换域(通常是傅里叶变换)上进行增强处理。这类方法通常包括低通滤波、高通滤波和同态滤波等技术。

每种增强方法都有其适用的场景和特定优势,选择合适的方法取决于图像的特性以及所需达到的增强目标。

2. 图像压缩

图像压缩是一种减少图像数据量以便更有效地存储和传输图像的过程。在数字图像处理中,图像数据量往往很大,特别是高分辨率和彩色图像,这导致它们需要更多的存储空间和更长的传输时间。因此,图像压缩技术成为解决这一问题的关键手段。

图像压缩主要可以分为无损压缩和有损压缩两大类。

(1) 无损压缩:无损压缩技术保证在压缩和解压缩过程中不丢失任何图像信息。这种压缩方法主要基于冗余数据的去除和编码优化来减少图像的数据量。常见的无损压缩算法有 Huffman 编码、LZW(Lempel-Ziv-Welch)编码等。

(2) 有损压缩:有损压缩技术则在压缩过程中允许一定程度的信息丢失,但通过优化编码和量化技术来最大限度地保留图像的视觉质量。这种压缩方法常用于图像和视频通信、存储以及一些对图像细节要求不高的应用场景。常见的有损压缩算法包括 JPEG(joint photographic experts group)和 JPEG2000 等。

选择合适的压缩方法需要考虑压缩率、图像质量、计算复杂性以及应用需求等因素。不同的应用场景可能会偏好无损压缩以保持数据完整性,而在其他情况下,有损压缩可能更为合适,因为它能提供更高的压缩率。

3. 图像复原

图像复原的核心概念是针对图像的退化进行恢复,而图像退化是由成像、记录、处理和传输过程中各种因素的影响导致的图像质量下降。这些影响因素包括以下内容。

(1) 成像系统的像差、有限孔径和衍射。

(2) 成像系统的离焦。

(3) 景物与成像系统的相对运动。

(4) 底片的非线性感光特性。

(5) 显示器的失真。

(6) 遥感成像中的大气散射和扰动。

(7) 遥感摄像机的运动和扫描速度变化。

(8) 各系统环节的噪声干扰。

(9) 模拟图像数字化带来的误差等。

与图像增强相比，图像复原也旨在改进图像质量，但它们的方法和目的有所不同。图像增强通常依赖于人眼的视觉特性来优化图像的视觉效果，这种评价是主观的；而图像复原基于退化模型和先验知识，旨在恢复或重建原始图像，这是一个客观的过程。图像复原通过概率估计和先验知识等方法，努力还原图像的真实内容和质量。

4. 图像分割

在计算机视觉领域，图像分割是将数字图像划分为多个互不重叠的子区域或像素集合（也称为超像素）的过程。该技术的核心目标是简化或改变图像的表达方式，从而使得图像更容易被理解和分析。通常，图像分割用于定位图像中的物体、边界、线条或曲线等关键结构。更具体地说，图像分割涉及为图像中的每个像素打上标签，使得具有相同标签的像素具备某种共同的视觉特性。

图像分割的输出结果可以是图像的多个子区域，这些子区域的集合完整地覆盖了整个图像，或者是从图像中提取出的轮廓线集合，如边缘检测的结果。在同一个子区域内，每个像素在某种特性(如颜色、亮度或纹理)的度量下都表现出相似性，而不同子区域或邻接区域在这些特性的度量下则表现出明显的差异。

5. 图像分类

图像分类是一种将数字图像自动分为不同类别或标签的任务。这一领域的发展是数字图像处理和机器学习相结合的产物，旨在让计算机具备理解和识别图像的能力，从而实现自动化的图像分析和理解。在图像分类任务中，计算机需要从图像数据中提取有意义的特征，并利用这些特征进行分类判别。这种技术在许多领域都有广泛的应用，如医学影像诊断、智能监控、无人驾驶、图像搜索等。

图像分类的过程通常包括几个关键步骤：首先是数据收集和准备阶段，需要构建一个带有标签的图像数据集作为训练样本；其次是特征提取阶段，利用各种图像处理技术从图像中提取特征，如颜色、纹理、形状等；再次是模型选择和训练阶段，选择合适的分类算法或模型，并利用训练数据对模型进行训练，使其能够学习到不同类别之间的特征和区别；最后是模型评估和调优阶段，通过验证集或交叉验证等方法评估模型的性能，并根据评估结果对模型进行调优，提高分类的准确性和泛化能力。

图像分类技术的发展受益于机器学习和深度学习等领域的进步，尤其是深度学习技术的广泛应用。深度学习模型，如卷积神经网络(convolutional neural network，CNN)在图像分类任务中取得了显著的成就，其具备强大的特征学习和表征能力，能够自动从数据中学习到高层次的特征表示，从而实现更加准确和鲁棒的图像分类效果。随着硬件计算能力的提升和大规模数据集的建立，图像分类技术在实际应用中将发挥越来越重要的作用，为人类提供更智能、便捷的图像处理和理解服务。

## 2.2 知识图谱

本节将介绍知识图谱的背景、概念、分类以及常见的知识图谱技术。

### 2.2.1 知识图谱的背景

在探讨知识图谱的定义之前，首先要明确"知识"和"图谱"的概念。

1. 什么是知识

在大数据时代，虽然人类拥有海量的数据，但这并不意味着我们随时随地都能利用无尽的知识。实际上，知识和数据之间存在明显的区别。

知识是人类在实践中对客观世界(包括人类自身)的认识和理解，它涵盖了事实、信息、描述以及在教育和实践中积累的技能。与此不同，数据仅仅是原始的、未经处理的事实和观测结果。因此，可以这样理解：知识是人类对信息进行深入思考、分析和整合后的成果。它是对数据和信息的精练、总结和提升，是经过系统化处理和提炼后的有价值的认识体系。智慧、知识、信息和数据四者的关系如图 2-4 所示，形成一个层次分明的金字塔。

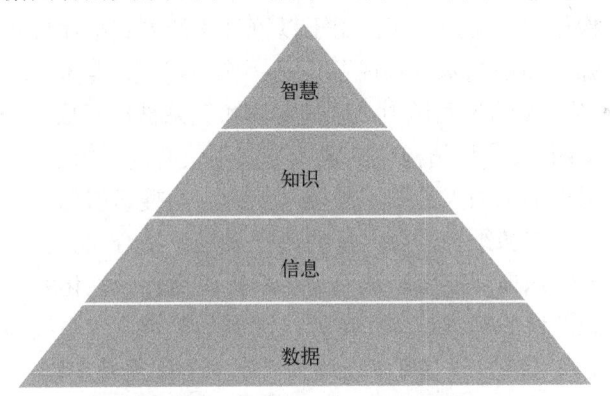

图 2-4 知识"金字塔"示意图

在解释数据、信息和知识的关系时，可以通过一个简单的例子来进行说明。首先，226.1cm 和 229cm 这两个数字是孤立的数据点。这些数据在孤立的情境下并没有传达任何实际的意义，它们只是客观存在的数字事实。当将这些数字与具体的背景信息结合时，如"姚明臂展 226.1cm"和"姚明身高 229cm"，这些数据就转化为了有意义的信息，这些陈述提供了关于姚明的具体特征和属性的信息。然而，知识的层次远超过了这些基础信息。知识不仅仅是对信息的简单记录，它涉及对信息的深度理解、整合和归纳。通过综合考虑姚明的身高、臂展以及其他相关特征，我们可以形成一个更为全面的认知：姚明的身材高大，明显超出了普通人的平均水平。简而言之，从数据到信息，再从信息到知识，这是一个由具体到抽象、由简单到复杂的过程。每一步的提升都为我们提供了更加深入和全面的理解。

2. 什么是图谱

图谱，英文为 graph，直接翻译即为"图"。在图论这一数学分支中，图用于描述事物之间的相互关系和连接结构。图通常由两个主要组成部分构成：节点（又称为顶点，vertex 或 node）和连接这些节点的边（edge）。节点代表实体或对象，而边则表示这些实体或对象之间的关系或连接。"图"这一概念最早由数学家詹姆斯·约瑟夫·西尔维斯特在 1878 年提出。自那时起，图论已经成为计算机科学、网络科学、生物信息学等多个领域的基础和核心工具，被广泛应用于描述和分析复杂系统中的关系和结构。

从字面上理解，知识图谱是一种通过图形化方式来表示知识的工具。在知识图谱中，图中的节点代表特定的语义实体或概念，而边则表示这些实体之间的各种语义关系。以姚明为例，我们可以使用计算机可识别的格式来表示他的一些基本信息，并构建一个简单的知识图谱。例如，使用三元组的形式<姚明，国籍，中国>来表示"姚明的国籍是中国"。在这个三元组中，"姚明"和"中国"分别作为两个节点，而"国籍"则是连接这两个节点的边，表示它们之间的关系。这种基于符号的知识表示方式被称为资源描述框架（resource description framework，RDF）。RDF 将知识表示为由主语（subject）、谓语（predicate）和宾语（object）组成的三元组<S, P, O>，为构建和管理知识图谱提供了一种标准化的方法。

## 2.2.2 知识图谱的概念

知识图谱（knowledge graph，KG）是人工智能领域的一种关键技术，由谷歌在 2012 年首次提出。它是一个结构化的语义知识库，用于以符号化的方式描述现实世界中的各种概念以及它们之间的关系。知识图谱的基本构成单位是"实体-关系-实体"的三元组，同时也包括与实体相关的属性-值对。在知识图谱中，这些实体和关系被组织成一个网状的结构，形成了一个复杂而丰富的知识网络。这种结构化的表示方式不仅有助于机器更好地理解和处理信息，还为各种人工智能应用提供了强大的知识与技术支持，如搜索引擎优化、自然语言处理、推荐系统等。知识图谱的建立和维护需要大量的数据采集、整合和验证工作，但它能够为机器提供更为深入和精准的知识理解能力，从而为用户提供更加个性化和智能化的服务。

图 2-5 展示了知识图谱的基本结构和单元。圆圈是节点，代表实体；箭头是边，代表关系。图 2-5 中表示的知识用自然语言可以表述为"**姚明**的**国籍**是**中国**"。同时，每个节点代表的实体还可以包括一些属性，例如，对于"中国"这一节点，可以添加一些基本信息作为其属性，如地理位置、人口统计、经济情况和文化特点等。

图 2-5 知识图谱的基本结构和单元

知识图谱就是由各种节点（实体或概念）和边（关系）组成的网络结构，形成一个复杂的知识库。在这个图状结构中，节点代表现实世界中的各种事物或概念，而边则表示这些事物或概念之间的关系，图 2-6 很好地说明了这一点。通过这种方式，知识图谱能够以一种直观而结构化的方式组织和表示知识，从而为人工智能系统提供丰富的语义信息和上下文理解能力。这种网络状的知识表示方式不仅有助于机器更好地理解和处理信息，还能够为各种复杂的人工智能任务提供有力的支持，如信息检索、数据分析、语义推理等。

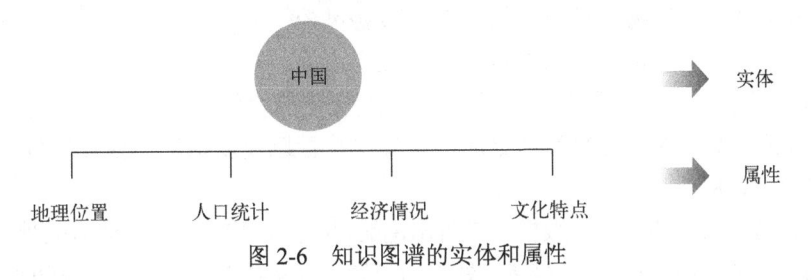

图 2-6　知识图谱的实体和属性

### 2.2.3　知识图谱的分类

知识图谱按照功能和应用场景可以分为通用知识图谱和领域知识图谱，如图 2-7 所示。

图 2-7　两种不同的知识图谱

**1. 通用知识图谱**

通用知识图谱面向的是通用领域，强调知识的广度，形态通常为结构化的百科知识，针对的使用者主要为普通用户。

**2. 领域知识图谱**

领域知识图谱则面向某一特定领域，强调知识的深度，通常需要基于该行业的数据库进行构建，针对的使用者为行业内的从业人员以及潜在的业内人士等。

### 2.2.4　常见的知识图谱技术

**1. 图数据库**

知识图谱中的图数据库是专门设计用于存储、查询和处理图结构数据的数据库系统。在这种数据库中，数据以图形式呈现，由节点、边和属性（property）这三个核心组成部分构成。节点通常代表现实世界中的实体或概念，如人、地点、事件或思想；边用于描述节点间的语义联系和关系；而属性则为节点和边提供额外的信息，如名称、类型、描述和时间戳，进一步丰富数据的描述性和深度。与传统的关系型数据库相比,图数据库具备更高的灵活性和复杂性。它不受固定表格结构的约束,支持多种图类型和复杂的图算法,如有向图、无向图、加权图和多重图,以及节点查找、关系导航、最短路径计算和社区发现等操作。这使得图数据库在处理复杂关系、高度互联和动态变化的数据场景中表现出色,如社交网络分析、推荐系统、网络拓扑设计、生物信息学、物联网和金融风控等领域。

图数据库的其他显著特性和功能包括如下几个方面。

(1) 实时图处理与分析:图数据库通过其高度优化的存储和查询机制,能够实时处理和分析大规模的图数据,支持实时数据更新、图算法执行以及复杂的图分析任务,满足高性能和低延迟的应用需求。

(2) 高可扩展性与容错性:图数据库具备出色的可扩展性和容错性,能有效处理和管理大规模的图数据集,支持数据的分布式存储、处理和查询,以及数据的备份、恢复和故障转移。

(3) 丰富的内置算法与函数库:许多图数据库都提供了全面的内置图算法和函数库,如图匹配、路径查找、图聚类和社区检测等。此外,它们与常见编程语言和工具(如 Python、Java、R 语言、Spark 等)的集成也相当完善,使得开发者能轻松构建和部署复杂的图分析应用。

总体来说,知识图谱中的图数据库为处理和管理复杂、动态、高度互联的图结构数据提供了一种强大、灵活和高效的解决方案。它在各种知识图谱应用场景中均发挥着核心作用,为用户提供更丰富、智能和个性化的数据服务与分析功能。随着大数据、人工智能和互联网的快速发展,图数据库在知识图谱研究和应用中的重要性与价值将持续上升。

2. RDF 与 SPARQL

(1) RDF:RDF 是语义网中的一种关键数据模型,用于描述和表达资源。在 RDF 的结构中,所有的数据以三元组(triple)的方式进行组织和储存,包括主语、谓语和宾语。这种三元组的表示方式为描述和连接不同种类的资源与概念提供了极大的灵活性和扩展性。在 RDF 的框架下,资源可以涵盖各种实体或概念,如人、物、事件或抽象概念等。而统一资源标识符(uniform resource identifier,URI)被用作唯一标识和引用这些资源。通过采用属性和 URI 来为数据赋予语义,RDF 使得计算机能够深入理解和处理数据的实际含义,进而实现数据的语义化描述和智能应用。作为语义网的核心组成部分,RDF 提供了一个统一和标准化的数据模型。它被广泛应用于多种知识图谱、数据互操作和智能应用场景中,如实体识别、关系发现、数据融合、知识推理和智能分析等,展现了其在推动数据语义化和增强数据智能应用方面的关键作用。

(2) SPARQL:SPARQL(SPARQL protocol and RDF query language)是一种专为查询 RDF 数据设计的标准化查询语言。它为用户提供了一套强大而灵活的工具,用于检索和操作 RDF 图中的数据。SPARQL 的查询机制基于图模式匹配,使用户能够通过描述性的图模式来精确地检索特定的 RDF 三元组或整体图模式,从而实现数据的高效和准确检索。在 SPARQL 中,用户可以利用变量、谓语和对象构建复杂的查询模式。它支持多个图模式的联合、连接和组合查询,为用户提供了一种强大的手段来应对各种复杂的查询需求。此外,SPARQL 还提供了丰富的查询功能,包括数据的聚合、排序、分页查询,以及条件和过滤查询等,使得用户能够进行多样化和综合性的数据查询和分析。作为语义网和知识图谱的核心查询语言,SPARQL 在众多知识图谱、数据互操作和智能应用场景中都得到了广泛的应用。它在实体识别、关系发现、路径搜索、数据融合、知识推理和智能分析等领域中发挥着至关重要的作用和价值，展现了其在推进数据语义化和强化数据智能处理方面的核心地位。

总体来说，RDF 和 SPARQL 作为知识图谱的关键技术组成部分，共同推进了知识图谱的构建、管理、查询以及应用。它们为用户打造了一个功能强大、灵活且高效的平台，支持知识的精确表示、数据的互操作性以及智能化分析。在大数据、人工智能和互联网的迅猛发展背景下，RDF 和 SPARQL 在知识图谱的研究与应用中的核心地位和价值将持续上升，为建设更加智能、开放和互联的知识网络提供坚实的技术支撑和基础。

## 2.3 数据聚类算法

本节首先介绍聚类分析的概念、度量，以及聚类方法的分类，接着通过 DBSCAN 算法，介绍一个聚类算法的简单实战。

### 2.3.1 聚类分析的概念

聚类分析是一种数据挖掘技术，旨在根据数据中的特征和关系将对象进行分类或分组。通过聚类，可以将相似的数据点归入同一组，同时将不相似的数据点分配到不同的组中。这样的分类有助于揭示数据内部的结构和模式，使得我们能够更好地理解和解释数据。聚类的核心目标是确保组内的数据点具有高度的相似性或相关性，而组间的数据点则应该有明显的差异或不相关性。

聚类分析生成的簇可以通过以下关键度量和指标进行描述。

1. 聚类中心

每个簇的聚类中心通常是该簇内所有数据点的平均值或中心点。它代表了簇的核心特征，为理解和描述该簇提供了基础。

2. 簇大小

簇大小指的是一个簇中包含的数据点数量。这一指标能反映簇的数据量和丰富度，对于评估簇的质量和重要性具有关键作用。

3. 簇密度

簇密度描述了簇内数据点的紧凑程度。高密度簇表示数据点紧密聚集，而低密度簇可能意味着数据点分散或稀疏分布。

4. 簇描述

簇描述提供了对簇内数据点特性和特征的描述，有助于更深入地理解簇的内容和意义。

### 2.3.2 聚类分析的度量

聚类分析的度量指标用于对聚类结果进行评判，分为内部指标和外部指标两大类。内部指标是指不借助任何外部参考，只用参与聚类的样本评判聚类结果的好坏。外部指标是指用事先指定的聚类模型作为参考来评判聚类结果的好坏。

1. 内部指标

1) 欧氏距离

欧氏距离(Euclidean distance)是指欧氏空间中两点之间的距离，是最常用的距离度量方法之一。给定 $n$ 维空间中的两个点 $P=(p_1,p_2,\cdots,p_n)$ 和 $Q=(q_1,q_2,\cdots,q_n)$，欧氏距离 $d(P,Q)$ 可以通过式(2-1)计算：

$$d(P,Q)=\sqrt{(q_1-p_1)^2+(q_2-p_2)^2+\cdots+(q_n-p_n)^2} \tag{2-1}$$

2) 曼哈顿距离

曼哈顿距离(Manhattan distance)也称为城市街区距离或 L1 距离，是在空间中两点之间距离的一种度量方式。与欧氏距离不同，曼哈顿距离是通过在各个坐标轴上的距离之和来计算两点之间的距离的。给定 $n$ 维空间中的两个点 $P=(p_1,p_2,\cdots,p_n)$ 和 $Q=(q_1,q_2,\cdots,q_n)$，曼哈顿距离 $d(P,Q)$ 可以通过式(2-2)计算：

$$d(P,Q)=|q_1-p_1|+|q_2-p_2|+\cdots+|q_n-p_n| \tag{2-2}$$

2. 外部指标

1) 兰德指数

兰德指数(Rand index)需要给定实际类别信息 $C$，假设 $K$ 是聚类结果，$a$ 表示在 $C$ 与 $K$ 中都是同类别的元素对数，$b$ 表示在 $C$ 与 $K$ 中都是不同类别的元素对数，评价同一对象在两种分类结果中是否被分到同一类别。其数学定义如下：

$$R=\frac{a+b}{C_{n_{samples}}^2} \tag{2-3}$$

其中，$C_{n_{samples}}^2$ 表示样本所有的可能组合对。

2) 杰卡德系数

杰卡德系数(Jaccard coefficient)是一种用于比较两个集合相似性的统计度量，常用于聚类分析、信息检索和文本挖掘等领域。该系数定义为两个集合交集大小与并集大小的比值。

给定两个集合 $A$ 和 $B$，杰卡德系数计算公式为

$$J(A,B)=\frac{|A\cap B|}{|A\cup B|} \tag{2-4}$$

其中，$|A\cap B|$ 表示集合 $A$ 和集合 $B$ 的交集大小；$|A\cup B|$ 表示集合 $A$ 和集合 $B$ 的并集大小。杰卡德系数的值范围为 0～1，当两个集合完全相同时，杰卡德系数为 1；当两个集合没有共同元素时，杰卡德系数为 0。

### 2.3.3 聚类的分类

聚类是一种无监督学习方法，旨在对数据集中的对象进行分组，使得同一组内的对象之间的相似性最大化，而不同组之间的相似性最小化。这些分组通常被称为"簇"，每个簇由具有相似特征的对象组成。根据不同的聚类准则、算法和特性，聚类方法可以分为多种不同的类别。以下是常见的聚类分类。

1. 基于准则的聚类

基于准则的聚类是一种常见的聚类方法，其核心思想是根据某种优化准则或目标函数将数据集中的对象划分为若干个类别或簇。这类聚类方法的主要目标通常是最小化簇内的差异或最大化簇间的差异，以实现簇内数据点的相似性最高、簇间数据点的相似性最低。

最经典的基于准则的聚类算法包括 $k$ 均值聚类（$k$-means clustering）及其变种。在 $k$ 均值聚类中，算法首先随机选择 $k$ 个初始聚类中心，然后迭代地将每个数据点分配到与其最近的聚类中心，更新聚类中心为簇内所有数据点的均值，直至收敛。优化准则通常是最小化所有数据点与其所属聚类中心之间的欧氏距离的平方和。除了 $k$ 均值聚类，还有其他基于准则的聚类方法，如 $k$ 中心点聚类（$k$-medoids clustering）和层次聚类（hierarchical clustering）。在 $k$ 中心点聚类中，聚类中心是实际的数据点，算法的目标是找到 $k$ 个最能代表数据分布的中心点，而层次聚类则通过逐步合并或分裂数据点来构建簇的层次结构，从而实现对数据的多层次划分。

基于准则的聚类方法具有计算简单、实现容易和可解释性强的优点，广泛应用于数据挖掘、机器学习、模式识别和社交网络分析等领域。然而，这类方法也存在一些局限性，如对初始聚类中心的选择敏感、对簇形状和大小的假设限制以及对异常值和噪声数据的敏感性。因此，在实际应用中，需要根据数据的特性、问题的需求和算法的性能来选择和应用适当的基于准则的聚类方法。

2. 基于密度的聚类

基于密度的聚类是一种无监督学习的聚类方法，主要用于发现任意形状和大小的簇，并能有效地识别和处理噪声点。这类聚类方法的核心思想是基于数据点的密度来划分簇，而不是事先设定固定数量的簇或假设簇的形状。

最著名的基于密度的聚类方法是 DBSCAN（density-based spatial clustering of applications with noise）。在 DBSCAN 中，每个数据点被视为一个高密度区域的核心点，即如果其周围的邻居数量超过了设定的阈值，则该点被认为是一个核心点。然后，通过密度可达性将其他邻居点加入到同一簇中，直至没有新的点可以加入。不属于任何簇的点被视为噪声点。相较于基于准则的聚类方法，基于密度的聚类方法具有更高的灵活性和鲁棒性，能够处理不同形状、大小和密度的簇，且对参数的选择不太敏感。此外，DBSCAN 还能有效地识别和排除噪声点，适用于处理包含噪声和异常值的实际数据。

然而，基于密度的聚类方法也存在一些挑战，如对参数（如邻居数量阈值和距离阈值）的敏感性、对数据分布的假设以及在处理高维数据时的计算复杂性。因此，在应用基于密度的聚类方法时，需要仔细选择和调整相关参数，并结合领域知识和数据特性来优化和调整算法，以获得满意的聚类结果。

3. 基于模型的聚类

基于模型的聚类是一种聚类方法，它基于统计模型或概率模型来描述和划分数据。与基于准则和基于密度的聚类方法不同，基于模型的聚类试图通过拟合数据到一个或多个概率模型来识别数据中的潜在分布和结构。这种方法通常假设数据是由某种参数化的概率分布生成的，并通过最大化似然函数或贝叶斯框架来估计模型参数和簇结构。

最常见的基于模型的聚类方法是高斯混合模型聚类(Gaussian mixture model clustering)。在高斯混合模型中，数据被假设为由多个高斯分布(即高斯组件)混合而成，每个高斯组件代表一个簇。通过最大化似然函数来估计每个高斯组件的均值、协方差和混合系数，从而确定数据的潜在簇结构。与其他聚类方法相比，基于模型的聚类方法具有更强的数学和统计基础，能够捕获数据的复杂分布和非线性关系。它们还能提供关于数据簇结构、不确定性和模型复杂性的概率性解释，有助于更深入地理解数据和提取有用的信息。此外，基于模型的聚类方法还支持半监督和无监督学习的整合，能够有效地处理缺失数据和噪声，适用于各种类型和规模的数据集。

然而，基于模型的聚类方法也存在一些挑战和限制，如对模型结构和参数的选择敏感、计算复杂性较高、对数据分布和簇数量的假设限制以及对初始参数的依赖性。因此，在应用基于模型的聚类方法时，需要仔细选择和优化模型结构、选择合适的参数估计方法，并通过交叉验证和模型选择来验证与调整模型，以获得更准确和鲁棒的聚类结果。

### 2.3.4 聚类算法实战：DBSCAN 算法

由于许多读者可能已经在本课程的先导课程中接触过最常用的 $k$-means 聚类算法，因此在这里，本书将专门介绍另一种常见且高效的聚类算法——DBSCAN。通过深入了解 DBSCAN，本书旨在进一步提高读者对聚类算法的理解和应用能力。

DBSCAN 是一种基于密度的聚类算法。与传统的基于距离的聚类方法(如 $k$-means)不同，DBSCAN 能识别具有足够高密度的区域，并能够将这些区域划分为簇。此外，DBSCAN 还能有效地处理噪声点，并能够发现任意形状的簇。

1. DBSCAN 的基本思想

DBSCAN 的核心思想是通过检查每个点的邻域来识别簇。具体来说，给定一个点 $p$ 和一个半径 $\varepsilon$，如果 $p$ 的 $\varepsilon$-邻域内包含至少 MinPts 个点(包括 $p$ 自身)，则 $p$ 被认为是核心点。其中，MinPts 表示最小的样本点个数阈值。然后，与核心点直接密度可达的点也被加入同一个簇。最后，如果一个点既不是核心点也不是任何其他点的邻居，那么它被标记为噪声点。

2. DBSCAN 算法步骤

1) 手写 DBSCAN 类

```
1.   class DBSCAN:
2.       # min_samples:在邻域内要求的最小实例数，r:集群内一个实例到另一个实例的最大距离
3.       def __init__(self, min_samples=10, r=0.15):
4.           self.min_samples=min_samples
5.           self.r=r
6.           self.X = None
7.           self.label = None
8.           self.n_class = 0
9.
10.      def fit(self, X):
```

```
11.     self.X = X
12.     self.label = np.zeros(X.shape[0])
13.     q = Queue()
14.     for i in range(len(self.X)):
15.       if self.label[i] == 0:
16.         q.put(self.X[i])
17.         if self.X[(np.sqrt(np.sum((self.X - self.X[i]) ** 2, axis=1))) <= self.r) & (self.label==0)].shape[0] >=self.min_samples:
18.           self.n_class += 1
19.           while not q.empty():
20.             p = q.get()
21.             neighbors = self.X[(np.sqrt(np.sum((self.X - p) ** 2, axis=1))) <= self.r) & (self.label==0)]
22.             if neighbors.shape[0] >= self.min_samples:
23.               mark = (np.sqrt(np.sum((self.X - p) ** 2, axis=1))) <= self.r
24.               self.label[mark] = np.ones(self.label[mark].shape) * self.n_class
25.               # print(self.label)
26.               for x in neighbors:
27.                 q.put(x)
28.
29.   def plot_dbscan_2D(self):
30.     plt.rcParams['font.sans-serif'] = ["SimHei"]
31.     plt.rcParams['axes.unicode_minus']=False
32.     for i in range(self.n_class+1):
33.       if i == 0:
34.         label = '异常数据'
35.       else:
36.         label = '第'+str(i) + '类数据'
37.       plt.scatter(self.X[self.label==i,0], self.X[self.label==i,1],label=label)
38.     plt.legend()
39.     plt.show()
```

这段代码实现了一个简单的 DBSCAN 算法，其中 fit 方法用于拟合数据，plot_dbscan_2D 方法用于绘制聚类结果的二维散点图。

在 fit 方法中，首先对每个样本点进行遍历，如果样本点的标签为 0（表示未分类），则将其作为种子点放入队列中。然后，对队列中的种子点进行遍历，找到种子点的密度可达邻居点，并将其标记为同一类，使邻居点加入队列中。这样循环直到队列为空。

在 plot_dbscan_2D 方法中，根据每个样本点的类标签将数据点绘制在二维散点图上，不同的类别使用不同的颜色进行区分。

2) 测试聚类结果

下面使用 sklearn 中的 make_moons 函数生成数据集，以测试聚类结果。

```
1.   X,_ = make_moons(n_samples=1000, noise=0.05)
2.   db = DBSCAN(10, 0.15)
3.   db.fit(X)
4.   db.plot_dbscan_2D()
```

聚类结果如图 2-8 所示。

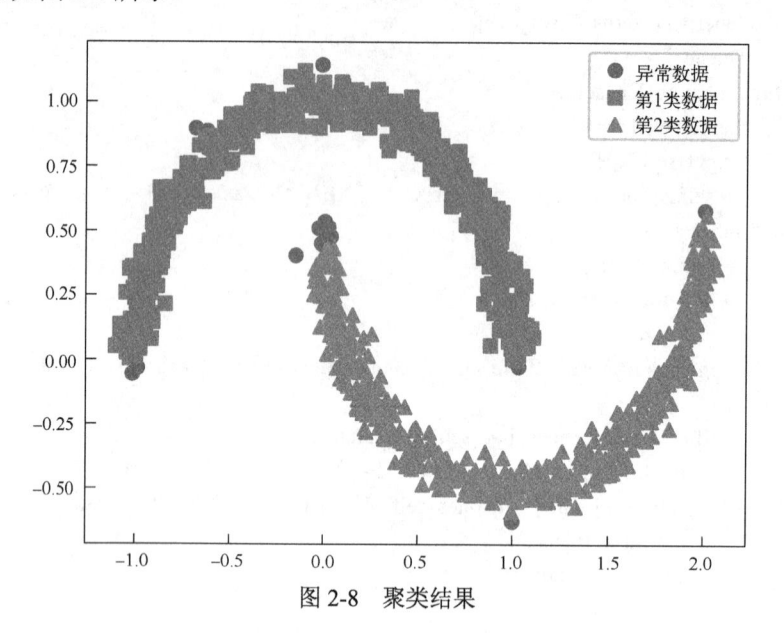

图 2-8　聚类结果

## 2.4　文本分析算法

本节将从文本的定义、作用、形式以及常见的文本分析技术四个角度介绍文本分析算法。

### 2.4.1　文本的定义

文本是指以书面方式呈现的语言信息，它可以包括短句、段落、文章、书籍或任何其他书面形式的语言内容。这些文本可以是印刷版的或电子版的，涵盖了书籍、文章、电子邮件、短信、社交媒体帖子以及网页内容等多种形式。

文本分析(text analysis)是对文本数据进行结构化处理和深入分析的过程，旨在从中提取有价值的信息、见解或知识。该技术的应用领域非常广泛，包括但不限于文本分类、情感分析、主题建模、实体识别以及关系抽取等。

### 2.4.2　文本的作用

文本涉及两个核心主体：文本生产者和文本消费者。下面将从这两个核心主体分别介绍文本的作用。

1. 文本生产者

文本生产者是生成文本的实体，负责传达他们想要表达的内容。文本中可能还隐含了生产者的某些特质和属性。

2. 文本消费者

文本消费者是阅读或消费文本的实体，文本会对消费者的认知活动产生影响。

在大数据时代，随着互联网和超文本链接的普及，个人、团体、公司、政府等各种不同的组织形态都已深度融入互联网世界中，并在这个网络空间中留下了海量的文本数据。因此，各个学科，如社会学、管理学、经济学、营销学、金融学等，都可以从这些网络文本中寻找研究的切入点，从而拓宽研究的对象和领域。

### 2.4.3 文本的形式

1. 非结构化数据

文本的核心功能是传递信息。从某种角度来看，所有形式的文本都蕴含着可被视为数据的信息。因此，文本总是以某种方式传递信息，即使我们并不完全了解这些信息如何被利用。然而，言语活动的主要目标并不是仅仅记录信息，而是进行有效的交流：传达思想、指令、询问等。我们虽然可以将信息记录并视为数据，但构建单词和句子更多是为了交流，而不仅仅是将思想或观点记录为数据。大部分数据也是如此：它所代表的活动与数据本身有着本质的区别。

非结构化数据指的是那些没有明确格式和模式的原始文本信息。这类数据的内部结构通常不容易直接被识别或理解，只有经过识别和有条理地存储后，才能体现出其结构化的特性，并从中挖掘出有价值的信息。与结构化数据相比，非结构化数据不易通过传统的数据库表格或行列结构进行有效组织和分析。这种类型的数据常见于各种文档、电子邮件、社交媒体帖子、新闻文章等，它们不遵循预定义的数据模式，因此需要特殊的方法和工具来处理和分析。

以经济学为例，我们可能希望描述的是经济交易（即使用某种价值媒介进行商品或服务的交换），而数据则是对这些交易的某种形式的抽象描述，这有助于我们理解交易的本质。通过对这些抽象特征的共识，我们可以记录和分析各种人类活动，如制造业、服务业或农业。提取文本数据特征的过程与此类似，但存在一个主要的差异：由于原始文本是通过记录的语言直接与我们交流的，因此无须首先对文本进行处理或抽象化以开展分析。为了使其成为有用的数据，我们需要去除原始文本的结构，并将其转化为结构化的表格数据。

2. 结构化数据

结构化数据是按照明确的格式和组织结构存储的文本信息。这种数据通常以表格、数据库、XML 或 JSON 等格式呈现，可以通过特定的查询语言（如 SQL）或编程工具轻松地进行存储、检索和分析。因其具备明确的组织和结构，结构化数据在商业、科研、医疗、金融等多个领域中都有广泛应用。

如图 2-9 所示，在结构化数据中，数据按照预定义的字段和属性进行组织，这些字段和属性都有固定的数据类型与格式，如日期、数字和字符串等。这种明确的数据结构使得数据的管理、维护和共享变得相对简便高效。例如，在关系型数据库中，数据以表格形式存储，每个表格都有固定的列（字段）和行（记录），并支持复杂的数据查询、连接和操作。

与非结构化数据相比，结构化数据更易于进行自动化处理和分析，因为它们提供了明确、一致和可预测的数据结构。这使得企业和组织能够更有效地利用数据资源进行业务决策、市场分析、客户管理和产品优化等活动。此外，结构化数据也更适合数据挖掘、机器学习和人工智能等高级分析，以揭示数据中隐藏的模式、趋势和洞见。

总体来说，结构化数据在现代信息管理和分析中扮演着关键角色。它为组织、存储和处理大量文本信息提供了一种高效、可靠和灵活的方法。然而，需要注意的是，并非所有的文本数据都适合结构化处理，尤其是那些复杂、动态和多变的数据，可能更适合使用半结构化或非结构化的数据存储和管理方式。

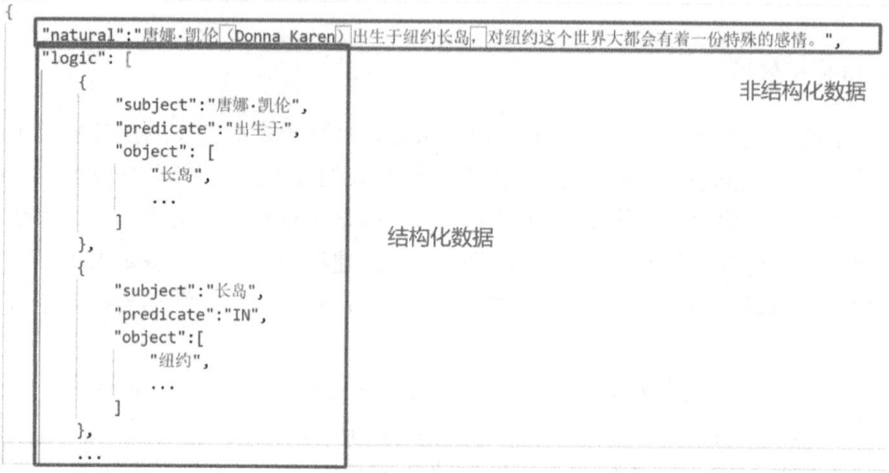

图 2-9　文本的不同形式

### 3. 半结构化数据

半结构化数据介于结构化数据和非结构化数据之间，它在组织和格式上较非结构化数据更具明确性和标准性，但不像结构化数据那样严格。这种数据形式在现代应用和场景中十分常见，如 Web 内容、日志文件、配置文件、JSON 和 XML 文档等。

在半结构化数据中，虽然数据元素带有一定的标记和组织，但不需要遵循固定和预定义的数据模式或结构。这种灵活性使得半结构化数据能够轻松适应变化和扩展，允许添加新的字段或属性，而无须对整体数据结构进行大的修改。例如，XML 和 JSON 格式的数据可以包含各种类型的信息，如文本、数字、日期、数组和对象，这些数据可以根据需要进行动态调整和扩展。

在处理半结构化数据时，其中一个主要挑战是有效地提取和解析数据中的有用信息。由于半结构化数据的组织和格式多样，通常需要使用特定的解析器、转换工具或自定义编程逻辑来进行数据提取和转换。此外，与结构化数据相比，半结构化数据的查询和分析通常更为复杂，需要采用更灵活和智能的技术与工具，以适应数据的多样性和动态性。

尽管面临处理的挑战，但半结构化数据仍具有很高的应用价值和潜力。它在数据交换、集成、Web 数据挖掘、日志分析、配置管理、自动化以及许多其他领域中都有广泛的应用。半结构化数据的灵活性和适应性使得它成为处理与分析复杂、多变和动态信息资源的有效工具，对于提高数据管理、分析和应用效率具有重要意义。

## 2.4.4　常见的文本分析技术

在深入探讨了文本的多种形式，包括结构化、半结构化和非结构化数据后，我们明白了尽管文本数据在日常生活和工作中随处可见，但要从中提炼和理解有价值的信息并非易事。在大数据的背景下，面对日益增长的海量、多样的文本数据，传统的手工处理和分析方式显然已经难以满足现代社会对高效、准确和自动化数据处理的迫切需求。

正是在这种背景下，文本分析技术应运而生。作为一种强大的数据处理和解释工具，文本分析技术具备有效处理、解析和提取文本数据中有价值信息的能力。这种技术不仅能够自动识别和分类文本内容，还能够揭示数据中隐藏的模式、趋势和关联，为决策制定、市场研究、情感分析等提供坚实的支持。通过融合自然语言处理、机器学习、统计学和计算语言学等多个前沿领域的技术和方法，文本分析技术使我们能够更高效、准确、智能地处理和应用文本数据，从而在各种应用场景中获得更深入、更全面的数据洞察。

1. 主题分析

主题分析（thematic analysis）是文本分析的一种核心技术，专门用于从大量文档中自动识别和提取隐藏的主题或话题结构。在这种分析框架中，文档被视为由一个或多个主题构成，而每个主题则由一组相关的词语来描述。主题分析旨在通过数学和统计方法，自动地探索这些主题，并确定每个文档与这些主题之间的关联度。

在实践中，主题分析依赖于多种算法和模型，其中最具代表性的是概率主题模型，特别是潜在狄利克雷分布（latent Dirichlet allocation，LDA）模型。LDA 模型假设每个文档都是由多个主题混合组成的，而每个主题则表示为词的概率分布。通过对文档中的词频进行统计，LDA 模型能够估计每个主题的词分布以及每个文档与主题的关系。除了概率主题模型外，矩阵分解方法，如非负矩阵分解（non-negative matrix factorization，NMF）也是主题分析中常用的技术。NMF 试图通过分解词-文档矩阵来找到一组基矩阵，其中每个基向量代表一个主题，而文档则由这些基向量的线性组合来表示。此外，近年来，基于词嵌入和深度学习的主题分析方法也逐渐崭露头角，这些方法能够捕获词语之间的复杂语义关系和上下文信息，从而进一步提升主题分析的准确性和效果。在应用主题分析时，一个核心问题是如何确定合适的主题数量。选择不当的主题数量可能会导致结果不准确或难以解读。为了解决这一问题，研究者提出了各种评估方法和启发式规则，如困惑度（perplexity）、一致性分数（coherence score）等，以辅助自动或半自动地确定最佳的主题数量。

综合来看，主题分析是一种强大且灵活的文本分析技术，广泛应用于文本分类、信息检索、推荐系统、情感分析等多种场景。通过自动发现文本数据中的主题结构，主题分析不仅可以提供对文本内容的深入洞察，还能支持更高层次的数据挖掘和知识发现任务。对于处理与分析复杂、大规模和多样化的文本数据，主题分析具有重要的价值和广泛的应用潜力。

2. 内容分析/基于词典的方法

基于词典的内容分析是一种量化的文本分析方法，旨在系统地识别、计量和解释文本中特定词汇或概念的使用情况。该方法的基本步骤是首先构建一个包含目标词汇或概念的词典，然后对目标文本进行编码，以便通过匹配词典中的词汇来计算其在文本中的出现频率或其他相关度量。

在构建词典时，研究者通常依赖于理论框架、文献综述、专家建议或先前研究的成果，词典的质量直接影响到后续分析的准确性和有效性，因此需要严谨和细致地进行。一个有效的词典应该包含与研究目标和问题相关的所有关键词汇，同时避免不必要或冗余的词汇。在进行文本编码和分析时，基于词典的内容分析通常采用统计方法，如词频统计、比例分析、卡方检验等。这些统计指标可以帮助研究者量化地描述文本中的词汇分布、关联和差异，从而识别出文本的核心主题、情感倾向或其他有意义的模式。尽管基于词典的内容分析为文本数据提供了一种结构化、量化的分析途径，但它也存在一定的局限性。例如，它可能无法捕捉到一些隐含或模糊的信息，同时也可能受到词典构建的主观性和局限性的制约。因此，在应用这种方法时，研究者需要充分认识其局限性，并结合其他研究方法或工具，以获得更全面、准确的研究结果。

综合来看，基于词典的内容分析是一种强大的文本分析工具，适用于多种文本数据的分析任务。它为理解和解释文本内容提供了一种有效的途径，可以满足从单一词汇使用到多词汇模式识别的各种研究需求。然而，为了得到可靠和有洞察力的分析结果，研究者在词典构建、数据处理和统计分析等方面都需要进行仔细的考虑和操作。

### 3. 监督学习

监督学习是机器学习的一个关键分支，它以使用标记的数据集为基础，旨在通过训练模型来预测或估计对应输入特征的一个或多个目标变量(也称为标签)。在监督学习中，标记的数据集通常由输入-输出对组成，其中输入是特征，输出则是相应的目标值。以房价预测为例，房屋的面积、地理位置和房间数量可以作为输入特征，而房价(价格)则是目标变量。

监督学习的核心特点在于它利用有标签的训练数据进行模型的训练。这意味着对于每一个输入样本，我们都知道其对应的正确输出，模型通过学习这些输入与输出之间的关系来进行训练。一旦训练完成，该模型便能对新的、未曾见过的输入数据进行预测或分类。

监督学习主要包括两类任务：分类(classification)和回归(regression)。

(1) 分类：目标变量是离散的类别标签，例如，判断电子邮件是垃圾邮件还是正常邮件。

(2) 回归：目标变量是连续的数值，例如，预测房价、股票价格或气温。

泛化能力是监督学习中另一个关键属性。一个优秀的监督学习模型不仅能够在训练数据上表现出色，还能够在未曾接触的新数据上做出准确的预测。为实现这一目标，研究者和开发者常常采用交叉验证、正则化等技术手段来避免模型过拟合，进而提高其泛化能力。

总结而言，监督学习是机器学习领域的一个核心组成部分，通过使用标记的训练数据来训练模型，以预测或估计目标变量。这种学习方法在多个领域中都得到了广泛应用，如自然语言处理、计算机视觉、医疗诊断和金融预测等。然而，为了成功实施监督学习应用，研究者需要精选合适的特征、模型和优化策略，并妥善处理数据偏见和噪声等问题。

### 4. 无监督学习

无监督学习是机器学习的重要分支，与监督学习不同的是，它的训练数据没有预先定义的目标变量或标签。该学习方法的核心目标是从数据中探索潜在的模式、结构或关系，以便对数据进行深入的分析和理解。由于无监督学习不依赖于标签数据，因此它对于处理大量未标记的数据尤为重要且具有价值。

1) 聚类

在无监督学习领域，聚类(clustering)是最为基础和常见的任务。聚类旨在将数据集中的样本划分为若干组,使得同一组内的样本具有高度的相似性,而不同组之间的样本差异性较大。这种方法有助于揭示数据的自然分类和内在结构,为进一步的数据分析提供基础。常用的聚类算法包括 $k$ 均值聚类、层次聚类和 DBSCAN 等,根据数据的特点和分析需求,可以选择最合适的算法进行应用。

2) 降维

除了聚类,降维(dimensionality reduction)也是无监督学习的核心任务。许多实际应用中的数据维度都相当高,这不仅增加了计算负担,还可能导致"维度灾难"。降维的目标是在保留数据主要特性的同时,减少数据的特征维度。例如,主成分分析(principal component analysis,PCA)和 t 分布随机邻域嵌入(t-distributed stochastic neighbor embedding,t-SNE)等降维技术能够有效地捕捉数据的主要变化趋势和结构,将高维数据映射到低维空间,便于后续的数据探索、可视化和分析。

3) 关联规则学习

此外,关联规则学习(association rule learning)也是无监督学习的一个重要组成部分,它主要用于发现数据中的频繁项集和关联规则。例如,在市场篮分析中,关联规则学习可以帮助商家识别出消费者频繁购买同类商品,从而实施更有效的促销和商品推荐。先验(apriori)算法和 FP 增长(FP-growth)算法是两个经典的关联规则学习算法,它们能够通过分析交易记录或事件序列,自动挖掘数据中的潜在模式和关系。

总体来说,无监督学习为研究者和开发者提供了处理未标记数据的强大工具,包括聚类、降维和关联规则学习等技术。通过这些方法,用户可以更好地理解数据的内在结构和特性,发现隐藏的模式和关系,为进一步的数据分析和模型建设提供有力的支持。然而,无监督学习也存在一些挑战,例如,如何确定最佳的聚类数目、选择合适的降维方法,以及如何解释和验证发现的关联规则等问题,这些都需要进一步研究和探讨。

## 2.5 时间序列分析算法

时间序列预测在数据科学和机器学习领域中具有不可忽视的地位。通过对历史数据进行深入的分析和模型构建,我们能够揭示未来的趋势和模式,从而为决策制定提供坚实的依据。本节将深入探讨时间序列预测的基础理论和相关技术,帮助读者更好地理解和应用这一强大的预测工具。

### 2.5.1 时间序列

1. 定义

时间序列(time series)指的是按时间顺序排列的一组数据点集合。这些数据点的时间间隔通常是固定的,如每秒、每 5 分钟、每 12 小时、每周或每年一次。因此,时间序列数据可以被视为离散的时间数据,用于各种分析和处理。在日常生活中,时间序列无处不在。例如,我们可以观察到:计算机的 CPU 负载随时间的变化;股市上证指数每天的波动;商场每天的客流量;商品的日常价格变动。这些都是时间序列数据的实际应用,显示了时间序列在各个领域中的重要性和广泛性。

## 2. 基本任务

### 1）单指标时序预测任务

单指标时序预测任务是时间序列分析中的核心问题，主要关注的是预测特定时间序列单个变量或指标的未来值。在这种任务中，首先需要收集包含历史数据的时间序列数据集。然后，对数据进行预处理，包括处理缺失值、平稳化时间序列（如去除趋势和季节性），以及进行特征工程以提取有用的预测特征。接着，从多种可选的预测模型中选择合适的模型进行训练，这可以是线性模型、非线性模型，甚至是深度学习模型，如循环神经网络或长短时记忆网络。最后，通过评估指标（如均方误差、均方根误差等）对模型的预测性能进行评估，并进一步优化模型以提高预测准确性。这种任务在各种领域中都有广泛应用，如金融预测、气象预报、健康监测和工业生产等。

### 2）多指标时序预测任务

多指标时序预测任务与单指标时序预测任务在目标上有所不同。在多指标时序预测任务中，不是仅仅预测单一的时间序列变量或指标，而是预测多个相关或不相关的时间序列变量的未来值。这种任务的挑战在于需要捕捉不同变量之间的复杂关系和相互影响。首先，需要收集包含所有相关时间序列的数据集，并对数据进行适当的预处理，包括处理缺失值、平稳化和特征工程。接着，可以选择多种模型进行训练，这些模型需要能够有效地处理多个输入特征并预测多个输出。例如，可以使用向量自回归模型、多变量时间序列模型或者是能够处理多输入和多输出的深度学习模型，如多输入多输出的循环神经网络或长短时记忆网络。最后，需要使用适当的评估指标来综合评估模型在所有预测变量上的性能，这可能包括多个误差度量和其他相关性评估。多指标时序预测任务在许多领域中都具有重要的应用价值，如经济预测、环境监测、工业生产优化等。

### 3）时序异常检测任务

时序异常检测任务是时间序列分析的一个重要方向，其目标是在给定的时间序列数据中识别和定位异常或异常模式。这些异常数据点可能表示系统故障、突发事件或其他与正常行为不符的现象，对于各种应用场景都具有关键意义。在时序异常检测中，首先需要收集包含历史数据的时间序列数据集。然后，进行数据预处理，如处理缺失值、去除趋势和季节性，以及进行特征工程，以提取有用的特征。接着，从多种可选的异常检测方法中选择合适的模型进行训练，如基于统计方法的 Z-score 或 Grubbs 测试、基于机器学习的孤立森林或 One-Class SVM，或者是基于深度学习的自编码器等。最后，使用适当的评估指标（如准确度、召回率、F1 分数等）对模型的异常检测性能进行评估。时序异常检测任务在金融欺诈检测、网络入侵检测、健康监测、设备故障预测等多个领域都有广泛应用。

### 4）时序指标聚类

时序指标聚类是时间序列分析中的一个关键任务，它的主要目标是将相似的时间序列数据分组到同一个类别中，从而揭示数据中的模式和结构。这种方法可以帮助我们理解数据中的潜在模式、趋势和异常，以及发现具有相似动态行为的数据子集。在进行时序指标聚类时，首先需要收集包含多个时间序列指标的数据集。然后，对数据进行预处理，如处理缺失值、平稳化时间序列，以及进行特征工程，以提取有意义的特征。接着，选择合适的聚类算法进行训练，如 $k$ 均值聚类、层次聚类、DBSCAN（基于密度的聚类）等。在聚类过程中，可以使用各种相似性度量(如欧氏距离、动态时间规整(DTW)距离等)来衡量时间序列之间的相似性。最后，通过评估聚类结果的质量和有效性，如轮廓系数、Davies–Bouldin 指数等，来选择最佳的聚类数和模型。时序指标聚类在多个领域中都有应用，如市场分析、网络流量分析、健康监测和工业生产过程控制等，有助于发现隐藏在数据背后的有价值的信息和知识。

5) 指标关联分析

指标关联分析是数据分析中的一种重要技术，主要用于识别和量化数据集中不同指标之间的关联关系。这种分析能够帮助我们理解数据中的相互依赖和潜在的因果关系，从而为决策提供有力的支持。在进行指标关联分析时，首先需要收集包含多个相关指标的数据集。然后，对数据进行预处理，包括处理缺失值、归一化或标准化数据，以及进行特征选择以减少冗余信息。接着，可以使用各种统计方法和机器学习技术进行关联分析，如皮尔逊相关系数、斯皮尔曼秩相关系数、Apriori 算法(用于挖掘频繁项集和关联规则)等。在分析过程中，关键是识别那些具有显著关联的指标对或多个指标的组合。最后，通过可视化技术，如热力图、散点图矩阵等，将关联结果直观地呈现出来，以帮助用户更好地理解和解释数据。指标关联分析在多个应用场景中都具有重要价值，如市场分析、医疗诊断、客户行为分析等，能够揭示数据中隐藏的规律和洞察。

## 2.5.2 平稳性

1. 概念

平稳性是时序分析中的核心概念，该分析主要基于平稳时间序列进行。平稳性的概念可以细分为弱平稳和强平稳两种，其中强平稳的严格数学证明相当困难。但幸运的是，在实际应用中，我们主要关注的是弱平稳。那么，什么是弱平稳呢？简而言之，弱平稳需要满足以下三个条件。

(1) 时间序列的均值(即从起始时间到当前时间的均值)是一个常数。
(2) 方差应当是有界的，即在时间序列长度增加时，方差应当趋于一个常数。
(3) 协方差仅依赖于时间间隔，而与具体的时间点无关。

或许有些读者会对如何在单一时间序列中计算协方差感到困惑。事实上，这里提到的协方差是通过计算同一时间序列在不同时间间隔上的值而得出的。假设有一个时间序列，若取两个时间点之间的某个间隔 lag = $k$，那么这两个时间点的协方差可以表示为 $\mathrm{Cov}(x_t, x_{t-k})$。

2. 检验方法

常用平稳性检验方法有两种，一种是自相关函数图、偏自相关函数图，另一种是假设检验。

1) 自相关函数图、偏自相关函数图

(1) 自相关函数图。

自相关函数(autocorrelation function，ACF)是时间序列分析中一个重要的概念。它用于度量时间序列与其自身在不同时间滞后上的相关性。自相关函数的计算方法基于协方差的概念，表示时间序列在不同滞后期上的协方差与时间序列总体方差的比例。

具体来说，ACF 在滞后 $k$ 时的计算公式为

$$\rho_k = \frac{\text{Cov}(Y_t, Y_{t-k})}{\text{Var}(Y_t)} \tag{2-5}$$

其中，$\rho_k$ 是滞后 $k$ 时的自相关系数；$\text{Cov}(Y_t, Y_{t-k})$ 是时间序列在滞后 $k$ 时的协方差；$\text{Var}(Y_t)$ 是时间序列在时间 $t$ 的方差。

自相关函数图通常用于展示时间序列与其自身在不同滞后期上的相关性。这种图形化表示有助于理解时间序列中的季节性、趋势以及其他重要特性。通过分析自相关函数图，可以识别出时间序列的主要模式和周期性，为后续的时间序列建模和预测提供有价值的信息。

(2) 偏自相关函数图。

偏自相关函数(partial autocorrelation function，PACF)是时间序列分析中的另一个关键概念，与自相关函数密切相关。偏自相关函数提供了在去除了其他滞后效应后，某一特定滞后期与当前时间点的时间序列值之间的关系度量。

具体地，偏自相关函数在滞后 $k$ 时的计算公式为

$$\phi_{kk} = \text{Corr}(Y_t, Y_{t-k}, Y_{t-1}, Y_{t-2}, \cdots, Y_{t-k+1}) \tag{2-6}$$

其中，$\phi_{kk}$ 是滞后 $k$ 时的偏自相关系数，它表示在给定其他滞后项的条件下，时间序列在滞后 $k$ 时的相关性。

与自相关函数一样，偏自相关函数也是一种用于量化时间序列的滞后效应的方法，但它专注于每一个特定的滞后期与当前时间点的直接关系，而不考虑其他滞后项的影响。偏自相关函数图与自相关函数图一样，是一种常用的图形化工具，用于帮助分析时间序列数据的自相关性和偏自相关性。通过解析偏自相关函数图，可以更准确地识别时间序列的潜在模型结构，从而更有效地进行时间序列建模和预测。

2) 假设检验

常用的用于检测平稳性的假设检验是增强单位根检验方法(Augmented Dickey-Fuller，ADF)。ADF 检验的假设可以描述如下。零假设 $H_0$：时间序列具有单位根，即非平稳；备择假设 $H_a$：时间序列没有单位根，即平稳。

一般检验过程如下：①对于给定的时间序列，建立 ADF 模型；②基于 ADF 模型，计算 ADF 统计量的值；③在给定的显著性水平(通常是 0.05 或 0.01)下，确定 ADF 统计量的临界值；④比较计算得到的 ADF 统计量与拒绝域的临界值，如果统计量的值小于临界量，则拒绝零假设，认为时间序列是平稳的；⑤基于决策，给出关于时间序列平稳性的统计推断。

如果 ADF 检验的结果拒绝了零假设，那么可以认为时间序列是平稳的。否则，如果不能拒绝零假设，则需要进一步处理时间序列数据，使其达到平稳性。平稳性检验中的 ADF 检验是一个假设检验过程，它通过检验单位根的存在性来判断时间序列是否是平稳的。这个检验为时间序列分析提供了一个重要的基础，确保了后续分析的可靠性和有效性。

### 2.5.3 时间序列的常用模型

#### 1. 自回归模型

自回归模型(autoregressive model)是时间序列分析中的一种经典方法，它是一种线性模型，用于描述时间序列数据点与其过去的数据点之间的关系。自回归模型的数学表达式可以

表示为

$$Y_t = c + \phi_1 Y_{t-1} + \phi_2 Y_{t-2} + \cdots + \phi_p Y_{t-p} + \epsilon_t \tag{2-7}$$

其中，$Y_t$ 是在时刻 $t$ 的时间序列值；$c$ 是常数项；$\phi_1, \phi_2, \cdots, \phi_p$ 是模型的参数，表示当前时间点与过去 $p$ 个时间点的权重；$\epsilon_t$ 是在时刻 $t$ 的白噪声误差项，表示模型未能解释的随机波动。

在自回归模型中，$p$ 是模型的阶数，表示考虑的时间滞后期数量。模型的阶数 $p$ 通常通过分析自相关函数和偏自相关函数来确定。自回归模型的优点是：能够捕捉时间序列数据的自回归结构，即过去的观测值对当前值有直接的影响；模型相对简单，易于理解和实现。然而，自回归模型也有其局限性：它只考虑了时间序列数据的自回归结构，忽略了其他可能的影响因素；如果时间序列数据包含季节性或趋势等复杂结构，自回归模型可能无法很好地捕捉这些特征。为了克服自回归模型的一些局限性，可以考虑使用自回归积分移动平均模型，它是自回归模型的扩展，同时考虑了差分和移动平均成分，以处理非平稳和季节性数据。

2. 移动平均模型

移动平均模型(moving average model)是时间序列分析的另一种基本方法，与自回归模型专注于过去的观测值与当前值的关系不同，移动平均模型关注过去的误差项(白噪声)与当前值的关系。移动平均模型的数学表达式可以表示为

$$Y_t = \mu + \epsilon_t + \theta_1 \epsilon_{t-1} + \theta_2 \epsilon_{t-2} + \cdots + \theta_q \epsilon_{t-q} \tag{2-8}$$

其中，$Y_t$ 是在时刻 $t$ 的时间序列值；$\mu$ 是常数项；$\epsilon_t$ 是在时刻 $t$ 的白噪声误差项；$\theta_1, \theta_2, \cdots, \theta_q$ 是模型的参数，表示过去 $q$ 个时间点的误差项与当前时间点的关系。

移动平均模型能够捕捉时间序列数据中的随机波动和突发事件；然而，它只考虑了时间序列数据的随机波动，忽略了可能存在的自回归结构。

3. 自回归移动平均模型

自回归移动平均模型(autoregressive moving average model，ARMA)是时间序列分析中的一种经典模型，用于描述时间序列数据的动态性和随机性。自回归移动平均模型结合了两种基本的时间序列模型：自回归模型和移动平均模型，既考虑了观测值的历史信息，也考虑了误差的历史信息。自回归移动平均模型的数学表达式可以表示为

$$X_t = c + \phi_1 X_{t-1} + \phi_2 X_{t-2} + \cdots + \phi_p X_{t-p} + \epsilon_t + \theta_1 \epsilon_{t-1} + \theta_2 \epsilon_{t-2} + \cdots + \theta_q \epsilon_{t-q} \tag{2-9}$$

其中，$X_t$ 是在时刻 $t$ 的时间序列值；$c$ 是常数项；$\phi_1, \phi_2, \cdots, \phi_p$ 是自回归模型的参数；$\epsilon_t$ 是在时刻 $t$ 的误差项，满足 $\epsilon_t \sim N(0, \sigma^2)$；$\theta_1, \theta_2, \cdots, \theta_q$ 是移动平均模型的参数。

## 2.6 多模态数据分析算法

本节将从多模态数据分析的定义以及经典的多模态任务两个角度介绍多模态数据分析算法。

## 2.6.1 多模态数据分析的定义

多模态数据分析,也称为多模态机器学习(multimodal machine learning,MMML)。我们生活在一个由多种模态信息构成的世界,这包括视觉信息、听觉信息、文本信息、嗅觉信息等。当研究的问题或数据集涉及多种这样的模态信息时,称为多模态问题。研究多模态问题对于推动人工智能更好地理解和认知我们周围的世界至关重要。

### 1. 模态

模态指的是表达或感知事物的方式,每种信息来源或形式都可以视为一种模态。例如,人类拥有触觉、听觉、视觉和嗅觉;信息的媒介包括语音、视频、文字等;还有多种传感器,如雷达、红外、加速度计等。以上每一种都可称为一种模态。

与多媒体数据的划分相比,模态是一个更为细粒度的概念。在同一媒介下,也可以存在不同的模态。例如,我们可以将两种不同的语言视为两种不同的模态,甚至在两种不同情境下采集的数据集也可以被认为是两种模态。

### 2. 多模态

多模态是指从多个模态表达或感知事物。模态可以是同质性的或异质性的。同质性模态指的是从相同类型的数据源中获得的信息,例如,从两台相机中获取的图片属于同一模态,因为它们都是视觉信息。异质性模态则指的是来自不同类型数据源的信息,例如,图片和文本语言之间的关系属于异质性模态,因为它们代表的是不同的信息类型。多模态可能有以下三种形式。

1)描述同一对象的多媒体数据

在互联网环境中,描述同一对象的多媒体数据通常包括视频、图片、语音和文本等多种信息形式。这些数据可能有不同的来源、平台或用户,但都聚焦于同一特定对象或主题。图2-10所示为典型的多模态信息形式。

图2-10 多模态信息形式

2) 来自不同传感器的同一类媒体数据

来自不同传感器的同一类媒体数据包括医学影像学中不同的检查设备所产生的图像数据，如 B 超、计算机断层扫描、核磁共振等；物联网背景下不同传感器所检测到的同一对象数据等。

3) 具有不同的数据结构特点、表示形式的表意符号与信息

具有不同的数据结构特点、表示形式的表意符号与信息包括描述同一对象的结构化、非结构化的数据单元；描述同一数学概念的公式、逻辑符号、函数图及解释性文本；描述同一语义的词向量、词袋、知识图谱以及其他语义符号单元等。

3. 多模态学习

多模态学习是一个从多种数据模态中学习和提高性能的算法范畴，而非单一算法。它利用来自不同感知通道和数据类型的信息，进行更加全面和深入的学习与分析。从语义感知的角度来看，多模态数据涉及多种感知通道(如视觉、听觉、触觉、嗅觉等)接收到的信息。这些不同的感知通道可以捕捉到物体或事件的多个方面和特性，从而提供更加丰富和全面的信息。在数据层面，多模态数据可以被看作多种数据类型的组合，包括但不限于图片、数值、文本、符号、音频、时间序列等。此外，它还可以是不同数据结构(如集合、树、图等)的复合形式。更进一步的是，多模态数据可以来自不同的数据库、知识库或信息资源的组合。因此，多模态学习不仅需要处理不同类型和结构的数据，还需要处理多个来源的异构数据。

在实际应用中，对多源异构数据的挖掘和分析是多模态学习的核心任务。通过有效地整合与利用来自不同模态和来源的信息，多模态机器学习可以实现更高的准确性和性能，为各种复杂的任务和应用提供有力的支持。

## 2.6.2 经典的多模态任务

1. 情感分析

多模态分析中的情感分析是指通过结合文本、图像、音频等多种模态的信息来识别和理解人类情感状态的任务。情感分析旨在从数据中提取情感信息，通常分为两个主要方面：情感极性和情感强度。情感极性表示情感是正面、负面还是中性的，而情感强度则表示情感的强度或程度。在多模态情感分析中，不同模态的信息可以相互补充和丰富，从而提高情感分析的准确性和鲁棒性。例如，文本模态可以提供人类语言表达的具体内容，图像模态可以提供人的面部表情、身体语言等视觉信息，音频模态可以提供说话者的语调、音量等声音信息。将这些信息结合起来进行情感分析，可以更全面地理解人类情感状态。

多模态情感分析的应用领域广泛，包括社交媒体分析、情感智能交互、情感驱动式产品设计等。例如，在社交媒体分析中，多模态情感分析可以帮助分析用户在社交平台上发布的文本、图片、视频等内容，从而了解用户的情感倾向和态度；在情感智能交互中，多模态情感分析可以帮助智能系统更好地理解用户的情感状态，从而提供更加个性化和贴心的服务；在情感驱动式产品设计中，多模态情感分析可以帮助设计师了解用户对产品的情感反馈，从而改进产品设计和用户体验。通过多模态情感分析，可以为社交媒体分析、人机交互、智能产品设计等领域提供更加准确和深入的情感理解与分析。

2. 视频理解

多模态分析中的视频理解是指对视频数据中的内容进行深入分析和理解的任务。视频数据通常包含丰富的视觉和音频信息，因此视频理解涉及计算机视觉和音频处理等多个领域的技术。视频理解的目标是从视频中提取出有意义的信息，如识别视频中的对象、理解场景、推断动作和情感等。视频理解可以包括多种子任务，其中一些常见的包括视频分类、视频目标检测、视频行为识别、视频内容摘要生成等。视频分类是指将视频归类到不同的类别或主题中，例如，根据视频内容判断视频属于体育、新闻、音乐等类别。视频目标检测是指识别视频中出现的特定对象或物体，例如，在体育比赛视频中识别篮球、足球等运动器材。视频行为识别是指识别视频中的人物或对象的动作和行为，例如，在监控视频中识别人的行走、举手等动作。视频内容摘要生成是指从视频中提取关键信息，生成视频内容的摘要或概要，使用户能够快速了解视频的主要内容,例如对于一段长达24小时的监控视频，提取监控对象的关键信息，生成5分钟的视频概要等。

视频理解的挑战在于视频数据的复杂性和信息量巨大。视频通常由多个连续的帧组成，每帧都包含大量的像素信息，同时视频中可能包含复杂的场景、多个对象和动作等。因此，视频理解需要结合深度学习、机器学习等技术，对视频数据进行高效处理和分析。随着计算能力的提升和算法的不断发展，视频理解在视频监控、视频内容分析、视频搜索等领域具有广泛的应用前景。

3. 跨模态检索

多模态分析中的跨模态检索是指在不同的数据模态之间进行信息检索的任务。这种检索方式允许用户以一种模态(如文本、图像、音频等)的输入查询相关联的另一种或多种模态的数据。跨模态检索旨在解决单一模态数据检索的局限性，为用户提供更丰富、更全面的信息检索体验。跨模态检索可以涉及多种模态的组合，如文本到图像、图像到文本、文本到音频、音频到图像等。在文本到图像的跨模态检索中，用户可以输入一段文字描述，系统将根据描述内容检索与之相关的图像数据；在图像到文本的跨模态检索中，用户可以上传一张图片，系统会返回与该图片相关的文字描述或标签。类似地，在文本到音频和音频到图像的跨模态检索中，用户可以根据文本或音频输入检索相关联的音频或图像数据，以满足不同场景下的信息需求。跨模态检索的挑战在于不同模态数据之间的信息融合和表示一致性问题。不同模态的数据具有不同的数据结构和特征表达方式，因此如何将它们有效地表示并进行匹配是一个关键问题。为了解决这一问题，研究者提出了许多跨模态检索的方法，包括基于特征融合的方法、基于语义理解的方法、基于深度学习的方法等。这些方法通过将不同模态数据映射到一个共享的语义空间中，从而实现了跨模态数据的有效匹配和检索。

跨模态检索在多领域都有着广泛的应用，包括多媒体检索、智能搜索引擎、社交媒体分析等。通过实现不同模态数据之间的无缝连接和信息交流，跨模态检索为用户提供了更丰富、更全面的信息检索体验，有助于更好地满足用户的信息需求。

## 2.7 推荐算法

本节将从推荐系统概述、推荐算法的思想原理、相似性度量方法、推荐算法分类四个角度介绍推荐算法。

## 2.7.1 推荐系统概述

你可能并没有明确的电影选择需求,但你可能希望有一个工具,它能够根据你的过去兴趣和喜好,自动从庞大的电影库中挑选出几部与你口味相符的电影供你选择。这正是个性化推荐系统所能提供的功能。

### 1. 推荐系统的主要任务

推荐系统的主要任务是搭建用户与信息之间的桥梁。它旨在一方面帮助用户发现那些对他们具有价值或者感兴趣的信息,另一方面则确保这些有价值的信息能够有效地展现在潜在的、对其感兴趣的用户面前。通过这样的方式,推荐系统实现了信息消费者与信息生产者之间的双向价值传递,为双方创造了一个双赢的局面。

### 2. 推荐系统与搜索引擎的区别

推荐系统和搜索引擎都是帮助用户高效获取信息的工具,但它们的工作方式和应用场景有所不同。与搜索引擎需要用户明确提出查询需求不同,推荐系统通过分析用户的历史行为和兴趣来自动建模,主动为用户推送符合他们兴趣和需求的内容。因此,推荐系统和搜索引擎在满足用户信息需求方面起到了互补的作用。当用户有明确的查询目的时,搜索引擎可以满足其主动查找的需求;而在用户没有明确目的,但希望发现新的有趣内容时,推荐系统则发挥着重要作用。

## 2.7.2 推荐算法的思想原理

推荐系统是一种信息过滤系统,旨在预测和推荐用户可能感兴趣的物品或服务,以提高用户满意度和促进交易。推荐系统的基本原理和思想是通过分析与理解用户的行为、偏好和兴趣,以及物品的特性与属性,利用算法和模型为用户提供个性化的推荐。以下是推荐系统的核心原理和关键思想。

### 1. 用户建模

推荐系统首先对用户进行建模,包括收集和分析用户的行为数据,如浏览历史、购买记录、评分和评论等,以了解用户的偏好、兴趣和行为模式。通过对用户的行为数据进行深入分析和挖掘,可以更准确地理解和预测用户的需求与期望。

### 2. 物品建模

除了对用户进行建模,推荐系统还需要对物品进行建模,包括收集与分析物品的属性、特性、标签和关联关系等。通过对物品的特性和属性进行深入分析与挖掘,可以更好地理解和描述物品的质量、风格与特点,以及物品之间的相似性和关联性。

### 3. 个性化推荐

基于对用户和物品的建模,推荐系统利用各种推荐算法和模型,如协同过滤、内容推荐、深度学习和强化学习等,对用户可能感兴趣的物品进行预测和排序,以生成个性化的推荐列表。推荐系统的目标是通过对用户和物品的深入理解，以及先进的机器学习和数据挖掘技术，实现准确、高效和有针对性的个性化推荐。

4. 实时学习和优化

推荐系统不断地收集与分析用户和物品的新数据，以实时更新与优化推荐模型和算法，提高推荐的准确性和效果。通过持续地学习与适应用户的变化和偏好，推荐系统能够提供更加个性化和精准的推荐，从而增强用户的满意度和忠诚度。

总体而言，推荐系统是一种基于用户行为和物品特性的个性化信息过滤与推荐系统，其核心思想是通过深入理解与分析用户和物品的数据，以及利用先进的机器学习和数据挖掘技术，为用户提供个性化、准确和高效的推荐，从而提高用户的满意度和促进交易。

## 2.7.3 相似性度量方法

推荐系统的核心是通过对用户和物品之间的相似性进行度量来实现个性化推荐。在这个过程中，相似性度量方法起到了关键的作用。相似性度量方法是用来衡量两个对象之间的相似程度的技术或方法。在推荐系统中，这些对象可以是用户、物品或其他实体，而相似性度量方法则用来度量它们之间的相似性，从而为推荐算法提供重要的输入。下面介绍三种常见的相似性度量方法。

1. 杰卡德系数

该度量方法已在 2.3.2 节中介绍。

2. 余弦相似度

余弦相似度是一种常用的相似性度量方法，特别是在文本和高维数据的相似性计算中。它衡量的是两个向量之间的夹角的余弦值，这个值越接近 1，表示两个向量越相似；越接近 0，表示两个向量越不相似。

给定两个向量 $A$ 和 $B$，它们的余弦相似度定义如下：

$$\text{cosine similarity}(A, B) = \frac{A \cdot B}{\|A\| \times \|B\|} \tag{2-10}$$

其中，$A \cdot B$ 是 $A$ 和 $B$ 的点积（内积）；$\|A\|$ 和 $\|B\|$ 分别是 $A$ 和 $B$ 的范数（长度）。

3. 皮尔逊相关系数

皮尔逊相关系数（Pearson correlation coefficient）是一种衡量两个连续变量之间线性关系强度和方向的统计量。

给定两个变量 $X$ 和 $Y$，它们的皮尔逊相关系数 $r$ 定义为

$$r = \frac{\sum_{i=1}^{n}(X_i - \bar{X})(Y_i - \bar{Y})}{\sqrt{\sum_{i=1}^{n}(X_i - \bar{X})^2 \sum_{i=1}^{n}(Y_i - \bar{Y})^2}} \tag{2-11}$$

其中，$X_i$ 和 $Y_i$ 是第 $i$ 个观测值；$\bar{X}$ 和 $\bar{Y}$ 是 $X$ 和 $Y$ 的均值；$n$ 是观测值的数量。

### 2.7.4 推荐算法分类

**1. 协同过滤推荐**

协同过滤(collaborative filtering，CF)算法是推荐系统领域的经典方法，其核心思想是通过找出与目标用户有相似兴趣和行为模式的其他用户，预测和推荐目标用户可能感兴趣的物品。协同过滤算法包含两个主要步骤：预测和推荐。在预测阶段，算法会分析目标用户的历史行为和日志等信息，以构建其偏好模型。接着，该模型会被用来识别与目标用户有相似偏好的其他用户。在推荐阶段，基于这些相似用户的喜好，系统会将他们喜欢的物品推荐给目标用户。这个过程可以通过日常生活中的电影选择的例子来形象地描述。当我们在面对众多电影选项感到困惑时，通常会向与我们兴趣相似、值得信赖的朋友或同学咨询，以获取推荐。这正是协同过滤算法的核心思想所在。

协同过滤算法主要依赖于用户的行为数据(如评价、购买、下载等)，而不是物品本身的特性或用户的其他个人信息(如年龄、性别等)。目前，基于邻域的方法是协同过滤算法中最为广泛应用的，它主要包括两种子算法：基于用户的协同过滤算法和基于物品的协同过滤算法。

1) 基于用户的协同过滤算法

基于用户的协同过滤(userCF)是一种简单而直观的推荐算法，其核心思想是通过发现与目标用户兴趣相似的其他用户(即相邻用户)，为目标用户提供个性化的推荐。具体来说，当需要为用户 A 提供个性化推荐时，算法会首先识别出与用户 A 有相似兴趣和偏好的其他用户。然后，它会将这些相似用户喜欢的，但用户 A 尚未了解或尝试过的物品推荐给用户 A。例如，用户 A 喜欢看《十面埋伏》《一代宗师》，用户 B 喜欢看《十面埋伏》，那么用户 A 和用户 B 的兴趣有很大的相似度；用户 B 没有看过《一代宗师》，就可以为用户 B 推荐《一代宗师》。

基于用户的协同过滤主要包括两个步骤：①找到和目标用户兴趣相似的用户集合；②找到这个集合中的用户喜欢的且目标用户没有接触过的物品推荐给目标用户。在步骤①中，基于前面给出的相似性度量方法找出与目标用户相似的用户。在步骤②中，需要凭借目标用户对相似用户喜欢的物品的喜好程度来为目标用户进行推荐，那么如何衡量这个程度的大小呢？常用的方式之一是利用用户相似度和相似用户的评价加权平均获得用户的评价预测，该评价预测可用数学公式表示如下：

$$R_{u,p} = \frac{\sum_{s \in S}(w_{u,s} \cdot R_{s,p})}{\sum_{s \in S} w_{u,s}} \tag{2-12}$$

其中，权重 $w_{u,s}$ 是用户 $u$ 和用户 $s$ 的相似度；$R_{s,p}$ 是用户 $s$ 对物品 $p$ 的评分；$S$ 是由与目标用户 $u$ 相似的用户所组成的集合。

2) 基于物品的协同过滤算法

基于物品的协同过滤(itemCF)是一种高效的推荐算法，其核心思想是通过分析用户的历史行为数据来计算物品之间的相似性，然后根据这些相似性为用户推荐相似的物品。与基于用户的协同过滤算法类似，基于物品的协同过滤算法不依赖于物品的内容属性，而是主要基于用户的行为记录来计算物品之间的相似度。例如,如果物品 A 和物品 C 在相似度上得分很高,那么当一个用户喜欢物品 A 时,基于物品的协同过滤算法会将物品 C 作为潜在的推荐物品推荐给这个用户。

基于物品的协同过滤主要包括两个步骤:①计算物品之间的相似度;②根据物品的相似度和用户的历史行为给用户生成推荐列表(购买了该商品的用户也经常购买的其他商品)。

与 userCF 算法相同,我们也面临着一个问题:如何从众多相似的物品中挑选出用户最感兴趣的物品?因此,itemCF 算法通过式(2-13)计算用户 $u$ 对物品 $j$ 的感兴趣程度:

$$p(u,j) = \sum_{i \in S(j,K) \cap N(u)} W_{ji} R_{ui} \tag{2-13}$$

其中,$N(u)$ 是用户喜欢的物品集合;$S(j,K)$ 是和物品 $j$ 最相似的 $K$ 个物品的集合;$W_{ji}$ 是物品 $j$ 和物品 $i$ 的相似度;$R_{ui}$ 是用户 $u$ 对物品 $i$ 的兴趣(对于隐反馈数据集,如果用户 $u$ 对物品 $i$ 有浏览行为,即可令 $R_{ui}=1$)。式(2-13)的通俗理解是:对于用户 $u$ 喜欢的物品列表中的每一个物品 $i$,都根据物品相似度矩阵找到与其最相似的 $K$ 个物品,令其为 $K_{ij}$($j=1,2,\cdots,K$),然后使用物品相似度 $W_{ij}$ 来表示用户对物品 $j$ 的感兴趣程度,最后将筛选出来的物品按照用户对其感兴趣程度排序,取全体列表或者列表前 $K$ 个物品推荐给用户,至此 itemCF 算法完成。

2. 基于内容的推荐

基于内容的推荐(content-based recommendation,CB)算法是一种基于项目的内容信息进行推荐的算法。它通过分析项目(如商品、文章、音乐等)的内容特征,根据用户的历史行为数据,推荐与用户兴趣相似的项目。这种算法不需要依赖用户对项目的评价意见,更多地依赖于机器学习的方法从关于内容的特征描述中获取用户的兴趣资料。基于内容的推荐算法的基本原理是根据用户的历史行为,获得用户的兴趣偏好,为用户推荐与其兴趣偏好相似的物品,读者可以根据图 2-11 直观地理解该算法。

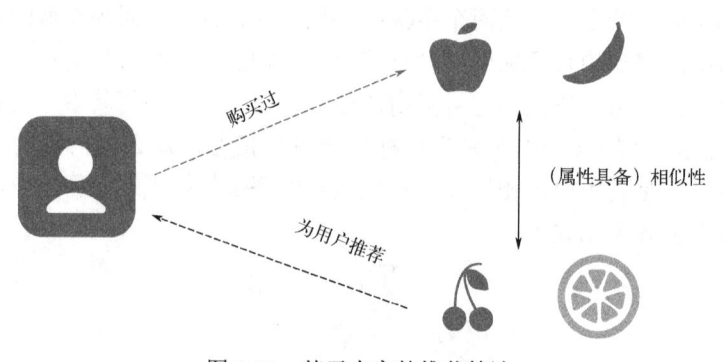

图 2-11 基于内容的推荐算法

经过上述介绍,读者可能会对基于物品的协同过滤和基于内容的推荐产生疑惑,即它们之间有何本质区别。基于物品的协同过滤首先从用户的历史记录中提取其喜好的物品,然后根据这些物品与其他物品的相似度,推荐与用户历史兴趣相近的物品,其核心在于计算物品间的相似性。相比之下,基于内容的推荐着重于推荐与用户之前喜欢的物品在内容上相似的其他物品,这里的核心任务是评估物品的内容相似度。尽管两者都涉及计算物品间的相似度,但其方法却截然不同:基于物品的协同过滤是基于用户共同喜好来计算(两个物品被越多的人同时喜欢，这两个物品就越相似)，而基于内容的推荐则是基于物品内容特性来计算，反映了它们在计算相似度时的不同侧重点。

3. 基于知识的推荐

协同过滤系统主要利用用户的评分作为推荐依据，从而向用户提供物品推荐，无须额外的信息输入和维护。这一特性使得系统在获取和维护知识时成本相对较低。相对而言，基于内容的推荐系统主要依赖于物品的类别、体裁信息以及自动提取的关键词等内容属性，这类系统同样可以以较低的代价获取和维护这些关键信息，与协同过滤系统相似。

然而，每种系统都有其局限性，不一定适用于所有场景。例如，对于不常购买的高价商品，如房屋，纯粹依赖协同过滤由于缺乏足够的评分数据可能效果不佳。同样地，如果用户的消费偏好受到生活方式或经济条件的变化影响，那么基于内容的推荐系统可能会受到若干年前的评分数据的限制。此外，对于需要明确需求定义的购买决策，如购车，这些需求通常需要形式化处理，而这并不是协同过滤或基于内容推荐系统的强项。在这些场景中，基于知识的推荐系统展现了其优势，它可以根据用户需求与产品特性的相似性，或者遵循明确的推荐规则来生成推荐结果。

基于知识的推荐系统主要包括两种基本类型：基于约束的推荐和基于实例的推荐。这两种推荐方法在推荐流程中有许多相似之处。首先，用户必须明确指定其需求，然后系统会根据这些需求寻找合适的解决方案。如果系统无法找到满足需求的推荐结果，用户可能需要调整或重新定义其需求。另外，系统还需为用户提供推荐物品的详细解释，以帮助用户理解为何这些物品被推荐。然而，这两种方法在知识的利用方式上存在明显差异。基于实例的推荐，系统主要依赖于相似度衡量方法来检索与用户需求相似的物品，它会基于历史数据或其他相似度计算准则，找出与用户需求相匹配的物品，并推荐给用户；而基于约束的推荐，系统则更依赖于预先定义的推荐规则集合，这些规则定义了如何根据用户需求和物品特性来生成推荐，从而为用户提供更为精确和个性化的推荐结果。

## 小　　结

本章介绍了后续章节所必备的机器学习和人工智能基础知识与技术，旨在帮助读者建立数据科学领域的核心知识和理论基础，也为后续学习和实践中的数据科学项目奠定了坚实的基础，具体包括数字图像处理、知识图谱、数据聚类算法、文本分析算法、时间序列分析算法、多模态数据分析算法、推荐算法等。

## 习　　题

1. 描述图像采样的过程，并解释为什么需要量化。
2. 实践题：给定两个聚类结果，使用 Python 计算兰德指数和杰卡德系数，评估聚类效果。
3. 在文本分析中，情感分析的目的是什么？描述如何使用机器学习方法进行情感分析。
4. 实践题：设计一个融合文本和图像数据的方案，用于情感分析，描述如何将这两种模态的信息结合在一起。
5. 在什么情况下，基于知识的推荐可能比基于内容或协同过滤的推荐更有效？

# 第 3 章 知识图谱构建与挖掘实践

## 3.1 知识图谱与构建背景知识

知识图谱是一种结构化的知识表示方法，用于描述现实世界中的实体、概念、关系和属性，并以图形形式呈现它们之间的关联。知识图谱可以看作一种语义网络，其中节点表示实体或概念，边表示实体或概念之间的关系。它旨在捕捉丰富的知识和语义关联，以便机器能够更好地理解和推理。随着技术的发展和应用的深入，知识图谱在多个领域都有广泛的应用前景，可以帮助人工智能系统更好地理解和利用知识。例如，在智能推荐系统中，知识图谱可以用于构建个性化的智能推荐系统。通过分析用户的兴趣、偏好和行为数据，并将这些数据与知识图谱中的实体和关系进行匹配，可以为用户提供个性化的推荐内容，如商品推荐、新闻推荐、社交网络推荐等。

本章所提到的专利大数据是指国家知识产权局受理公开的技术发明专利数据。通常地，专利大数据具有多维异质属性，其中包含了来自不同维度和不同类型的信息，如专利的名称、发明人、申请人、权利要求、主分类、引用关系、摘要图等。多维异质属性的专利大数据可以作为知识图谱构建的重要数据源，通过将专利数据中的多维异质属性映射为知识图谱中的实体、概念、关系和属性，可以实现对专利知识的结构化和语义化表示，进而实现专利数据的表征和关系挖掘。这是基于知识图谱构建与挖掘的典型场景，其中示例如图 3-1 所示。

专利大数据是一个庞大的创新信息库，记录了各个领域的技术发明和创新成果。通过分析专利大数据，可以获取前沿的技术趋势、技术热点和技术演化的信息，为企业和研究机构提供创新的引擎。专利大数据不仅可以帮助发现新技术、新产品和新市场，还可以促进技术交流、合作与跨界创新。国务院办公厅印发的《专利转化运用专项行动方案(2023—2025 年)》中强调，以习近平新时代中国特色社会主义思想为指导，全面贯彻落实党的二十大精神，聚焦大力推动专利产业化，做强做优实体经济，有效利用新型举国体制优势和超大规模市场优势，充分发挥知识产权制度供给和技术供给的双重作用，有效利用专利的权益纽带和信息链接功能，促进技术、资本、人才等资源要素高效配置和有机聚合。从提升专利质量和加强政策激励两方面发力，着力打通专利转化运用的关键堵点，优化市场服务，培育良好生态，激发各类主体创新活力和转化动力，切实将专利制度优势转化为创新发展的强大动能，助力实现高水平科技自立自强。要有效运用大数据、人工智能等新技术，按产业细分领域向企业匹配推送，促成供需对接。基于企业对专利产业化前景评价、专利技术改进需求和产学研合作意愿的反馈情况，识别存量专利产业化潜力，分层构建可转化的专利资源库。可见，基于人工智能技术开展专利大数据研究具有重要意义。本章将以专利数据实践为例，系统地讲解知识图谱构建与挖掘方法。

[图片：粤港澳创新创业知识产权综合服务平台专利详情页面，展示"一种基于知识与数据双驱动的智能创作方法与系统"的专利信息，包括摘要、著录项和说明书附图]

图 3-1  技术发明专利数据示例

## 3.1.1 知识图谱背景知识

### 1. 知识图谱的概念

知识图谱是一种以图形化方式呈现知识的数据模型，它将知识信息转化为图谱的形式，通过实体和关系的方式来表达现实世界中的事实。在现代人工智能的发展中，知识图谱具有极为重要的意义，它可以帮助机器更好地理解人类语言，并更加准确地理解和应用知识。在实际应用中，构建知识图谱通常需要从多个来源中提取信息，这些来源涵盖了各种类型的数据，如结构化数据、半结构化数据和非结构化数据等。同时，为了能够更好地支持知识图谱的应用，还需要进行知识的推理和链接。

知识图谱是对现实世界中事实的一种结构化表示方式，由实体、关系和语义表达组成。实体可以是具体的对象，也可以是抽象概念，而关系则表示实体之间存在的联系，并且能够表达实体之间的语义描述。另外，如果知识图谱上的实体和关系还具有属性特征，那么这种知识图谱也称为属性图。知识图谱由许多知识三元组(事实)构成，一个知识三元组以<头实体, 关系, 尾实体>或者<主语, 谓语, 宾语>的形式表达一个事实，如<张小明, 父亲, 张大明>、<张艺谋, 导演, 红高粱>，具体的示例如图3-2所示。

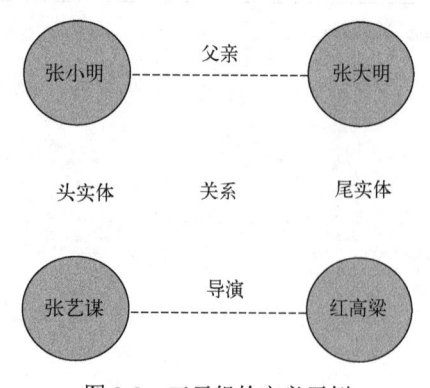

图 3-2 三元组的定义示例

2. 知识图谱应用场景

知识图谱的概念最早由谷歌在2012年提出，并用于提升其搜索质量。在当前的人工智能大数据时代，知识图谱作为重要的知识表示方式之一，为机器语言认知提供了丰富的背景知识，使得机器对人类自然语言的理解更加精确。知识图谱可以应用于多个领域，如智能搜索、智能问答、智能客服、智能推荐等，为人们提供更加智能化的服务。

(1) 智能搜索：知识图谱可以提供更精确和全面的搜索结果。传统搜索引擎主要基于关键词匹配，而知识图谱可以通过语义理解和关系推理，将搜索查询与知识图谱中的实体、属性和关系进行匹配，从而提供更准确的搜索结果。知识图谱还可以利用实体间的关联关系，进行相关性排序和智能推荐，提供更个性化、精准的搜索体验。

(2) 智能问答：知识图谱可以支持智能问答系统的搭建。通过将知识图谱中的实体、属性和关系与自然语言处理技术相结合，可以实现对用户提问的语义理解和问题解答。知识图谱中的结构化知识可以帮助系统理解问题的语义和上下文，并提供准确的答案。知识图谱还可以支持复杂问题的推理和多轮对话，提升智能问答系统的交互能力和用户体验。

(3) 智能客服：知识图谱可以用于智能客服系统的知识管理和问题解答。通过将企业的产品知识、服务信息和常见问题等整理为知识图谱的形式，可以实现对用户提问的自动解答和问题导航。知识图谱可以帮助客服系统理解用户问题的意图，提供准确的答案和解决方案，并根据用户反馈进行持续优化和更新。

(4) 智能推荐：知识图谱可以用于个性化和智能推荐系统。通过分析用户的兴趣、偏好和行为数据，结合知识图谱中的相关实体和关系，可以为用户提供个性化的推荐内容，如文章、商品、音乐等。知识图谱可以利用实体的属性和关联关系，进行推荐的解释和理由展示，提高推荐的可解释性和用户信任度。

## 3.1.2 数据预处理

在进行知识图谱的构建之前，需要将数据预处理成为三元组的格式，通常的处理过程主要包括以下几个部分。

(1) 数据收集：数据预处理的第一步是收集相关的数据。这可能涉及从不同的数据源中获取数据，包括结构化数据(如数据库、表格等)和非结构化数据(如文本、图像、音频等)。数据收集的过程可以通过爬虫、应用程序接口、数据库查询等方式进行。为方便起见，3.1.5节将介绍常用的专利数据渠道。

(2) 数据清洗：数据清洗是指对收集到的数据进行清理和去除噪声。在这个阶段，需要处理包括缺失值、重复值、异常值、格式错误等在内的数据质量问题。这可能涉及数据规范化、去重、填充缺失值、处理异常值等操作，以确保数据的准确性和一致性。

(3) 实体识别：在知识图谱构建中，需要从文本等非结构化数据中识别出实体和关系。实体识别是指从文本中识别出具有特定意义的实体，如人物、地点、组织等。

(4) 关系抽取：关系抽取是指从文本中提取出实体之间的关系，如"约翰是苹果公司的创始人"中的"创始人"关系。这个过程可能涉及自然语言处理技术、实体识别算法和关系抽取算法的应用。

(5) 属性抽取：对于每个识别出的实体，识别其属性信息。属性可以是实体的特征、属性值、关键词等。例如，在描述一个人物时，属性可能包括姓名、年龄、职业等。

(6) 三元组构建：将实体、属性和关系转化为三元组的形式。主体是一个实体，谓语是表示实体之间关系的属性，客体是另一个实体或属性值。例如，将"约翰是苹果公司的创始人"转化为三元组形式：<约翰，创始人，苹果公司>。

### 3.1.3 知识图谱构建

知识图谱是基于图的数据结构，由多种三元组的表达组成，其中实体作为节点，关系作为边。通过整合和组织大量的三元组，知识图谱可以呈现出复杂的实体之间的关系网络，用于知识表示、问题回答、数据分析和推理等应用。需要注意的是，知识图谱的表示方式不限于三元组，还可以使用其他图结构，如超图、属性图或二分图，以适应不同的数据和应用场景。在知识图谱构建中，潜在关系的挖掘是一项重要的任务，它旨在通过推理和推断，从已知的关系中发现新的隐藏关系。对于给定的知识图谱中已知的关系，例如，"A 是 B 的儿子"和"B 是 C 的儿子"，可以通过推理来得出新的关系，如"A 是 C 的孙子"。这种推理可以基于逻辑规则、统计模型或机器学习方法来进行。

以下是一种简单的推理方法的数学表示，用于推断"A 是 C 的孙子"的潜在关系。从已知关系中提取信息，根据已知的关系，可以得到两个三元组：<A，儿子，B>和<B，儿子，C>。

(1) 推理规则：可以使用推理规则来推断出新的关系。在这个例子中，可以应用传递性规则，即如果 A 是 B 的儿子，B 是 C 的儿子，那么 A 是 C 的孙子。

(2) 推理过程：根据传递性规则，可以得到新的关系，即<A，孙子，C>，其具体推理过程如图 3-3 所示。

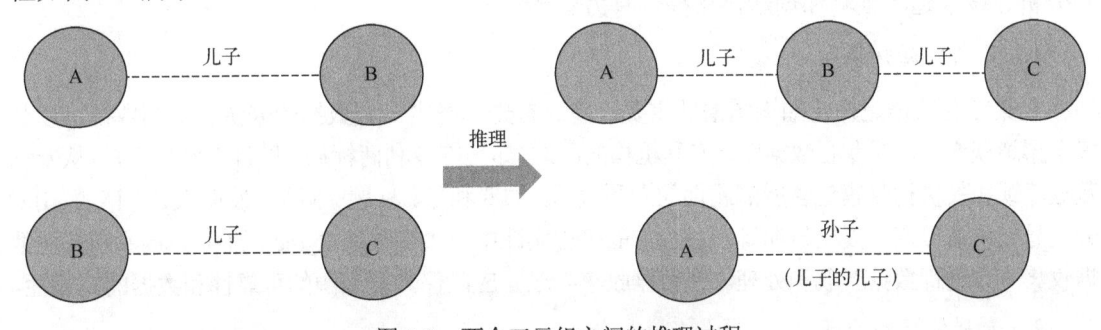

图 3-3　两个三元组之间的推理过程

上述推理方法基于逻辑规则，主要使用已知的关系和推理规则来推断新的关系。然而，对于更复杂的推理和潜在关系挖掘，可能需要更高级的推理技术和算法，如基于图神经网络的推理、知识图谱嵌入等。需要注意的是，推理潜在关系是一个挑战性的问题，它涉及推理规则的选择、知识图谱的表示和推理算法的设计。在实际应用中，通常需要结合领域知识、语义关联和大规模训练数据来进行潜在关系的挖掘和推理。

### 3.1.4 专利大数据实践处理流程

专利大数据实践处理是指利用大数据技术和方法对大规模专利数据进行采集、预处理、分析挖掘和应用的过程（图 3-4）。这一过程旨在从专利数据中挖掘出有价值的信息和洞察，以支持技术研发、市场分析、法律管理、知识产权保护等决策和应用。专利大数据实践处理涉及以下主要基本步骤。

（1）专利数据收集：通过各种渠道和方式收集专利数据，包括专利数据库、专利机构公开数据源以及专利数据供应商。

（2）专利数据预处理：对收集到的专利数据进行清洗和预处理，去除重复数据、处理缺失值、规范化数据格式等，以确保数据的准确性和一致性。

（3）专利数据分析和挖掘：利用数据分析和挖掘技术，如文本挖掘、机器学习、自然语言处理等，对专利数据进行分析，提取有价值的信息和洞察。这可以包括专利趋势分析、技术领域聚类、专利引证网络分析等。

（4）应用和决策支持：将分析结果应用于技术创新、市场分析、法律管理、知识产权保护等方面，为决策和应用提供支持与指导。

专利数据收集 → 专利数据预处理 → 专利数据分析和挖掘 → 应用和决策支持

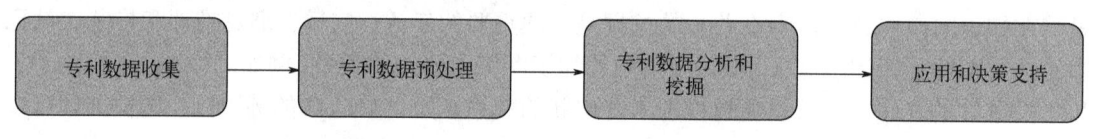

图 3-4　专利大数据实践的基本处理流程

### 3.1.5 专利大数据介绍及建模

本节主要以现实的专利大数据为例，介绍其建模过程，主要包括专利数据收集、专利数据预处理、实体识别与分类、关系抽取、专利知识图谱构建、查询与可视化以及维护与更新等关键步骤。通过遵循这一流程，可以构建一个准确、高效且可视化的专利知识图谱，为专利分析、技术趋势预测和创新决策提供有力支持。

1. 专利数据收集

收集专利数据是构建知识图谱的重要一步。首先，确定专利数据的来源。专利数据可以从多个渠道获取，包括专利数据库、专利机构的网站（如美国专利商标局、欧洲专利局等）。从专利数据库或相关机构收集包含所需属性的专利数据，如专利号、标题、摘要、发明人、申请人、IPC分类号、申请日期、授权日期等，在当前的工程实践中，大多采用 Python 的 pandas 库或其他数据收集工具进行数据获取和处理。在数据收集阶段，应确保数据来源的可靠性和数据的完整性。

2. 专利数据预处理

专利数据预处理是在进行知识图谱构建之前对收集到的专利数据进行清洗、规范化和结构化的过程。该过程主要包括标签过滤、关键词提取和构建三元组等步骤。在专利大数据的知识图谱构建中，标签过滤是对权利要求书的文本内容进行标签过滤，关键词提取是从权利要求书文本、专利摘要文本中提取关键词,而三元组的构建是以标题为头节点进行构建,常见的关系节点有:发明人姓名、摘要关键词、法律状态、专利权人、专利关键词、标题关键字、权利要求数量、主要专利权人、法律状态、权利要求关键词。数据预处理所需的技术主要是使用 Python 的自然语言处理(natural language processing,NLP)库(如 jieba、pandas)进行文本清洗和标准化处理。

1)标签过滤

由于专利数据往往包含各种标签信息,对三元组构建会产生干扰,因此需要对专利数据进行标签过滤工作,能够对后续构建三元组以及提高专利实体提取准确度方面有很大的帮助。下面以去除数据中的"Claim""ClaimText"等标签为例,介绍具体的实践操作。

```
1.   try：
2.       import xml.etree.cElementTree as et
3.   except ImportError:
4.       import xml.etree.ElementTree as et
5.
6.   def filter_claims(claims_path):
7.       try:
8.           root = et.XML(claims_path)
9.       except Exception as e:
10.          print(f"Error processing claims path: {claims_path}")
11.          raise e
12.      claim_str = ''
13.      for claim in root.findall('Claim'):
14.          for claim_text in claim.findall('ClaimText'):
15.              claim_str += claim_text.text
16.
17.      return claim_str
18.  #示例数据
19.  claims_path_list = ['<Claim><ClaimText>This is claim 1.</ClaimText></Claim>',
20.                     '<Claim><ClaimText>This is claim 2.</ClaimText></Claim>',
21.                     '<Claim><ClaimText>This is claim 3.</ClaimText></Claim>']
22.
23.  import pandas as pd
24.
25.  df_data = {'claimsPath': claims_path_list}
26.  df = pd.DataFrame(df_data)
27.  df['new_data'] = df['claimsPath'].apply(filter_claims)
```

以上代码首先导入必要的模块,然后定义了一个处理 XML 数据的函数 filter_claims。接着,创建了示例数据 claims_path_list 和使用 pandas 创建 DataFrame。最后,通过 apply 方法应用处理函数,并生成新的列 new_data。

运行上述代码的结果展示如下。

原始文本:<Claim><ClaimText>This is claim 1.</ClaimText></Claim>

<Claim><ClaimText>This is claim 2.</ClaimText></Claim>

<Claim><ClaimText>This is claim 3.</ClaimText></Claim>

去除特殊字符后的文本:This is claim 1. This is claim 2. This is claim 3.

2) 关键词提取

提取关键词有利于三元组的构建，在专利数据中往往会出现如摘要、权利、标题、背景技术等数据，需要进行关键词提取。

```
1.  import pandas as pd
2.  import jieba.analyse
3.  #示例数据
4.  data = {'independentClaims': ["这是一则独立权利要求的示例文本。",
5.                                "另一则独立权利要求的示例文本包含一些关键词。",
6.                                "这个独立权利要求没有太多的描述。"]}
7.  df = pd.DataFrame(data)
8.
9.  if 'independentClaims' in df.columns:
10.     abs_column = df['independentClaims']
11.
12.     extracted_keywords = []
13.     for text in abs_column:
14.         keywords = jieba.analyse.extract_tags(text, topK=5, withWeight=False)
15.         extracted_keywords.append(keywords)
16.     df['claims_keywords'] = extracted_keywords
```

这段代码中使用了 jieba 分词库中的 jieba.analyse.extract_tags 函数对 "independentClaims" 进行关键词提取，从文本中提取前 5 个关键词，并将这些关键词存储在 extracted_keywords 列表中。

运行上述代码的结果展示如下。

原始文本：这是一则独立权利要求的示例文本。

另一则独立权利要求的示例文本包含一些关键词。

这个独立权利要求没有太多的描述。

关键词提取后的文本：['独立', '权利要求', '示例', '文本']

['独立', '权利要求', '示例', '关键词', '包含']

['独立', '权利要求', '描述']

3) 构建三元组

从经过过滤和关键词提取的 DataFrame 中提取信息并将其格式化成三元组。

```
1.  Column_names = ['title', 'inventorName', 'inventors', 'clKey', 'pid', 'abs_keywords', 'lprs', 'patentee', 'patentWords','titleKey', 'claimsQuantity', 'primaryPatentee', 'primaryInventorName', 'primaryApplicantName', 'legalStatus', 'claims_keywords']
2.  triplets = []
3.  for index, row in df.iterrows():
4.      for column in column_names[1:]:
5.          if column in ['clKey', 'inventorName', 'abs_keywords', 'patentWords', 'titleKey', 'legalStatus', 'claims_keywords']:
6.              keys = str(row[column]).split(',')
7.              for key in keys:
8.                  triplet = f'{row["title"]}---{column}---{key.strip()}'
9.                  triplets.append(triplet)
10.             else:
11.                 triplet = f'{row["title"]}---{column}---{row[column]}'
12.                 triplets.append(triplet)
```

这段代码遍历 DataFrame 中的每一行和每一列，并根据特定条件（列名是否在指定的列表中）将信息提取出来。如果列名在指定的列表中，它会将列值拆分成多个键，并将每个键与行的标题和列名组合成一个三元组；如果列名不在指定的列表中，它会将行的标题、列名和列值组合成一个三元组。最终，所有的三元组都会存储在一个列表中。

3. 实体识别与分类

实体识别与分类是知识图谱构建中的重要步骤，它涉及从文本数据中自动识别和抽取出实体，并将它们分类到相应的类别或类型中。实体识别指的是从文本数据中自动识别出具有特定意义的实体，如人物、地点、组织、产品、时间等。实体识别通常基于 NLP 技术，如分词、词性标注、命名实体识别等；或使用 spaCy 库从文本数据中识别出实体，如专利标题、发明人、申请人、IPC 分类等。这些技术可以识别文本中的单词或短语，并将其标记为特定类型的实体。实体分类是将识别出的实体分配到相应的类别或类型中，以便后续关系抽取和图谱构建。实体分类可以基于预定义的分类体系或领域知识，将实体归类为人物、地点、组织、产品、时间等不同的类型。分类可以基于规则、统计模型或机器学习方法进行，其中机器学习方法可以通过训练数据来学习实体和类别之间的关联。

命名实体识别代码示例如下。

```
1.   nlp = spacy.load('zh_core_web_sm')
2.   df = pd.read_excel('data.xlsx')
3.   results = pd.DataFrame()
4.
5.   for column in df.columns:
6.       entities = []
7.       for cell in df[column]:
8.           if pd.isna(cell):
9.               entities.append([])
10.              continue
11.
12.          doc = nlp(str(cell))
13.          ent_list = [(ent.text, ent.label_) for ent in doc.ents]
14.          entities.append(ent_list)
15.
16.      results[column] = entities
17.  results.to_excel('output.xlsx', index=False)
```

以上代码中使用 spaCy 加载中文模型，并且读取文件数据到一个 pd.DataFrame 中。通过 spaCy 分析单元格中的文本，并提取其中的命名实体（entities），将结果作为（实体文本，实体类型）元组的列表存储在 ent_list 中，并将其添加到 entities 中，最后创建了一个空的 DataFrame（results）来存储处理后的结果。

4. 关系抽取

关系抽取是指从文本数据中自动识别和提取出实体之间的关系或关联。在知识图谱构建和信息提取领域，关系抽取是一项重要的任务，它可以帮助构建结构化的知识图谱，并从大量的文本数据中获取有用的关系信息。关系抽取可以涉及不同类型的关系，包括人物之间的关系(如亲属关系、工作关系)、实体之间的属性关系(如产品和制造商之间的关系)或事件之间的时间关系等。在关系抽取任务中，需要明确定义所关注的关系类型，并进行相应的模型训练和评估。一般地，主要是基于规则进行关系抽取，从预处理后的数据中抽取实体之间的关系，如发明人与申请人之间的关系、专利之间的引用关系等。基于此，构建关系库，并存储抽取出的关系数据。

基于规则的关系抽取示例代码如下。

```
1.  import re
2.  def extract_relations(text):
3.      relations = []
4.      inventor_pattern = re.compile(r'发明人\s*[:：]\s*([^,。 ]+)')
5.      patent_number_pattern = re.compile(r'专利号\s*[:：]\s*([^,。 ]+)')
6.      inventor_match = inventor_pattern.search(text)
7.      patent_number_match = patent_number_pattern.search(text)
8.      if inventor_match and patent_number_match:
9.          inventor_name = inventor_match.group(1).strip()
10.         patent_number = patent_number_match.group(1).strip()
11.         relations.append({'Inventor': inventor_name, 'PatentNumber': patent_number})
12.     return relations
13. sample_text = """
14. 专利信息：这是一份有关发明人张三和专利号ABC123的专利申请。
15. 发明人：张三，李四
16. 专利号：ABC123
17. """
18. extracted_relations = extract_relations(sample_text)
```

以上代码是从给定的文本中提取出发明人和专利号相关的信息。通过使用正则表达式模式来匹配文本中的"发明人"和"专利号"，然后从匹配结果中提取出相应的信息。如果同时匹配到了发明人和专利号，就将它们添加到一个关系列表中，并返回该列表作为提取结果。

5. 专利知识图谱构建

知识图谱是一种表示和存储知识的图数据库，其中包含实体、属性和实体之间的关系，以及丰富的语义信息。具体地，选择neo4j作为知识图谱的存储后端。将实体和关系数据导入到数据库中，并构建专利知识图谱。此外，需要为知识图谱创建索引，提高查询效率。创建颜色映射字典，将predict映射到颜色。

构建知识图谱示例代码如下。

```
1.  from neo4j import GraphDatabase
2.  import csv
3.
4.  uri = "bolt://localhost:7687"
5.  username = "neo4j"
6.  password = "123456789q"
7.  driver = GraphDatabase.driver(uri, auth=(username, password))
8.  csv_path = r'F:\python_pro\graph\data\a2.csv'
9.  batch_size = 1000
10. with driver.session() as session:
11.     with open(csv_path, 'r', encoding='utf-8') as file:
```

```
12.    csv_reader = csv.reader(file)
13.    next(csv_reader)
14.    triplets = []
15.    for row in csv_reader:
16.     if len(row) == 3:
17.      subject, predicate, object_value = row
18.      print(subject, predicate, object_value)
19.      triplets.append((subject.strip(), predicate.strip(), object_value.strip()))
20.      if len(triplets) >= batch_size:
21.       for s, p, o in triplets:
22.        query = (
23.        "MERGE (s:Subject2 {name: $subject}) "
24.        "MERGE (o:Object2 {name: $object}) "
25.        "MERGE (s)-[r:`" + p + "` {type: 'RELATIONSHIP'}]->(o) "
26.        )
27.          session.run(query, subject=s, predicate=p, object=o)
28.        triplets = []
29.    if triplets:
30.     for s, p, o in triplets:
31.      query = (
32.      "MERGE (s:Subject2 {name: $subject}) "
33.      "MERGE (o:Object2 {name: $object}) "
34.      "MERGE (s)-[r:`" + p + "` {type: 'RELATIONSHIP'}]->(o) "
35.      )
36.      session.run(query, subject=s, predicate=p, object=o)
37. print('结束')
38. driver.close()
```

以上代码用于将从文本文件中读取的三元组数据存储到 neo4j 图数据库中。流程包括：连接 neo4j 数据库，定义 neo4j 数据库的 URI、用户名和密码，使用 GraphDatabase.driver() 方法创建数据库驱动程序。从文本文件中按指定的数据批次读取三元组数据并导入本地 neo4j 数据库中，通过 MERGE 语句确保节点和关系的唯一性。最后，关闭数据库驱动程序的连接。

6. 查询与可视化

查询与可视化可以帮助用户从知识图谱中获取有用的信息并以直观的方式呈现。在知识图谱中，查询是指用户根据特定的需求和问题，使用查询语言或界面向知识图谱发出请求，以获取所需的信息。查询语言可以使用结构化查询语言(如 SPARQL 和 neo4j)，它允许用户以图谱的结构和关系为基础进行查询，实现对关键词、实体或关系查询专利知识图谱。查询内容可以涉及实体的属性、实体之间的关系、特定模式的匹配等。通过查询，用户可以从知识图谱中检索相关的实体、关系和属性，并获得所需的知识。知识图谱可视化是将知识图谱的结构、实体和关系以可视化的方式呈现给用户，如节点间的连接、关系路径等。通过可视化，用户可以更直观地理解和探索知识图谱中的信息，如图 3-5 所示，该图是三项技术发明专利数据通过抽取属性信息后，构建的可视化知识图谱。常见的可视化方式包括图形表示、网络图、树状图、热力图等。可视化可以根据实体的属性、关系的强度、实体之间的相似性等对图谱进行布局和展示。用户可以通过交互操作，如缩放、平移、筛选等，与可视化图形进行互动，并从中获取洞察和理解。

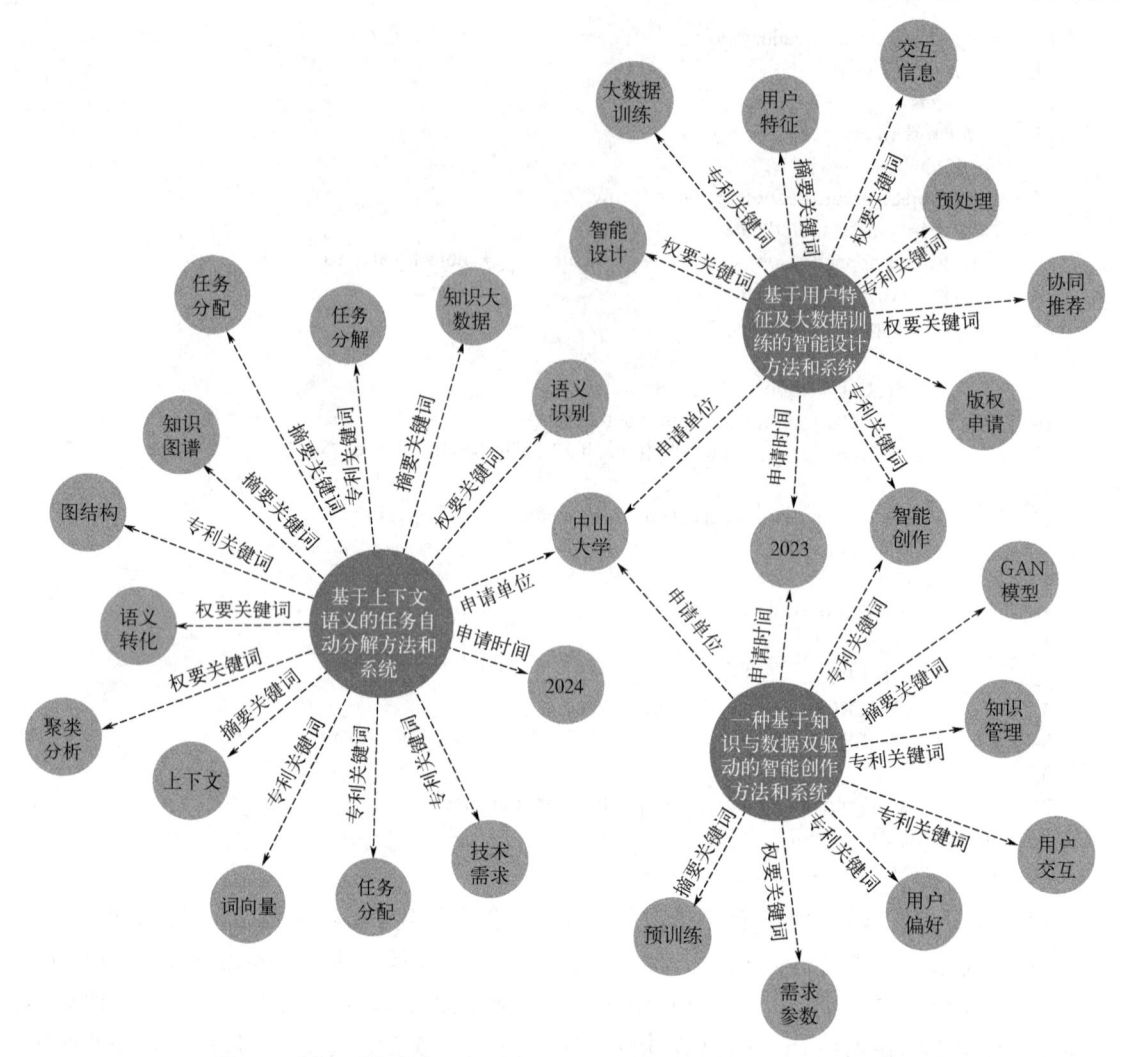

图 3-5 以三项技术发明专利数据为例构建的可视化知识图谱示意图

接下来，将专利三元组数据进行 ID 化处理。ID 化处理的主要目的是提高数据存储和查询的效率，同时减少存储空间的消耗。ID 化处理将实体和关系映射到唯一的数字标识符，在数据库中使用这些 ID 来表示实体和关系，而不是直接存储它们的文本形式。

以下是用 neo4j 进行 ID 化图谱查询的代码，可视化展示的结果如图 3-6 所示。

```
1.  MATCH (s1:Subject2)-[r]->(n)
2.  RETURN s1, r, n
3.  LIMIT 100
```

（1）MATCH 是在 neo4j 图数据库中搜索模式的关键字。

（2）(s1:Subject2)是一个模式中的节点，s1 是节点的别名，Subject2 是该节点的标签。

（3）-[r]->表示节点之间的关系。-表示关系的方向，从左到右，r 是关系的别名。

（4）(n)是另一个节点，与 s1 通过关系 r 相连的节点，n 是该节点的别名。

（5）RETURN s1, r, n 指定了查询的返回值，即返回所有匹配的节点 s1、它们之间的关系 r，以及与这些关系相连的节点 n。

(6) LIMIT 100 是一个限制条件，表示查询结果最多返回 100 条记录。

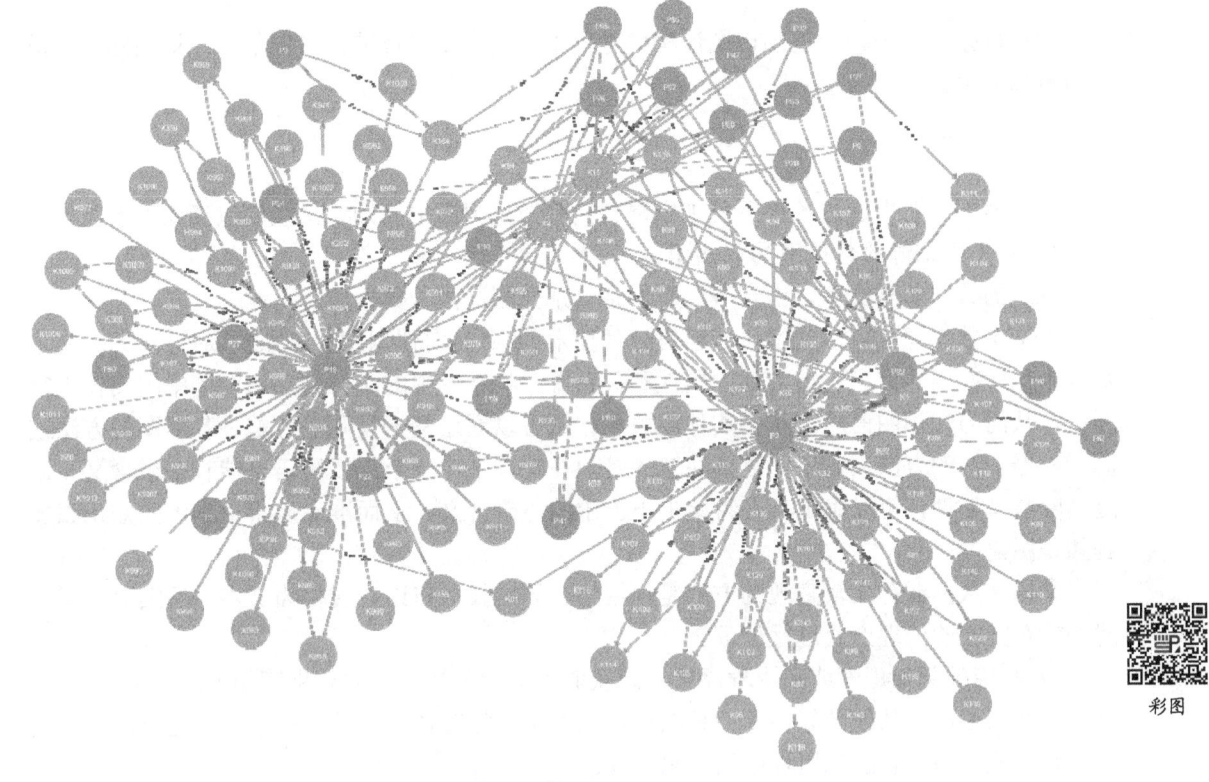

图 3-6  通过 neo4j 生成的知识图谱粗粒度可视化结果

**7. 维护与更新**

维护与更新是知识图谱构建后的重要环节，它们确保知识图谱的准确性、完整性和时效性。维护知识图谱的第一步是进行数据监测和质量控制，包括监测数据源的变化和更新，确保知识图谱中的数据与源数据保持同步；识别和纠正数据中的错误、冗余和不一致性。具体地，可以在代码框架中直接输入相关节点列名，实现检查知识图谱的完整性和准确性，修复错误或遗漏的数据。进一步地，可以通过获取新的数据源、整合第三方数据、从外部知识库中抽取信息等方式实现知识图谱的补充和扩展，保持其完整性和丰富性。通过新增列名或关键词，包括新增专利数据、变更的实体信息或关系等，以保持知识图谱的时效性。新的数据可以补充现有的实体和关系，提供更全面的知识视图。

## 3.2  知识图谱构建与挖掘的优化技术

传统的知识图谱补全方法主要基于规则或统计学习的方式，如逻辑回归、支持向量机等。这些方法通过基于属性相似性或关系相似性的方式预测实体之间的关系。在上述的基础步骤中，本节重点介绍个别步骤的深化，并应用新的模型算法。

### 3.2.1 知识增强与知识融合

知识增强与知识融合是知识图谱构建过程中的两个重要环节，它们都旨在提高知识图谱的质量和应用效果。

**1. 知识增强**

知识增强主要指通过各种手段来丰富和完善知识图谱中的知识，主要包括如下手段。

(1) 从不同来源的数据中抽取知识。

经典的数据源有文本、语音等。下面将分别介绍这两种数据源。

①文本数据源：可以通过自然语言处理技术(如命名实体识别、关系抽取等)从大量文本数据中抽取有用的信息，如实体、属性和关系等。将文本中的实体与知识图谱中的实体进行匹配，从而为知识图谱添加新的实体或关系。这可以通过基于规则的方法、基于图的方法或基于机器学习的方法来实现。需要注意的是，在文本中，一个词或短语可能有多个含义。通过消除歧义处理，可以确定其在特定上下文中的正确含义，从而准确地将文本中的知识添加到知识图谱中。

②语音数据源：比较直观的方式是使用语音识别技术将语音转换为文本，后续再使用上述的针对文本的处理方式进行处理。

(2) 利用外部知识库或应用程序接口来获取更多相关知识，主要步骤如下。

①数据抽取：从外部知识库中抽取有用的信息，如实体、属性和关系等。这可以通过编写包装器或使用现有的应用程序接口来实现。

②数据映射：将抽取出的知识与已有的知识图谱进行映射，找到相同或相似的实体、属性和关系。这可以通过基于规则或基于学习的方法来实现。

③数据融合：将映射后的知识与已有的知识图谱进行融合，形成一个统一、一致的知识体系。这需要处理不同来源知识之间的矛盾和不一致问题。

④本体构建：根据外部知识库的结构和内容，构建或更新知识图谱的本体结构。这有助于更好地整合外部知识，并提高知识图谱的可扩展性和可维护性。

(3) 通过推理和挖掘技术来发现隐含的知识。

这是知识图谱中的一个重要环节，它可以帮助完善和丰富知识图谱的内容。以下是一些常用的方法。

①实体预测：在给定一组关系和其他实体的情况下，预测可能与这些实体相关的其他实体。这可以通过基于图的方法、基于聚类的方法或基于标签传播的方法来实现。

②关系预测：在给定一组实体和其他关系的情况下，预测可能与这些实体相关的关系。这可以通过基于图的方法、基于路径的方法或基于特征的方法来实现。

**2. 知识融合**

知识融合主要指将不同来源或不同领域的知识进行整合，以形成一个统一、一致的知识图谱。知识融合的过程包括以下内容。

(1) 实体对齐。

该过程是指将不同来源的相同实体进行匹配和合并。实体对齐的一般过程如下。

①实体识别：从各个知识源中识别出实体。这些实体可能具有不同的名称、别名或描述，但它们都指向现实世界中的同一对象或概念。

②属性提取：从各个知识源中提取与实体相关的属性。这些属性可以包括实体的名称、别名、类型、关系等。

③相似度计算：计算各个知识源中实体之间的相似度。这可以通过比较实体的属性、关系或其他特征来实现。常用的相似度计算方法包括余弦相似度、欧氏距离等。

④匹配决策：根据相似度计算的结果，决定是否将两个或多个实体进行匹配。这可以通过设置阈值或使用聚类算法来实现。

⑤结果验证：对匹配结果进行验证，确保匹配的准确性和一致性。这可以通过人工审核或自动评估方法来实现。

⑥实体融合：将匹配的实体进行合并，形成一个统一、一致的知识表示。这可能涉及实体的属性和关系的合并，以及解决可能出现的冲突和矛盾问题。

(2) 本体构建。

该过程是指构建一个统一的概念体系，将不同来源的知识纳入其中。本体构建的一般过程如下。

①确定领域：首先确定要构建本体的领域，这有助于确定本体的范围和内容。

②收集术语：从各个知识源中收集领域相关的术语或概念。这些术语可以作为本体中的类或属性。

③定义层次结构：根据收集到的术语，定义本体的层次结构。这包括类之间的继承关系、属性之间的层次关系等。

④定义关系：除了层次结构外，还需要定义类之间和属性之间的关系，如二元关系("属于""相似"等)。

⑤添加实例：为本体添加具体的实例，即将具体的实体与本体中的类进行关联。

⑥验证和修正：对构建好的本体进行验证和修正，确保其准确性和一致性。这可以通过人工审核或自动评估方法来实现。

⑦知识映射：将各个知识源中的知识与本体进行映射，即将知识源中的实体、属性和关系与本体中的类、属性和关系进行对应。

⑧知识融合：根据知识映射的结果，将各个知识源中的知识进行融合，形成一个统一、一致的知识表示。

### 3.2.2 面向文本数据的知识图谱处理技术

由于在现实世界中，大量的数据以非结构化数据(即文本数据)的形式存在，文本数据的处理涉及分词、词义、内在逻辑、上下文场景等多方面的影响因素，知识图谱技术成为了文本数据处理中的一个重要方向。

1. 知识实体提取

在实体提取领域，大致上可以将已有的方法分为基于规则的方法、基于统计模型的方法和基于深度学习的方法。

1)基于规则的方法

在早期,人们采用的是人工编写规则的方式,如正则匹配。一般来说,这种方式由具有一定领域知识的专家手工构建规则模板。后来,研究者将规则模板与文本进行匹配,以识别实体。然而,这一方法的局限性在于,需要领域专家来编写规则,这将使得规则模板覆盖的领域范围十分有限。

2)基于统计模型的方法

这一方法需要完全标注或部分标注的语料进行模型训练。从技术上看,这一类方法将命名实体识别作为序列标注问题处理。与普通的分类问题相比,在序列标注问题中,当前标签的预测不仅与当前的输入特征相关,还与在序列中的之前的预测标签相关。

基于文本数据识别其中的实体是一个典型的序列标注问题。基于统计模型构建命名实体识别方法主要包含训练语料标注、特征定义与模型训练三个步骤。

(1)训练语料标注。

为了形成适应统计模型的训练语料,一般采用 BIESO、IOB 和 IO 等方法。这一类方法为每个字标注对应的标记,表示与实体的关系。以 BIESO 为例,各个字母的含义如下(IOB 和 IO 的含义同样可以参照下面的内容):B,即 Begin,表示开始;I,即 Intermediate,表示中间;E,即 End,表示结尾;S,即 Single,表示单个字符;O,即 Other,表示其他,用于标记无关字符。

为了让读者对这一方式有个初步的认识,表 3-1 以"巴黎是法国的首都"为例,给出了 BIESO、IOB 和 IO 的实体标注示例。

表 3-1  BIESO、IOB 和 IO 的实体标注示例

| 标注体系 | 巴 | 黎 | 是 | 法 | 国 | 的 | 首 | 都 |
| --- | --- | --- | --- | --- | --- | --- | --- | --- |
| BIESO | B | E | O | B | E | O | O | O |
| IOB | B | I | O | B | I | O | O | O |
| IO | I | I | O | I | I | O | O | O |

(2)特征定义。

在进行模型训练之前,统计模型需要计算每个词的一组特征作为模型的输入。这一组特征包括了词级别特征、词典特征和文档级别特征。词级别特征有首字母是否大写、是否包含数字、词性等;词典特征基于外部词典定义,如预定义的词典、地名列表等;文档级别特征则是基于整个语料文档计算得到的,如词频等。

(3)模型训练。

在实体提取中,比较常用的统计模型有隐马尔可夫模型(hidden Markov model,HMM)、条件随机场(conditional random fields,CRF)模型等。

3)基于深度学习的方法

基于统计模型的方法十分依赖于特征的定义,而基于神经网络的深度学习方法则可以自动提取较为合适的特征。下面简要介绍一些经典的方法。

(1)LSTM-CRF 模型。

这一模型的流程可以简述如下:首先,将输入的每一个词映射为一个固定长度的向量,即词向量。然后,将词向量输入到双向 LSTM 中。将两个方向的 LSTM 的输出进行拼接,再

将拼接后的向量输入 CRF 模型中,以进行序列标注,进而识别出文本中的实体。

(2) LSTM-CNN-CRF 模型。

这一模型的流程可以简述如下:首先,对于每个单词,通过 CNN 计算其字符级别的表征。然后,将字符级别的表征向量与单词的词向量进行拼接,再将得到的新向量输入双向 LSTM。最后,将双向 LSTM 的输出向量输入到 CRF 模型中进行序列标注,以识别文本中的实体。

2. 实体关系抽取

对于文本数据,关系抽取即为从其中抽取两个或多个实体之间的语义关系。这一步骤与实体提取的步骤紧密相关,一般是在识别出实体后,抽取实体之间可能存在的关系。关系抽取的方式主要有基于模板的关系抽取方法、基于监督学习的关系抽取方法、基于弱监督学习的关系抽取方法。

1) 基于模板的关系抽取方法

在上述的实体提取中,可以基于规则模板进行实体识别。类似地,基于模板的关系抽取方法也是基于领域专家的知识来编写模板,从文本中匹配具有特定关系的实体。

2) 基于监督学习的关系抽取方法

这一方式的一般步骤如下:

(1) 预定义关系的类型。

(2) 人工标注数据。

(3) 设计关系识别所需的特征。

(4) 选择分类模型并进行训练评估。

模型的选择可以为支持向量机、朴素贝叶斯、神经网络等。

3) 基于弱监督学习的关系抽取方法

在实际场景中,很多情况都缺少有标注的数据。因此,只能利用少量的标注数据进行弱监督学习。一般来说,常用的弱监督学习方法有远程监督和 bootstrapping。

(1) 远程监督。

这一方法主要通过知识图谱与非结构化文本对齐的方式自动构建大量数据集,以使模型减少对于人工标注数据的依赖。主要步骤如下:

① 从知识图谱中抽取存在目标关系的实体对;

② 从文本中抽取含有实体对的句子作为训练样本;

③ 训练监督学习模型进行关系抽取。

(2) bootstrapping。

这是一种迭代的方法,其利用少量的实例作为初始种子集合,然后在种子集合上学习获得关系抽取的模板,再利用模板抽取更多的实例,加入种子集合中。通过迭代,从文本中抽取关系的大量实例。

### 3.2.3 知识图谱的表征学习

知识图谱的表征学习是指将知识图谱中的实体和关系映射到低维向量空间中,以便于将知识有效地运用于各项下游任务中。

1. 基于翻译的模型

在知识图谱表征学习这一领域的初期，一般采用的是基于翻译的模型。对于知识图谱，其可以表示为三元组<头实体，关系，尾实体>的集合。基于翻译的模型则是以知识图谱中的三元组为基础来学习实体和关系的表征。

1) TransE

这一模型是基于翻译的模型中较为简洁的模型。如果记三元组为 $<h,r,t>$，这一模型的基本假设可以形式化如下：

$$e_h + e_r = e_t \tag{3-1}$$

其中，$e_h$、$e_r$、$e_t$ 分别表示 $h$、$r$、$t$ 的表征向量。图 3-7 展示了上述的思想。

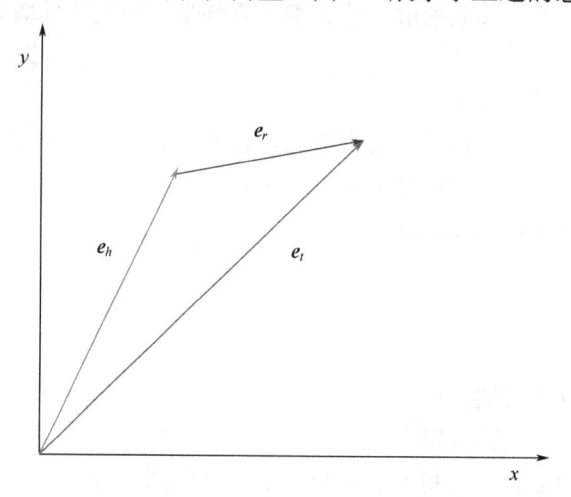

图 3-7 TransE 的核心思想

TransE 模型在对实体和关系的表征进行学习时，所采用的得分函数如下：

$$f(h,r,t) = \|e_h + e_r - e_t\|_{L_1/L_2} \tag{3-2}$$

其中，$L_1$、$L_2$ 分别指 $L_1$ 范数和 $L_2$ 范数。通过最小化上述的得分函数，以完善实体和关系的表征。

2) TransH

这一模型将每种关系建模为一个超平面，将三元组中的头实体和尾实体分别映射到该超平面中。对于关系 $r$，设置一个关系翻译向量 $e_r$，同时该关系所在的超平面记为 $w_r$。对于三元组 $<h,r,t>$，头实体和尾实体需要被投影到超平面 $w_r$，该过程可以用公式表示如下：

$$e_h^{\perp} = e_h - w_r^{\mathrm{T}} e_h w_r \tag{3-3}$$

$$e_t^{\perp} = e_t - w_r^{\mathrm{T}} e_t w_r \tag{3-4}$$

为便于理解，图 3-8 展示了上述的过程。

类似于 TransE，TransH 的得分函数可以定义如下：

$$f(h,r,t) = \|e_h^{\perp} + e_r - e_t^{\perp}\|_2^2 \tag{3-5}$$

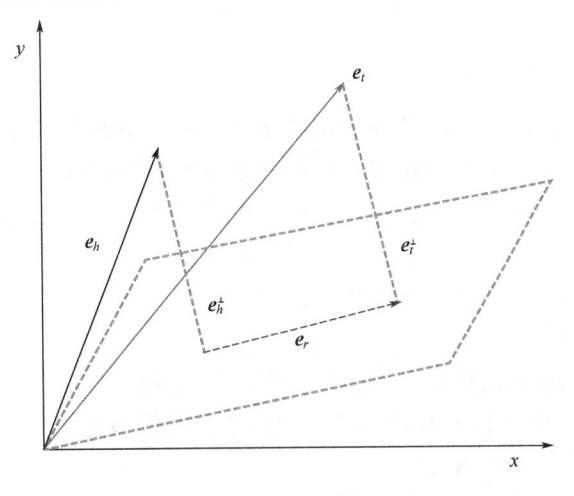

图 3-8　TransH 的核心思想

### 3) TransR

这一模型的假设是：实体和关系处于不同的语义空间中。对于三元组 $<h,r,t>$，头实体和尾实体的表征会从实体空间投影到关系空间，该过程可以用公式表示如下：

$$e_h^r = e_h M_r \tag{3-6}$$

$$e_t^r = e_t M_r \tag{3-7}$$

其中，$e_h^r$ 和 $e_t^r$ 是 $e_h$ 和 $e_t$ 在关系 $r$ 对应向量空间的表示。同样地，图 3-9 展示了该模型的思想。

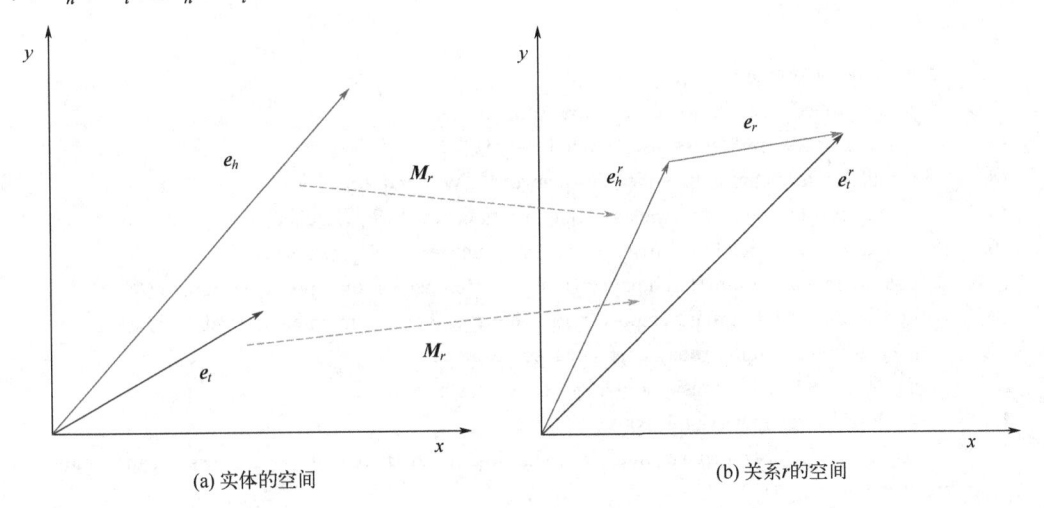

(a) 实体的空间　　(b) 关系 $r$ 的空间

图 3-9　TransR 的核心思想

类似地，TransR 的得分函数可以定义如下：

$$f(h,r,t) = \left\| e_h^r + e_r - e_t^r \right\|_2^2 \tag{3-8}$$

### 2. 基于图神经网络的模型

近年来，图神经网络越来越受到研究者的关注。通过传播并聚合邻居信息，图神经网络能够不断完善节点的表征。

1）KGAT

KGAT（knowledge graph attention network）是一种针对知识图谱增强的推荐系统所设计的模型。由于该模型的主要部分是利用图神经网络来学习知识图谱的实体和关系的表征，而后采用推荐领域的特定损失函数进行优化，因此如果采用其他的损失函数，如对比学习损失函数，就能够进一步完善知识图谱的实体与关系的表征。

KGAT 的表征学习部分主要分为两个部分。

（1）知识图谱嵌入层。

这一部分是利用图结构提供的信息来获得实体和关系的表征，可以视作知识图谱的预训练。具体而言，KGAT 采用 TransR 的方式来获得实体和关系的表征。由于 TransR 已经在上一小节进行了介绍，此处便不再赘述。

知识图谱嵌入层的实现代码如下。

```
1.  def  calc_kg_loss(self, h, r, pos_t, neg_t):
2.      """
3.      h:      (kg_batch_size)
4.      r:      (kg_batch_size)
5.      pos_t:  (kg_batch_size)
6.      neg_t:  (kg_batch_size)
7.      """
8.      r_embed = self.relation_embed(r)
9.      W_r = self.trans_M[r]
10.
11.     h_embed = self.entity_user_embed(h)
12.     pos_t_embed = self.entity_user_embed(pos_t)
13.     neg_t_embed = self.entity_user_embed(neg_t)
14.     r_mul_h = torch.bmm(h_embed.unsqueeze(1), W_r).squeeze(1)
15.     r_mul_pos_t = torch.bmm(pos_t_embed.unsqueeze(1), W_r).squeeze(1)
16.     r_mul_neg_t = torch.bmm(neg_t_embed.unsqueeze(1), W_r).squeeze(1)
17.     pos_score = torch.sum(torch.pow(r_mul_h + r_embed - r_mul_pos_t, 2), dim=1)
18.     neg_score = torch.sum(torch.pow(r_mul_h + r_embed - r_mul_neg_t, 2), dim=1)
19.     # kg_loss = F.softplus(pos_score - neg_score)
20.     kg_loss = (-1.0) * F.logsigmoid(neg_score - pos_score)
21.     kg_loss = torch.mean(kg_loss)
22.     l2_loss = _L2_loss_mean(r_mul_h) + _L2_loss_mean(r_embed) + _L2_loss_mean(r_mul_pos_t) + _L2_loss_mean(r_mul_neg_t)
23.     loss = kg_loss + self.kg_l2loss_lambda * l2_loss
24.     return loss
```

以上代码实际上描述了 TransR 的学习过程。先将头实体和尾实体变换到关系的空间，然后计算三元组的合理性分数。最后，通过最大化真实三元组和不存在的三元组的差异来完善实体和关系的表征。

（2）结合注意力的传播聚合层。

这一层可以细分为信息传播和信息聚合。

①信息传播。

对于知识图谱中的一个实体 $h$，用 $N_h = \{(h,r,t)|(h,r,t) \in G\}$ 来表示以 $h$ 为头实体的三元组的集合。$N_h$ 的表征可以用以下公式计算：

$$e_{N_h} = \sum_{(h,r,t) \in N_h} \pi(h,r,t)e_t \tag{3-9}$$

其中，$\pi(h,r,t)$ 是一个变量，用于控制在关系 $r$ 下从 $t$ 到 $h$ 所传播的信息的多少。具体地，KGAT 采用结合关系的注意力机制：

$$\pi(h,r,t) = (\mathbf{W}_r e_t)^{\mathrm{T}} \mathrm{Tanh}(\mathbf{W}_r e_h + e_r) \tag{3-10}$$

然后，采用 softmax 函数对于所有包含 $h$ 的三元组来归一化上述的系数：

$$\pi(h,r,t) = \frac{\exp(\pi(h,r,t))}{\sum_{(h,r',t') \in N_h} \exp(\pi(h,r',t'))} \tag{3-11}$$

②信息聚合。

这一阶段是为了聚合 $h$ 的表征 $e_h$ 和 $N_h$ 的表征 $e_{N_h}$，即

$$e_h^{(1)} = f(e_h, e_{N_h}) \tag{3-12}$$

在 KGAT 的论文中，作者选用了以下三种方式来具体实现 $f(\cdot)$。

第一种：GCN（graph convolutional network）Aggregator。

这种聚合方式将两种表征相加，然后使用了非线性变换：

$$f_{\mathrm{GCN}} = \mathrm{LeakyReLU}(\mathbf{W}(e_h + e_{N_h})) \tag{3-13}$$

第二种：GraphSage Aggregator。

这种聚合方式将两种表征进行拼接，然后使用了非线性变换：

$$f_{\mathrm{GraphSage}} = \mathrm{LeakyReLU}(\mathbf{W}(e_h \| e_{N_h})) \tag{3-14}$$

第三种：Bi-Interaction Aggregator。

这种聚合方式考虑了两种类型的特征交互：

$$f_{\mathrm{Bi\text{-}Interaction}} = \mathrm{LeakyReLU}(\mathbf{W}_1(e_h + e_{N_h})) + \mathrm{LeakyReLU}(\mathbf{W}_2(e_h \cdot e_{N_h})) \tag{3-15}$$

其中，$\cdot$ 表示按元素相乘。

为了探索高阶的连接信息，可以堆叠多层上述的传播聚合层。对于第 $l$ 层，实体的表征可以形式化如下：

$$e_h^{(l)} = f(e_h^{(l-1)}, e_{N_h}^{(l-1)}) \tag{3-16}$$

其中，$e_{N_h}^{(l-1)} = \sum_{(h,r,t) \in N_h} \pi(h,r,t) e_t^{(l-1)}$。

信息传播中的注意力值计算的实现代码如下：

```
1.    def update_attention_batch(self, h_list, t_list, r_idx):
2.        r_embed = self.relation_embed.weight[r_idx]
3.        W_r = self.trans_M[r_idx]
4.        h_embed = self.entity_user_embed.weight[h_list]
```

```
5.       t_embed = self.entity_user_embed.weight[t_list]
6.       r_mul_h = torch.matmul (h_embed, W_r)
7.       r_mul_t = torch.matmul (t_embed, W_r)
8.       v_list = torch.sum (r_mul_t * torch.tanh (r_mul_h + r_embed), dim=1)
9.       return v_list
10.  def update_attention (self, h_list, t_list, r_list, relations):
11.      device = self.A_in.device
12.      rows = []
13.      cols = []
14.      values = []
15.      for r_idx in relations:
16.          index_list = torch.where (r_list == r_idx)
17.          batch_h_list = h_list[index_list]
18.          batch_t_list = t_list[index_list]
19.          batch_v_list = self.update_attention_batch (batch_h_list, batch_t_list, r_idx)
20.          rows.append (batch_h_list)
21.          cols.append (batch_t_list)
22.          values.append (batch_v_list)
23.      rows = torch.cat (rows)
24.      cols = torch.cat (cols)
25.      values = torch.cat (values)
26.      indices = torch.stack ([rows, cols])
27.      shape = self.A_in.shape
28.      A_in = torch.sparse.FloatTensor (indices, values, torch.Size (shape))
29.      A_in = torch.sparse.softmax (A_in.cpu (), dim=1)
30.      self.A_in.data = A_in.to (device)
```

以上代码是计算在信息传播过程中所需的注意力值的过程。首先分别计算与每种关系相关的注意力值，然后对各个关系的注意力值进行合并，最后采用 softmax 函数对注意力值进行标准化。

信息传播和信息聚合的过程的实现代码如下。

```
1.  class Aggregator (nn.Module):
2.      def __init__ (self, in_dim, out_dim, dropout, aggregator_type):
3.          super (Aggregator, self).__init__ ()
4.          self.in_dim = in_dim
5.          self.out_dim = out_dim
6.          self.dropout = dropout
7.          self.aggregator_type = aggregator_type
8.          self.message_dropout = nn.Dropout (dropout)
9.          self.activation = nn.LeakyReLU ()
10.         if self.aggregator_type == 'gcn':
11.             self.linear = nn.Linear (self.in_dim, self.out_dim)
12.             nn.init.xavier_uniform_ (self.linear.weight)
13.         elif self.aggregator_type == 'graphsage':
14.             self.linear = nn.Linear (self.in_dim * 2, self.out_dim)
15.             nn.init.xavier_uniform_ (self.linear.weight)
16.         elif self.aggregator_type == 'bi-interaction':
```

```
17.         self.linear1 = nn.Linear(self.in_dim, self.out_dim)
18.         self.linear2 = nn.Linear(self.in_dim, self.out_dim)
19.         nn.init.xavier_uniform_(self.linear1.weight)
20.         nn.init.xavier_uniform_(self.linear2.weight)
21.     else:
22.         raise NotImplementedError
23. def forward(self, ego_embeddings, A_in):
24.     """
25.     ego_embeddings:  (n_users + n_entities, in_dim)
26.     A_in:            (n_users + n_entities, n_users + n_entities), torch.sparse.FloatTensor
27.     """
28.     side_embeddings = torch.matmul(A_in, ego_embeddings)
29.     if self.aggregator_type == 'gcn':
30.         embeddings = ego_embeddings + side_embeddings
31.         embeddings = self.activation(self.linear(embeddings))
32.     elif self.aggregator_type == 'graphsage':
33.         embeddings = torch.cat([ego_embeddings, side_embeddings], dim=1)
34.         embeddings = self.activation(self.linear(embeddings))
35.     elif self.aggregator_type == 'bi-interaction':
36.         sum_embeddings = self.activation(self.linear1(ego_embeddings + side_embeddings))
37.         bi_embeddings = self.activation(self.linear2(ego_embeddings * side_embeddings))
38.         embeddings = bi_embeddings + sum_embeddings
39.     embeddings = self.message_dropout(embeddings)        # (n_users + n_entities, out_dim)
40.     return embeddings
41. class KGAT(nn.Module):
42.     def __init__(self, args,
43.                  n_users, n_entities, n_relations, A_in=None,
44.                  user_pre_embed=None, item_pre_embed=None):
45.         super(KGAT, self).__init__()
46.         self.use_pretrain = args.use_pretrain
47.         self.n_users = n_users
48.         self.n_entities = n_entities
49.         self.n_relations = n_relations
50.         self.embed_dim = args.embed_dim
51.         self.relation_dim = args.relation_dim
52.         self.aggregation_type = args.aggregation_type
53.         self.conv_dim_list = [args.embed_dim] + eval(args.conv_dim_list)
54.         self.mess_dropout = eval(args.mess_dropout)
55.         self.n_layers = len(eval(args.conv_dim_list))
56.         self.kg_l2loss_lambda = args.kg_l2loss_lambda
57.         self.cf_l2loss_lambda = args.cf_l2loss_lambda
58.         self.entity_user_embed = nn.Embedding(self.n_entities + self.n_users, self.embed_dim)
59.         self.relation_embed = nn.Embedding(self.n_relations, self.relation_dim)
60.         self.trans_M = nn.Parameter(torch.Tensor(self.n_relations, self.embed_dim, self.relation_dim))
61.         if (self.use_pretrain == 1) and (user_pre_embed is not None) and (item_pre_embed
is not None):
62.             other_entity_embed = nn.Parameter(torch.Tensor(self.n_entities - item_pre_embed.shape[0],
```

```
63.         nn.init.xavier_uniform_(other_entity_embed)
64.         entity_user_embed = torch.cat([item_pre_embed, other_entity_embed, user_pre_embed], dim=0)
65.         self.entity_user_embed.weight = nn.Parameter(entity_user_embed)
66.     else:
67.         nn.init.xavier_uniform_(self.entity_user_embed.weight)
68.     nn.init.xavier_uniform_(self.relation_embed.weight)
69.     nn.init.xavier_uniform_(self.trans_M)
70.
71.     self.aggregator_layers = nn.ModuleList()
72.     for k in range(self.n_layers):
73.         self.aggregator_layers.append(Aggregator(self.conv_dim_list[k], self.conv_dim_list[k + 1], self.mess_dropout[k],self.aggregation_type))
74.     self.A_in = nn.Parameter(torch.sparse.FloatTensor(self.n_users + self.n_entities, self.n_users + self.n_entities))
75.     if A_in is not None:
76.         self.A_in.data = A_in
77.     self.A_in.requires_grad = False
78.     def calc_cf_embeddings(self):
79.         ego_embed = self.entity_user_embed.weight
80.         all_embed = [ego_embed]
81.         for idx, layer in enumerate(self.aggregator_layers):
82.             ego_embed = layer(ego_embed, self.A_in)
83.             norm_embed = F.normalize(ego_embed, p=2, dim=1)
84.             all_embed.append(norm_embed)
85.         all_embed = torch.cat(all_embed, dim=1)        # (n_users + n_entities, concat_dim)
86.         return all_embed
```

以上代码中，Aggregator 类定义了各种聚合方式的具体计算方式。KGAT 类则定义了 KGAT 模型所使用的各种参数，以及在图上的信息传播与聚合的具体实现方式，最后通过 calc_cf_embeddings 函数可以学习到图中各个节点的表征。

2）RGCN

RGCN（relational graph convolutional networks）是 GCN 的扩展，可用于大规模的关系数据。该模型通过与边类型相关的矩阵变换来实现不同类型节点之间的信息传播。

RGCN 的节点表征更新过程可以用以下公式来描述：

$$h_i^{(l+1)} = \sigma\left(\sum_{r \in R}\sum_{j \in N_i^r} \frac{1}{c_{i,r}} \mathbf{W}_r^{(l)} h_j^{(l)} + \mathbf{W}_0^{(l)} h_i^{(l)}\right) \tag{3-17}$$

其中，$N_i^r$ 表示节点 $i$ 关于关系 $r$ 的邻居索引的集合；$c_{i,r}$ 是一个与问题相关标准化常数，可以通过学习得到，或者提前选定好。

将式（3-17）应用于关系个数较多的数据时，一个核心问题是参数的数量随着图中关系的数量的快速增长。在实践中，这很容易导致对于稀有关系的过拟合和模型参数量的快速增长。解决此类问题的两种直观策略是在权重矩阵之间共享参数，以及让权重矩阵变得稀疏以便限制参数的总数。

对应于这两种策略，分别引入两个单独的方式来规范 RGCN 层的权重。

(1) 基分解。

在这种方式下，$\mathbf{W}_r^{(l)}$ 定义如下：

$$\mathbf{W}_r^{(l)} = \sum_{b=1}^{B} a_{rb}^{(l)} V_b^{(l)} \tag{3-18}$$

即为基变换 $V_b^{(l)} \in \mathbf{R}^{d^{(l+1)} \times d^{(l)}}$ 的线性组合，系数为 $a_{rb}^{(l)}$。注意到，只有该系数依赖于关系 $r$。

这一部分的实现代码如下。

```
1.  class BasisGcn (MessageGcn):
2.    def parse_settings (self):
3.      self.dropout_keep_probability = float (self.settings['DropoutKeepProbability'])
4.      self.n_coefficients = int (self.settings['NumberOfBasisFunctions'])
5.    def local_initialize_train (self):
6.      vertex_feature_dimension = self.entity_count if self.onehot_input else self.shape[0]
7.      type_matrix_shape = (self.relation_count, self.n_coefficients)
8.      vertex_matrix_shape = (vertex_feature_dimension, self.n_coefficients, self.shape[1])
9.      self_matrix_shape = (vertex_feature_dimension, self.shape[1])
10.     glorot_var_combined = glorot_variance ([vertex_matrix_shape[0], vertex_matrix_shape[2]])
11.     self.W_forward = make_tf_variable (0, glorot_var_combined, vertex_matrix_shape)
12.     self.W_backward = make_tf_variable (0, glorot_var_combined, vertex_matrix_shape)
13.     self.W_self = make_tf_variable (0, glorot_var_combined, self_matrix_shape)
14.     type_init_var = 1
15.     self.C_forward = make_tf_variable (0, type_init_var, type_matrix_shape)
16.     self.C_backward = make_tf_variable (0, type_init_var, type_matrix_shape)
17.     self.b = make_tf_bias (self.shape[1])
18.   def local_get_weights (self):
19.     return [self.W_forward, self.W_backward,
20.             self.C_forward, self.C_backward,
21.             self.W_self,
22.             self.b]
23.   def compute_messages (self, sender_features, receiver_features):
24.     backward_type_scaling, forward_type_scaling = self.compute_coefficients ()
25.     receiver_terms, sender_terms = self.compute_basis_functions (receiver_features, sender_features)
26.     forward_messages = tf.reduce_sum (sender_terms * tf.expand_dims (forward_type_scaling,-1), 1)
27.     backward_messages = tf.reduce_sum (receiver_terms * tf.expand_dims (backward_type_scaling,-1), 1)
28.     return forward_messages, backward_messages
29.   def compute_coefficients (self):
30.     message_types = self.get_graph ().get_type_indices ()
31.     forward_type_scaling = tf.nn.embedding_lookup (self.C_forward, message_types)
32.     backward_type_scaling = tf.nn.embedding_lookup (self.C_backward, message_types)
33.     return backward_type_scaling, forward_type_scaling
34.   def compute_basis_functions (self, receiver_features, sender_features):
35.     sender_terms = self.dot_or_tensor_mul (sender_features, self.W_forward)
36.     receiver_terms = self.dot_or_tensor_mul (receiver_features, self.W_backward)
37.     return receiver_terms, sender_terms
```

```
38.     def dot_or_tensor_mul(self, features, tensor):
39.         tensor_shape = tf.shape(tensor)
40.         flat_shape = [tensor_shape[0], tensor_shape[1] * tensor_shape[2]]
41.         flattened_tensor = tf.reshape(tensor, flat_shape)
42.         result_tensor = dot_or_lookup(features, flattened_tensor, onehot_input=self.onehot_input)
43.         result_tensor = tf.reshape(result_tensor, [-1, tensor_shape[1], tensor_shape[2]])
44.         return result_tensor
45.     def compute_self_loop_messages(self, vertex_features):
46.         return dot_or_lookup(vertex_features, self.W_self, onehot_input=self.onehot_input)
47.     def combine_messages(self, forward_messages, backward_messages, self_loop_messages, previous_code, mode='train'):
48.         mtr_f = self.get_graph().forward_incidence_matrix(normalization=('global', 'recalculated'))
49.         mtr_b = self.get_graph().backward_incidence_matrix(normalization=('global', 'recalculated'))
50.         collected_messages_f = tf.sparse_tensor_dense_matmul(mtr_f, forward_messages)
51.         collected_messages_b = tf.sparse_tensor_dense_matmul(mtr_b, backward_messages)
52.         updated_vertex_embeddings = collected_messages_f + collected_messages_b
53.         if self.use_nonlinearity:
54.             activated = tf.nn.relu(updated_vertex_embeddings + self_loop_messages)
55.         else:
56.             activated = updated_vertex_embeddings + self_loop_messages
57.         return activated
58.     def local_get_regularization(self):
59.         regularization = tf.reduce_mean(tf.square(self.W_forward))
60.         regularization += tf.reduce_mean(tf.square(self.W_backward))
61.         regularization += tf.reduce_mean(tf.square(self.W_self))
62.         return 0.0 * regularization
```

以上代码定义了基分解 GCN 类。在 local_initialize_train 函数中，定义了模型相关的参数；在 compute_messages 函数中，计算了需要传递的信息。最后，由 combine_messages 函数将信息聚合，从而将节点表征更新。

(2) 块对角化分解。

在这种方式下，每个 $\mathbf{W}_r^{(l)}$ 通过一组低维矩阵的直和(direct sum)来定义：

$$\mathbf{W}_r^{(l)} = \bigoplus_{b=1}^{B} Q_{br}^{(l)} \tag{3-19}$$

因此，$\mathbf{W}_r^{(l)}$ 是分块对角矩阵，可以用 $\mathrm{diag}(Q_{1r}^{(l)}, Q_{2r}^{(l)}, \cdots, Q_{Br}^{(l)})$ 表示，其中 $Q_{Br}^{(l)} \in \mathbf{R}^{(d^{(l+1)}/B) \times (d^{(l)}/B)}$。这一部分的实现代码如下。

```
1.  class DiagGcn(MessageGcn):
2.      def parse_settings(self):
3.          self.dropout_keep_probability = float(self.settings['DropoutKeepProbability'])
4.      def local_initialize_train(self):
5.          type_matrix_shape = (self.relation_count, self.shape[1])
6.          vertex_matrix_shape = self.shape
7.          glorot_var_self = glorot_variance(vertex_matrix_shape)
8.          self.W_self = make_tf_variable(0, glorot_var_self, vertex_matrix_shape)
9.          type_init_var = 1
10.         self.D_types_forward = make_tf_variable(0, type_init_var, type_matrix_shape)
```

```
11.        self.D_types_backward = make_tf_variable(0, type_init_var, type_matrix_shape)
12.        self.b = make_tf_bias(self.shape[1])
13.    def local_get_weights(self):
14.        return [self.D_types_forward, self.D_types_backward, self.W_self,
15.            self.b]
16.    def compute_messages(self, sender_features, receiver_features):
17.        message_types = self.get_graph().get_type_indices()
18.        type_diags_f = tf.nn.embedding_lookup(self.D_types_forward, message_types)
19.        type_diags_b = tf.nn.embedding_lookup(self.D_types_backward, message_types)
20.        terms_f = tf.mul(sender_features, type_diags_f)
21.        terms_b = tf.mul(receiver_features, type_diags_b)
22.        return terms_f, terms_b
23.    def compute_self_loop_messages(self, vertex_features):
24.        return dot_or_lookup(vertex_features, self.W_self, onehot_input=self.onehot_input)
25.    def combine_messages(self, forward_messages, backward_messages, self_loop_messages,
previous_code, mode='train'):
26.        mtr_f = self.get_graph().forward_incidence_matrix(normalization=('global', 'recalculated'))
27.        mtr_b = self.get_graph().backward_incidence_matrix(normalization=('global', 'recalculated'))
28.        collected_messages_f = tf.sparse_tensor_dense_matmul(mtr_f, forward_messages)
29.        collected_messages_b = tf.sparse_tensor_dense_matmul(mtr_b, backward_messages)
30.        new_embedding = self_loop_messages + collected_messages_f + collected_messages_b + self.b
31.        if self.use_nonlinearity:
32.            new_embedding = tf.nn.relu(new_embedding)
33.        return new_embedding
```

以上代码是块对角化分解 GCN 类的实现。函数 local_initialize_train 定义了与模型相关的各种参数；compute_messages 函数计算了需要传递的信息。最后，combine_messages 函数将计算更新后的节点表征。

3) HAN

HAN(heterogeneous graph attention network)采用了两种注意力机制：通过节点级别的注意力对给定集合中的每个元路径学习节点表示，然后通过语义级别的注意力去融合已学到的表征，进而获得每个节点的最终表征。

(1) 节点级别的注意力。

由于异构图中节点的异质性，不同类型的节点具有不同的特征空间。因此，对于每种类型的节点，设计一个与类型相关的变换矩阵，以将不同类型的节点的特征投影到相同的特征空间，该过程的形式如下：

$$h_i' = \mathbf{M}_{\phi_i} \cdot h_i \tag{3-20}$$

其中，$h_i$ 和 $h_i'$ 分别是节点 $i$ 的原始特征和投影后的特征；$\mathbf{M}_{\phi_i}$ 是节点 $i$ 的类型(记为 $\phi_i$)对应的变换矩阵。

对于一个通过元路径 $\Phi$ 连接的节点对 $(i, j)$，节点 $j$ 对节点 $i$ 的重要度可以表示如下：

$$e_{ij}^{\Phi} = \text{att}_{\text{node}}(h_i', h_j'; \Phi) \tag{3-21}$$

其中，$\text{att}_{\text{node}}$ 表示实现节点级别的注意力的深度神经网络。然后，使用 softmax 函数来标准化上述的重要度，以获得权重系数：

$$\alpha_{ij}^{\Phi} = \text{softmax}(e_{ij}^{\Phi}) = \frac{\exp(\sigma(\boldsymbol{a}_{\Phi}^{\text{T}} \cdot [\boldsymbol{h}_i' \| \boldsymbol{h}_j']))}{\sum_{k \in N_i^{\Phi}} \exp(\sigma(\boldsymbol{a}_{\Phi}^{\text{T}} \cdot [\boldsymbol{h}_i' \| \boldsymbol{h}_k']))} \tag{3-22}$$

其中，$\sigma(\cdot)$ 表示激活函数；$\|$ 表示连接操作；$\boldsymbol{a}_{\Phi}$ 表示关于元路径 $\Phi$ 的节点级别的注意力向量；$N_i^{\Phi}$ 表示节点 $i$ 的基于元路径的邻居（包含节点 $i$ 本身）。那么，节点 $i$ 的关于元路径的嵌入可以计算如下：

$$z_i^{\Phi} = \sigma\left(\sum_{j \in N_i^{\Phi}} \alpha_{ij}^{\Phi} \cdot \boldsymbol{h}_j'\right) \tag{3-23}$$

其中，$z_i^{\Phi}$ 是学习到的节点 $i$ 的关于元路径 $\Phi$ 的嵌入。由于异构图的无标度（scale free）的特性，图数据的方差相当高。为了解决这一挑战，采用多头注意力机制。具体地，将节点级别的注意力重复 $K$ 次，然后连接学习到的嵌入：

$$z_i^{\Phi} = \mathop{\|}_{k=1}^{K} \sigma\left(\sum_{j \in N_i^{\Phi}} \alpha_{ij}^{\Phi} \cdot \boldsymbol{h}_j'\right) \tag{3-24}$$

对于元路径集合 $\{\Phi_0, \Phi_1, \cdots, \Phi_P\}$，在经过上述节点级别的注意力的过程后，可以获得 $P$ 组特定语义的节点嵌入 $\{\mathbf{Z}_{\Phi_0}, \mathbf{Z}_{\Phi_1}, \cdots, \mathbf{Z}_{\Phi_P}\}$。

（2）语义级别的注意力。

为了学习更加全面的节点嵌入，需要融合由元路径所代表的多种语义。以上述的 $P$ 组特定语义的节点嵌入为输入，对于各条元路径的权重，可以计算如下：

$$(\beta_{\Phi_0}, \beta_{\Phi_1}, \cdots, \beta_{\Phi_P}) = \text{att}_{\text{sem}}(\mathbf{Z}_{\Phi_0}, \mathbf{Z}_{\Phi_1}, \cdots, \mathbf{Z}_{\Phi_P}) \tag{3-25}$$

其中，$\text{att}_{\text{sem}}$ 表示实现语义级别的注意力的深度神经网络。具体地，每种元路径的重要性可以计算如下：

$$w_{\Phi_i} = \frac{1}{|v|} \boldsymbol{q}^{\text{T}} \cdot \text{Tanh}(\mathbf{W} \cdot z_i^{\Phi} + \boldsymbol{b}) \tag{3-26}$$

其中，$\mathbf{W}$ 是权重矩阵；$\boldsymbol{b}$ 是偏置值向量；$\boldsymbol{q}$ 是语义级别注意力向量。然后，采用 softmax 函数来标准化所有元路径的重要度，以获得元路径的权重：

$$\beta_{\Phi_i} = \frac{\exp(w_{\Phi_i})}{\sum_{i=1}^{P} \exp(w_{\Phi_i})} \tag{3-27}$$

那么，最终的嵌入可以计算如下：

$$\mathbf{Z} = \sum_{i=1}^{P} \beta_{\Phi_i} \cdot \mathbf{Z}_{\Phi_i} \tag{3-28}$$

这一方法的实现代码如下。

```
1.    class HeteGAT(BaseGAttN):
2.        def inference(inputs, nb_classes, nb_nodes, training, attn_drop, ffd_drop,
3.                      bias_mat_list, hid_units, n_heads, activation=tf.nn.elu, residual=False,
4.                      mp_att_size=128,
```

```
5.            return_coef=False):
6.      embed_list = []
7.      coef_list = []
8.      for bias_mat in bias_mat_list:
9.          attns = []
10.         head_coef_list = []
11.         for _ in range(n_heads[0]):
12.             if return_coef:
13.                 a1, a2 = layers.attn_head(inputs, bias_mat=bias_mat,
14.                     out_sz=hid_units[0], activation=activation,
15.                     in_drop=ffd_drop, coef_drop=attn_drop, residual=False,
16.                     return_coef=return_coef)
17.                 attns.append(a1)
18.                 head_coef_list.append(a2)
19.             else:
20.                 attns.append(layers.attn_head(inputs, bias_mat=bias_mat,
21.                     out_sz=hid_units[0], activation=activation,
22.                     in_drop=ffd_drop, coef_drop=attn_drop, residual=False,
23.                     return_coef=return_coef))
24.         head_coef = tf.concat(head_coef_list, axis=0)
25.         head_coef = tf.reduce_mean(head_coef, axis=0)
26.         coef_list.append(head_coef)
27.         h_1 = tf.concat(attns, axis=-1)
28.         for i in range(1, len(hid_units)):
29.             h_old = h_1
30.             attns = []
31.             for _ in range(n_heads[i]):
32.                 attns.append(layers.attn_head(h_1,
33.                     bias_mat=bias_mat,
34.                     out_sz=hid_units[i],
35.                     activation=activation,
36.                     in_drop=ffd_drop,
37.                     coef_drop=attn_drop,
38.                     residual=residual))
39.             h_1 = tf.concat(attns, axis=-1)
40.         embed_list.append(tf.expand_dims(tf.squeeze(h_1), axis=1))
41.     multi_embed = tf.concat(embed_list, axis=1)
42.     final_embed, att_val = layers.SimpleAttLayer(multi_embed, mp_att_size,
43.                 time_major=False,
44.                 return_alphas=True)
45.     out = []
46.     for i in range(n_heads[-1]):
47.         out.append(tf.layers.dense(final_embed, nb_classes, activation=None))
48.     logits = tf.add_n(out) / n_heads[-1]
49.     logits = tf.expand_dims(logits, axis=0)
50.     if return_coef:
51.         return logits, final_embed, att_val, coef_list
```

```
52.        else:
53.            return logits, final_embed, att_val
```

以上代码描述的是该模型的大致流程。首先，计算节点级别的注意力值，基于该注意力值聚合基于元路径的邻居。然后，计算语义级别的注意力值。接着，将多个特定语义的节点嵌入按上述的注意力值加权求和，获得最终的节点嵌入。

### 3.2.4 知识图谱的可解释应用

知识图谱描述了现实世界中的各种实体之间的关系。知识图谱的可解释应用主要指使用知识图谱来提高各个领域的透明度和可解释性。

1. 推荐系统

推荐系统是一种信息过滤系统，它根据用户的历史行为、兴趣和需求，为用户推荐其可能感兴趣的物品或服务。将知识图谱引入推荐系统，利用知识图谱包含的丰富的语义信息，能够清晰地看到推荐的来源，如基于用户的兴趣、基于物品的属性等。这样，用户就可以理解为什么某个物品会被推荐给他们，从而增加他们对推荐系统的信任。

2. 医疗领域

可解释的知识推理可以帮助医生更好地理解疾病的诊断过程和治疗方案的选择。通过将患者的健康数据与医疗知识图谱相结合，基于医疗知识图谱中的医学常识，可以为医生提供更加透明和可信的决策支持，也能够提升患者对于诊断措施的信任。

3. 制造业

在制造业中，知识图谱可以用于故障诊断。当装备出现故障时，将装备的各项监测数据与知识图谱所包含的装备知识相结合，充分挖掘装备知识图谱的信息，工程师能够更加容易找到问题的源头并提出解决方案。

## 3.3 知识图谱感知的专利成果聚类模型开发实践

本节将重点介绍开发实践，以知识图谱感知的专利成果聚类模型（knowledge graph-based patent clustering，KGPC）为主题（图 3-10），对专利文本数据进行聚类，以便发现潜在的相关主题和领域。

### 3.3.1 知识图谱感知专利聚类算法

给定一个知识图谱作为输入，本节关注于实现对知识图谱中节点间关系和隐藏信息的补全以及强化，为更好地得到可靠的专利表征做准备，具体主要包括知识图谱实体表征强化、知识图谱的知识补全和自监督实体聚类三个模块。在介绍三个模块前，模型首先对知识图谱中不同关系的实体进行信息聚合。特别地，由于知识图谱中具有不同的关系/边类型，模型考虑了这些边的不同权重 $\{\alpha_t\}_{t=1}^{T}$，其中 $\alpha_t$ 是第 $t$ 条边类型的权重，$T$ 是关系类型的数量。作为 GCN 的扩展，加权图卷积网络（weighted graph convolutional network，WGCN）的编码器以不

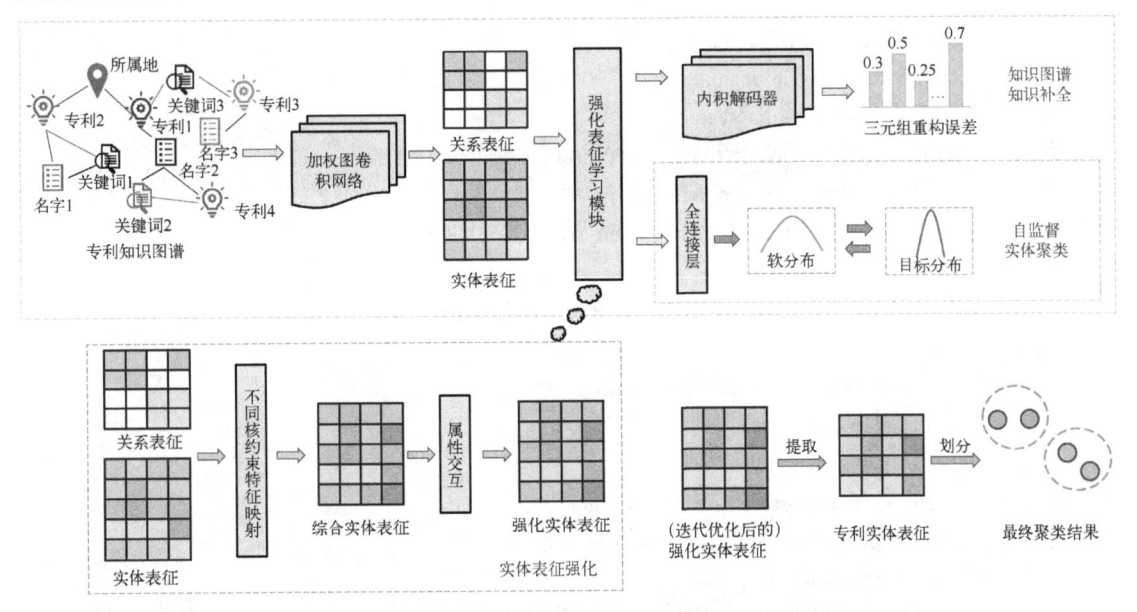

图 3-10 知识图谱感知的专利成果聚类模型框架流程图

同的权重迭代地将每个实体的邻居信息聚合到自身,其中权重可以在网络训练期间自动学习。具体来说,第 $l$ 层中实体 $i$ 的实体表征 $e_i^{(l)} \in \mathbf{R}^{1 \times d_l}$ 可以表示如下:

$$e_i^{(l)} = \sigma\left(\sum_{j \in \mathcal{N}_i} \alpha_t^{(l-1)} f(e_i^{(l-1)}, e_j^{(l-1)}) + f(e_i^{(l-1)}, e_i^{(l-1)})\right) \tag{3-29}$$

其中,$\mathcal{N}_i$ 是实体 $i$ 的邻居集;$\sigma(\cdot)$ 是激活函数;$f(\cdot)$ 是邻域信息聚合函数,其公式定义为

$$f(e_i^{(l-1)}, e_j^{(l-1)}) = e_j^{(l-1)} \mathbf{W}^{(l-1)} \tag{3-30}$$

其中,$\mathbf{W}^{(l-1)} \in \mathbf{R}^{d_{l-1} \times d_l}$,是用于从 $e_i^{(l-1)}$ 变换到 $e_i^{(l)}$ 的投影矩阵。因此,式(3-29)中的传播过程可以重新表述为

$$e_i^{(l)} = \sigma\left(\sum_{j \in \mathcal{N}_i} \alpha_t^{(l)} e_j^{(l-1)} \mathbf{W}^{(l-1)} + e_i^{(l-1)} \mathbf{W}^{(l-1)}\right) \tag{3-31}$$

其中,$\mathbf{E}^{(l)} \in \mathbf{R}^{m \times d_l}$,是第 $l$ 层中的实体表征,其第 $i$ 行是 $e_i^{(l)}$。$\mathbf{A}^{(l-1)}$ 表示的是邻接图加上自环连接的加权和矩阵,其定义为

$$\mathbf{A}^{(l-1)} = \sum_{t=1}^{T} \alpha_t^{(l-1)} \mathbf{A}_t + \mathbf{I} \tag{3-32}$$

其中,$\mathbf{I}$ 是单位矩阵。在 WGCN 的训练过程中,通过 $l$ 层的聚合,会学习到维度是 $d^l$ 的嵌入表征,即实体嵌入 $\mathbf{E}^{node}$。在具体的实现过程中,会随机初始化一个维度为 $d^l$ 的关系嵌入 $\mathbf{E}^{edge}$。

WGCN 编码器的代码示例如下。

```
1.  class GraphConvolution(torch.nn.Module):
2.      def __init__(self, in_features, out_features, num_relations, bias=True):
```

```
3.         super(GraphConvolution, self).__init__()
4.         self.in_features = in_features
5.         self.out_features = out_features
6.         self.weight = Parameter(torch.FloatTensor(in_features, out_features))
7.         self.num_relations = num_relations
8.         self.alpha = torch.nn.Embedding(num_relations + 1, 1, padding_idx=0)
9.         if bias:
10.            self.bias = Parameter(torch.FloatTensor(out_features))
11.        else:
12.            self.register_parameter('bias', None)
13.        self.reset_parameters()
14.    def reset_parameters(self):
15.        stdv = 1. / math.sqrt(self.weight.size(1))
16.        self.weight.data.uniform_(-stdv, stdv)
17.        if self.bias is not None:
18.            self.bias.data.uniform_(-stdv, stdv)
19.    def forward(self, input, adj):
20.        alp = self.alpha(adj[1]).t()[0]
21.        A = torch.sparse_coo_tensor(adj[0], alp, torch.Size([adj[2], adj[2]]), requires_grad=True)
22.        A = A + A.transpose(0, 1)
23.        support = torch.mm(input, self.weight)
24.        output = torch.sparse.mm(A, support)
25.        if self.bias is not None:
26.            return output + self.bias
27.        else:
28.            return output
```

这段代码定义了神经网络模型：GraphConvolution。该模型用于图卷积操作，接收输入特征维度、输出特征维度和关系类型数量作为参数。在初始化方法中，定义了图卷积操作所需的权重参数和偏置参数，并对参数进行了初始化。在前向传播方法中，根据输入特征和邻接矩阵计算了加权邻接矩阵，并进行了线性变换和激活函数操作，最终输出图卷积后的结果。

1. 知识图谱的实体表征强化

在 WGCN 编码器捕获合理的嵌入的基础上，利用不同大小内核的表征整合学习恢复不同实体之间的潜在关系。进一步地，将相连的一阶节点作为属性节点，利用属性交互实现对综合实体表征的强化。

具体来说，给定二维卷积中的 $K$ 个不同内核，其中第 $k$ 个内核由 $\beta_k$ 参数化，可以按如下方式计算解码器中的卷积：

$$g_k(e_h^{\text{node}}, e_r^{\text{edge}}, b) = \sum_{\tau=0}^{c-1} \beta_k(\tau, 0) \hat{e}_h^{\text{node}}(b+\tau) + \beta_k(\tau, 1) \hat{e}_h^{\text{edge}}(b+\tau) \tag{3-33}$$

其中，$c$ 表示内核宽度；$b \in [0, d_L - 1]$，用于索引向量的元素；$\hat{e}_h^{\text{node}}$ 和 $\hat{e}_h^{\text{edge}}$ 是原始版本的填充

版本，继而可以得到向量 $\mathbf{G}_k(e_h^{\text{node}}, e_r^{\text{edge}}) = [g_k(e_h^{\text{node}}, e_r^{\text{edge}}, 0), g_k(e_h^{\text{node}}, e_r^{\text{edge}}, 1), \cdots, g_k(e_h^{\text{node}}, e_r^{\text{edge}}, d_L - 1)]$ 和通过将卷积中的向量与每个内核对齐得到的矩阵 $\mathbf{G}(e_h^{\text{node}}, e_r^{\text{edge}}) \in \mathbf{R}^{K \times d_L}$。因此，经过特征映射，可以得到综合的实体表征 $e_t^{\text{com}}$，其定义为

$$e_t^{\text{com}} = \varGamma(\text{vec}(\mathbf{G}(e_h^{\text{node}}, e_r^{\text{edge}}))\mathbf{W}) \tag{3-34}$$

其中，$\text{vec}(\mathbf{G}(e_h^{\text{node}}, e_r^{\text{edge}})) \in \mathbf{R}^{1 \times Kd_L}$，是重塑的向量；$\mathbf{W} \in \mathbf{R}^{Kd_L \times d_L}$，是投影矩阵；$\varGamma(\cdot)$ 是非线性函数。

基于学习到的综合实体表征，将相连的一阶节点作为属性节点，利用属性交互实现对综合实体表征的强化。具体地，强化实体表征的定义可以表述如下：

$$e_t^{\text{refined}} = \mathbf{W}_r[e_t^{\text{com}}; x_t] + b \tag{3-35}$$

其中，$[\cdot;\cdot]$ 是一个向量拼接操作；$\mathbf{W}_r$ 和 $b$ 分别是权重矩阵和偏置向量；$x_t$ 是属性表征，其定义如下：

$$\begin{aligned} x_t &= \varUpsilon(a_t) \\ a_t &= \text{concat}(e_i)_{i \in N_t} \end{aligned} \tag{3-36}$$

其中，$\varUpsilon(\cdot)$ 是属性交互映射函数；$a_t$ 是由与实体 $t$ 相连的一阶节点 $e_i$ 拼接而成的属性节点。

知识图谱实体表征强化的代码示例如下。

```
1.  class AttributeInteractionLayer(torch.nn.Module):
2.      def __init__(self, embedding_dim, dropout_rate):
3.          super(AttributeInteractionLayer, self).__init__()
4.          self.dropout_rate = dropout_rate
5.          self.dense_user_onehop_biinter = nn.Linear(self.embedding_dim, self.embedding_dim)
6.          self.dense_user_onehop_siinter = nn.Linear(self.embedding_dim, self.embedding_dim)
7.          self.dense_user_cate_self = nn.Linear(2 * self.embedding_dim, self.embedding_dim)
8.          self.leakyrelu = nn.LeakyReLU()
9.
10.     def feat_interaction(self, feature_embedding, f1, f2, dimension):
11.         summed_features_emb_square = (torch.sum(feature_embedding, dim=dimension)) ** 2
12.         squared_sum_features_emb = torch.sum(feature_embedding ** 2, dim=dimension)
13.         deep_fm = 0.5 * (summed_features_emb_square - squared_sum_features_emb)
14.         deep_fm = F.leaky_relu(f1(deep_fm))
15.         bias_fm = F.leaky_relu(f2(feature_embedding.sum(dim=dimension)))
16.         nfm = deep_fm + bias_fm
17.         return nfm
18.
19.     def forward(self, user_embedding, attr_emb):
20.         user_self_feat = F.dropout(torch.cat([attr_emb[:, 0, i, :].unsqueeze(1) for i in range(attr_emb.shape[-2])], dim=1), self.dropout_rate, training=self.training)
21.         user_self_feat = self.feat_interaction(user_self_feat, self.dense_user_onehop_biinter, self.dense_user_onehop_siinter, dimension=1)
22.         user_self_embed = self.dense_user_cate_self(torch.cat([user_self_feat, user_embedding], dim=-1))
23.         user_gcn_embed = self.leakyrelu(user_self_embed)
24.         return user_gcn_embed
```

以上代码定义了一个属性交互层：AttributeInteractionLayer，接收特征维度和正则化率作为参数。在初始化方法中，定义了线性变换层和激活函数。模型中定义了特征交互方法，根据输入的属性特征、两个全连接层和操作维度，将特征分别进行双交互和线性组合，然后分别用全连接层进行特征变换组合再相加得到高阶特征。在前向传播方法中，根据输入的实体特征和实体关联属性特征，将所有属性特征拼接后进行正则化，然后通过特征交互方法得到属性的高阶特征，将实体特征和属性高阶特征拼接后通过全连接层得到实体的高阶特征，最后进行非线性激活操作。

2. 知识图谱的知识补全

为了监督强化实体表征的学习，采用内积解码器构建重构误差，其中遵循 TransE 的平移属性（即 $e_h^{node} + e_r^{edge} \approx e_t^{node}$）。换句话说，通过对嵌入矩阵进行查找操作来检索三元组的输入节点 $h$ 和边 $r$。因此，内积解码器的分数预测函数可以表述如下：

$$L_{knowledge} = p(e_h^{node}, e_r^{edge}, e_t^{node}) = \sigma(e_t^{refined} e_t^{node}) \tag{3-37}$$

进行线性投影后，可以通过将计算出的嵌入与具有一定相似性度量的 $e_t^{node}$ 进行匹配来获得最终分数。

知识图谱知识补全的代码示例如下。

```
1.   class SACN(torch.nn.Module):
2.       def __init__(self, num_entities, init_emb_size, embedding_dim, input_dropout, dropout_rate, channels, kernel_size):
3.           super(SACN, self).__init__()
4.           self.dropout_rate = dropout_rate
5.           self.inp_drop = torch.nn.Dropout(input_dropout)
6.           self.hidden_drop = torch.nn.Dropout(dropout_rate)
7.           self.feature_map_drop = torch.nn.Dropout(dropout_rate)
8.           self.loss = torch.nn.BCELoss()
9.           self.conv1 = nn.Conv1d(2, channels, kernel_size, stride=1, padding= int(math.floor(kernel_size/2)))
10.          self.bn0 = torch.nn.BatchNorm1d(2)
11.          self.bn1 = torch.nn.BatchNorm1d(channels)
12.          self.bn2 = torch.nn.BatchNorm1d(embedding_dim)
13.          self.register_parameter('b', Parameter(torch.zeros(num_entities)))
14.          self.fc = torch.nn.Linear(embedding_dim*channels, embedding_dim)
15.          self.bn_init = torch.nn.BatchNorm1d(init_emb_size)
16.
17.      def init(self):
18.          xavier_normal_(self.emb_e.weight.data)
19.          xavier_normal_(self.emb_rel.weight.data)
20.          xavier_normal_(self.gc1.weight.data)
21.          xavier_normal_(self.gc2.weight.data)
22.
23.      def forward(self, e1, rel_embedded, e1_embedded_all):
```

```
24.        batch_size = e1.shape[0]
25.        e1_embedded_all = F.dropout(e1_embedded_all, self.dropout_rate, training=self.training)
26.        e1_embedded = e1_embedded_all[e1]
27.        stacked_inputs = torch.cat([e1_embedded, rel_embedded], 1)
28.        stacked_inputs = self.bn0(stacked_inputs)
29.        x = self.inp_drop(stacked_inputs)
30.        x = self.conv1(x)
31.        x = self.bn1(x)
32.        x = F.relu(x)
33.        x = self.feature_map_drop(x)
34.        x = x.view(batch_size, -1)
35.        x = self.fc(x)
36.        x = self.hidden_drop(x)
37.        x = self.bn2(x)
38.        x = F.relu(x)
39.        x = torch.mm(x, e1_embedded_all.transpose(1, 0))
40.        pred = F.sigmoid(x)
41.
42.        return pred
```

以上代码定义了 SACN 神经网络模型，旨在通过内积操作得到实体对之间的概率预测结果，从而实现知识图谱中实体表征之间的知识补全，捕获更复杂的实体间关系。

3. 自监督实体聚类

为了捕获更适合聚类的实体表征，尝试通过引入显式聚类目标来学习面向聚类的表征。具体来说，将强化实体特征输入全连接层得到维度是类个数的软分布概率表征，其表达形式概述如下：

$$q_i = f_\theta(e_i^{\text{refined}}) \tag{3-38}$$

其中，$e_i^{\text{refined}}$ 表示强化实体表征的第 $i$ 个实体；$q_i$ 表示 $e_i^{\text{refined}}$ 经过全连接层得到维度是类个数的软分布概率表征；$f_\theta$ 是具有网络参数 $\theta$ 的全连接层，本质上是一个聚类投影函数。在本小节中，利用 KL (Kullback-Leibler) 散度来实现伪类标对模型的自监督学习，其中的节点聚类分配软分布是 $\mathbf{Q}$，目标聚类分配分布 $\mathbf{P}$（旨在强调 $\mathbf{Q}$ 中具有高置信度的分配）的表达如下所示：

$$p_{ij} = \frac{q_{ij}^2 / o_j}{\sum_{j'} q_{ij'}^2 / o_{j'}} \tag{3-39}$$

其中，$o_j = \sum_i q_{ij}$。$\mathbf{P}$ 鼓励 $\mathbf{Q}$ 中高概率和低概率的分配之间存在更明显的差距，并且可以被视为指导 $\mathbf{Q}$ 优化的伪标签。因此，可以通过最小化 $\mathbf{P}$ 和 $\mathbf{Q}$ 之间的 KL 散度来定义聚类目标，即

$$L_{\text{cluster}} = \text{KL}(\mathbf{P} \parallel \mathbf{Q}) \tag{3-40}$$

上述损失项让 $\mathbf{P}$ 引导 $\mathbf{Q}$ 的优化，这样可以强调高置信度的分配，这也可以看作一种自我

训练策略。

自监督实体聚类的代码示例如下。

```
1.    def kl_loss(self, q):
2.        weight = q ** 2 / q.sum(0)
3.        p = (weight.t() / weight.sum(1)).t()
4.        return F.kl_div(q.log(), p, reduction='batchmean')
```

以上代码实现了一个 KL 散度 loss 函数。在训练过程中，模型将联合计算 KL 散度损失和分数预测误差损失，并通过反向传播更新模型参数。在模型训练结束后，从优化好的强化实体表征上提取专利实体表征，使用 $k$-means 聚类算法实现专利实体聚类。

### 3.3.2 系统评测与验证

1. 数据集描述

在系统评测与验证中，本小节以 3.1.5 节中构造的专利大数据知识图谱为输入，通过知识图谱感知的专利成果聚类模型学习，有效实现对专利实体的聚类划分。具体地，该专利大数据知识图谱包含 1270 个专利以及 4 种关系，与之关联的尾节点包括名称关键词、独权关键词、背景关键词、专利权人。为了清晰起见，表 3-2 对专利大数据知识图谱中的三元组关系进行了实例展示。

表 3-2 专利大数据知识图谱中的三元组关系的实例展示

| 头实体 | 关系 | 尾实体 |
| --- | --- | --- |
| FMZL@CN108371265A | 名称关键词 | 鳡鱼饲料 |
| FMZL@CN108371265A | 独权关键词 | 次黄嘌呤核苷酸 |
| FMZL@CN108371265A | 背景关键词 | 试验饲料 |
| FMZL@CN108371265A | 专利权人 | 华中农业大学 |

2. 实验设置及评价准则

在实验的优化中，采用了自适应矩估计算法(adaptive moment estimation，Adam)优化器进行模型的训练，其中模型的学习率设置为 1e-2，最终输出的特征嵌入维度是 64。模型的代码实现运用了 PyTorch。

此外，本小节使用了三个常用的评价指标，即准确度(accuracy，ACC)、正则化互信息 (normalized mutual information，NMI)和调整兰德指数(adjusted Rand index，ARI)。具体地，上述评价指标的具体描述可见于如下陈述。

为了计算聚类结果对于真实聚类标签的 ACC 值，每个簇首先被分配给簇中最常见的类，然后通过计算正确分配的对象的数量并除以数据集大小 $n$ 来计算 ACC，其公式表达如下所示：

$$\text{ACC}(\Pi, \Theta) = \frac{1}{n} \sum_{l=1}^{c} \max_{h=1,2,\cdots,\bar{c}} |\Pi_l \cap \Theta_h| \tag{3-41}$$

其中，$\Pi = \{\Pi_1, \Pi_2, \cdots, \Pi_c\}$ 是真实的聚类簇集合，$c$ 是真实的聚类簇个数；$\Theta = \{\Theta_1, \Theta_2, \cdots, \Theta_{\bar{c}}\}$，

是模型所预测得到的聚类簇集合，$\bar{c}$ 是预测的聚类簇个数。

为了计算聚类结果和真实类之间的 NMI，首先需要构建一个混淆矩阵，然后可以根据混淆矩阵计算 NMI，其公式表达如下所示：

$$\mathrm{NMI}(\Pi,\Theta) = \frac{2\sum_{l=1}^{c}\sum_{h=1}^{\bar{c}} \frac{n_l^{(h)}}{n} \log_2 \frac{n_l^{(h)} n}{\sum_{i=1}^{c} n_i^{(h)} \sum_{i=1}^{\bar{c}} n_l^{(i)}}}{H(\Pi)+H(\Theta)} \tag{3-42}$$

其中，$H(\Pi) = -\sum_{i=1}^{c} \frac{n_i}{n} \log_2 \frac{n_i}{n}$ 和 $H(\Theta) = -\sum_{j=1}^{\bar{c}} \frac{n^{(j)}}{n} \log_2 \frac{n^{(j)}}{n}$ 分别是真实簇标签 $\Pi$ 和预测的类标签 $\Theta$ 的香农熵，$n_i$ 和 $n^{(j)}$ 分别对应表示所划分的聚类簇中第 $i$ 个簇和第 $j$ 个类的样本数量；$n_l^{(h)}$ 表示同时出现在真实簇 $l$ 和预测类 $h$ 中的样本数量。

为了计算 ARI，首先定义聚类结果和真实类之间的兰德指数（Rand index，RI）计算方式，以此实现比较一种聚类算法的结果和真实分类的情况。可见，总共会有关于 $n$ 个数据点的 $C_n^2$ 个不同的数据对，其中可以具体分为以下四种类别：

(1) 具有相同真实簇标签和相同预测类标签的对，其数量表示为 $n^{11}$。
(2) 具有不同真实簇标签和不同预测类标签的对，其数量表示为 $n^{00}$。
(3) 具有相同真实簇标签但不同预测类标签的对，其数量表示为 $n^{10}$。
(4) 具有不同真实簇标签但相同预测类标签的对，其数量表示为 $n^{01}$。著名的 RI 可以定义为

$$\mathrm{RI} = \frac{n^{11}+n^{00}}{C_n^2} \tag{3-43}$$

基于此，ARI 的计算方式可以表述如下：

$$\mathrm{ARI} = \frac{\mathrm{RI}-E(\mathrm{RI})}{\max(\mathrm{RI})-E(\mathrm{RI})} \tag{3-44}$$

其中，$E(\cdot)$ 表示期望值；$\max(\cdot)$ 表示最大值。

对于上述这些指标，值越高表示性能越好。由于不同的度量对聚类结果中的不同属性进行惩罚或偏向，因此可以通过上述三种不同度量报告聚类结果来获得综合评价。

3. 模型效果分析

在这一小节中，我们将所提出的模型与最先进的基于图神经网络的模型方法进行比较，以验证所提出模型的优越性和有效性。对于为同构图设计的所有图神经网络，使用由不同元路径构建的不同同构图来测试和报告最佳性能。其中，最先进的基于图神经网络的模型方法包括 GCN、GAT、RGCN。具体地，GCN 是一个为同质图设计的半监督图卷积网络。GAT 是一种半监督图神经网络，专为同质图而设计，其中节点表示通过自注意力机制进行更新。RGCN 是 GCN 对异构图领域的扩展，可以通过特定于边类型的矩阵变换在不同类型的节点之间传播信息。这里忽略元路径的指导，通过聚合来自其他节点类型的所有邻域的信息来更新节点表示。

表 3-3 展示了模型的对比实验结果。从表格中可知，对于三种不同的度量指标，本节所提出的模型取得了较为不错的实验结果，这也意味着模型学习得到了较为有判别力的表征。具体而言，本节模型比其他的基准模型在 NMI 上取得了 78.23%、79.01%和 41.68%的提升。事实上，RGCN 也表现出了不错的模型效果，然而它假设所构建的异构图的完整性，忽略了其中潜在的噪声和扰动，无法实现图数据的知识补而得到更好的表征数据。

表 3-3　模型对比算法结果展示

| 模型名称 | 度量指标 | | |
|---|---|---|---|
| | ACC | NMI | ARI |
| GCN | 0.4378 | 0.0459 | 0.0141 |
| GAT | 0.4047 | 0.0381 | 0.0221 |
| RGCN | 0.6677 | 0.4114 | 0.2786 |
| 本节模型 | **0.9469** | **0.8282** | **0.8717** |

4. 可视化分析

为了更加直观地展示所提出模型的划分效果，在本小节中，将模型在训练迭代过程的第 1、5、10 轮的嵌入表征进行可视化分析。具体地，t-SNE 算法将潜在嵌入表征映射到二维空间，然后绘制在图 3-11 中。从图 3-11 可以观察到，经过多轮次的迭代，嵌入表征的可划分

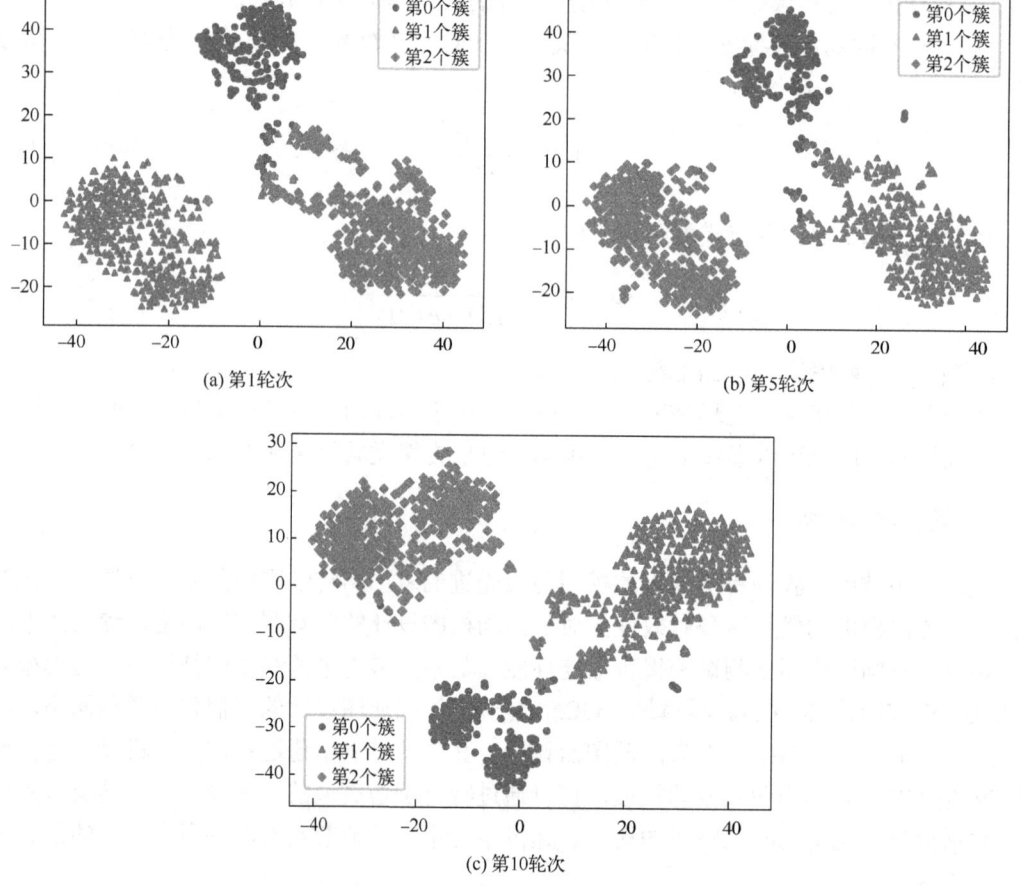

(a) 第1轮次

(b) 第5轮次

(c) 第10轮次

图 3-11　在第 1、5、10 轮次时嵌入表征的划分结果可视化

能力逐渐增强，类与类之间的边界也越来越清晰，这充分展示了所提出模型较为强大的划分学习能力。

### 3.3.3 工程实践

本工程实践旨在通过应用知识图谱感知的专利成果聚类模型，实现对专利数据的有效组织和分类。该聚类模型可以帮助用户快速发现具有相似特征的专利，并提供有价值的洞察和决策支持。本节的目标是建立一个系统，在预训练好的聚类模型的基础上，通过结合专利表征，将用户选择的专利放入模型中进行聚类，并返回相应的聚类结果。

在本工程实践中，采用知识图谱的知识补全和知识图谱实体表征强化等技术模块，对专利数据进行表征，以便更好地捕捉其特征和语义信息。此外，还使用了 Django 和 Spring Boot 等工具，将训练好的聚类模型封装为一个可调用的服务，以便在系统中进行集成和调用。通过这些步骤，能够为用户提供一个对其友好的界面，让他们能够选择专利并获取相应的聚类结果列表。

接下来将详细介绍每个步骤的操作和工程化实施细节，并展示实践结果和效果评估。通过这个工程实践，我们期望为专利分析和决策提供一种高效且可扩展的方法，为用户提供更好的专利搜索和管理体验。

1. 工程实践步骤

(1) 预训练聚类模型：在工程实践中，首先使用 6000 条专利成果预先训练好聚类模型。值得注意的是，该样本集所包含的样本数量不固定，这个模型可能是通过使用大量样本数据进行训练和优化得到的。

(2) 待选专利：从专利数据库上选择 100 条专利，这些专利将用于进行聚类分析。

(3) 用户选择专利：用户从待选 100 条专利中选择感兴趣的专利，以便进行进一步的分析和聚类。

(4) 请求训练模型接口：用户通过接口向系统发送请求，触发训练模型的操作。这个请求可能包括用户选择的专利信息和其他必要的参数。

(5) 专利表征：使用知识图谱的知识补全和知识图谱实体表征强化等技术模块，对选定的专利进行表征。这个步骤可以将专利数据转化为适合聚类分析的向量表示。

(6) 专利聚类和保存结果：将专利表征数据输入训练好的聚类模型，并对专利进行聚类。保存聚类结果，返回同类专利中的前 10 条记录。

(7) 封装为服务：使用 Django 等工具，将训练好的模型输出封装为一个服务。这个服务可以通过接口进行调用，并根据输入的专利数据返回相应的聚类结果。

(8) 调用服务：使用 Spring Boot 等框架，在系统中调用封装好的服务。通过调用接口，将待分析的专利数据传递给聚类模型服务。

(9) 返回聚类结果：通过 Spring Boot 接口，获取聚类模型服务返回的聚类结果。其中，这些结果可能包括每个聚类的专利列表。

(10) 用户获取聚类列表：用户可以得到聚类列表(通常是前 10 条)，这些列表显示了与用户选择的专利在特征空间中相似的其他专利。用户可以基于这些结果进行进一步分析和决策。

本小节的工程实践成功地实现了对专利数据的聚类分析，并为用户提供了一个可视化的聚类结果列表。通过结合专利表征和机器学习方法，能够有效地将用户选择的专利放入模型中进行聚类，并返回与其相似的其他专利。这使得用户能够更快速地发现相关专利，并基于聚类结果做出决策和进一步的分析。

2. 工程实践细节

以下是工程化实施的具体细节，我们将从零开始构建一个专利聚类平台。

（1）典型的多层软件架构包括了数据处理（算法模型）、服务层（接口服务）、业务逻辑层（Spring Boot）、用户界面层（前端页面开发）以及任务调度和管理机制。这种架构有助于实现模块化设计，提高系统的可维护性和可扩展性。以下是工程化构建流程图，如图3-12所示。

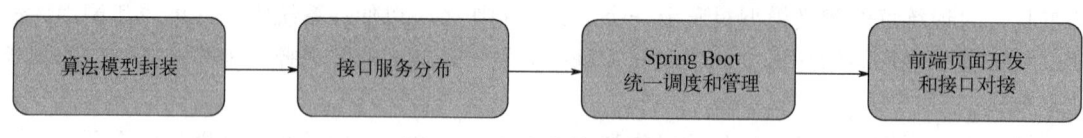

算法模型封装 → 接口服务分布 → Spring Boot 统一调度和管理 → 前端页面开发和接口对接

图3-12　工程化构建流程图

（2）算法封装和接口发布。算法模型大多以 Python 作为首选开发语言，训练好的算法函数可使用 Fastapi、Flask、Django 等插件库或框架快速进行接口封装和发布。本例以 Django 作为应用程序接口（API）框架，构建过程如下。

①通过 pip 安装 Django：

```
pip install django
```

②创建新的 Django 项目：

```
django-admin startproject sulab
```

③创建应用：

```
python manage.py startapp kgpc
```

④创建视图：在 kgpc 下创建 views.py，将算法模块接入视图，代码如下。

```
1.  class PatentRecommend(View):
2.      def get(self, request):
3.      query_params = request.GET
4.          patent_id = int(query_params['patent_id'])
5.          ids = patent_api(str(patent_id_name[patent_id]))
6.          # 通过推荐的 ID 查询对应的专利信息
7.          patent_list = []
8.          for id in ids:
9.              p = patent_data_dict[id]
10.             patent_list.append({
11.                 'id': id,              # ID
12.                 'pid': p[0],           # 专利号
13.                 'title': p[1],         # 专利名称
14.                 'patType': p[2],       # 专利类型
15.                 'appNumber': p[3],     # 申请号
16.                 'appDate': p[4],       # 申请日
```

```
17.            'pubNumber': p[5],              # 授权号
18.            'grantDate': p[6],              # 授权日
19.            'mainIpc': p[7],                # 主分类号
20.            'ipc': p[8],                    # 分类号
21.            'applicantName': p[9],          # 申请(专利权)人
22.            'inventorName': p[10],          # 发明(设计)人
23.            'address': p[11],               # 地址
24.            'abs': p[12],                   # 摘要
25.        })
26.    objDict = {}
27.    objDict['obj'] = patent_list
28.    return JsonResponse(objDict, safe=False)
```

⑤配置 kgpc/urls.py，将视图加入 URL：

```
1. from kgpc.views import PatentRecommend
2. urlpatterns = [path('patent_recommend', PatentRecommend.as_view(), name='recommend')]
```

⑥运行服务器，可通过"ip:8000/patent_recommend"访问该服务：

```
Python manage.py runserver 0.0.0.0:8000
```

（3）Spring Boot 框架搭建：需要通过 Spring Boot 框架对接口进行统一的调度、管理、认证授权以及分布式微服务架构的支持。搭建一个基于 Spring Boot 的 Web MVC 框架，优化接口的处理流程，增强系统的可扩展性和可维护性。

下面提供两种快速搭建 Spring Boot 框架的方式。

①通过 IDEA 搭建。下载 IDEA(需要下载 IntelliJ IDEA Ultimate 版本以解锁 Spring 全家桶)。

下载完成后通过新建项目选择 Spring Boot，项目名称和软件包名称可自定义填写(图3-13)，在依赖项的选择中选择 Spring Web 复选框，即可完成项目的创建，如图 3-14 所示。

图 3-13　配置项目

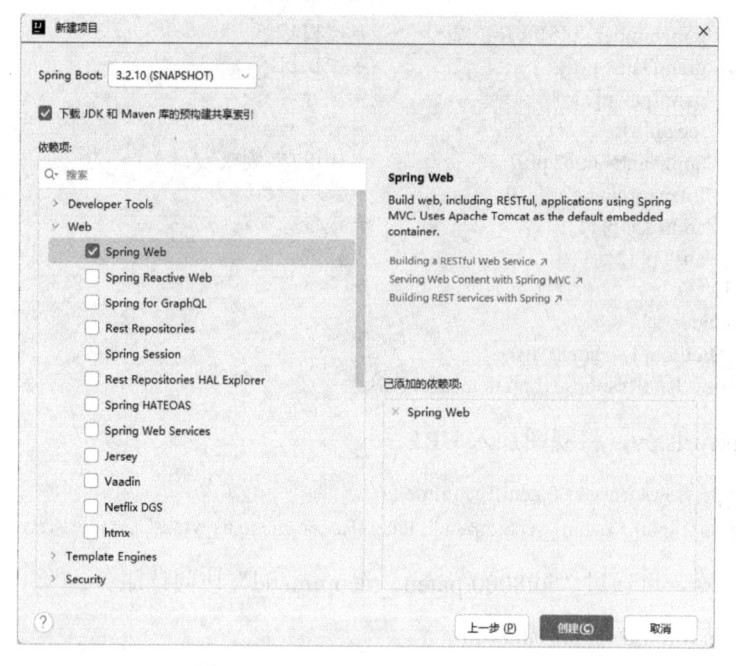

图 3-14　选择 Spring Web 复选框

②通过 VSCode 搭建。下载 VSCode，在 VSCode 中的扩展商店搜索（图 3-15）并安装 Java Extension Pack（Java 扩展包）（图 3-16）和 Spring Boot Extension Pack（图 3-17）。

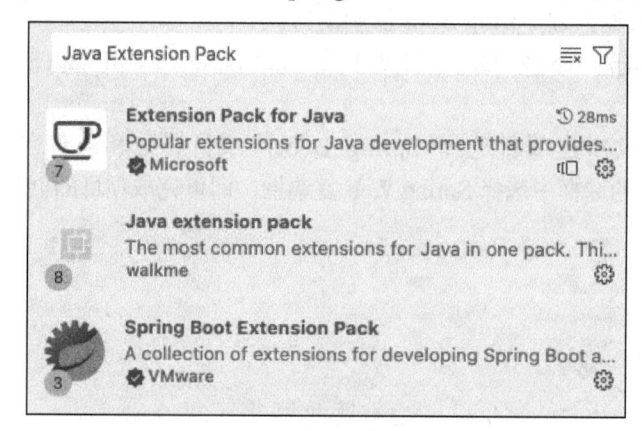

图 3-15　搜索扩展包

图 3-16　安装 Java Extension Pack

图 3-17　安装 Spring Boot Extension Pack

使用快捷键(Ctrl+Shift+P)命令窗口，输入 Spring 选择创建 Gradle 或 Maven 项目，接下来根据操作指引即可完成框架的搭建(图 3-18～图 3-25)。

图 3-18　选择创建 Gradle 项目

图 3-19　选择 Spring Boot 版本

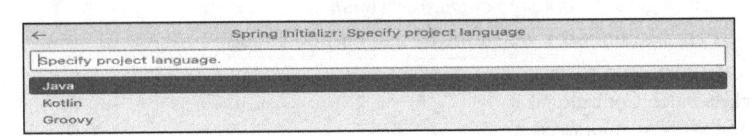

图 3-20　选择 Java 作为开发语言

图 3-21　定义软件包名称

图 3-22　定义项目名称

图 3-23　选择打包方式

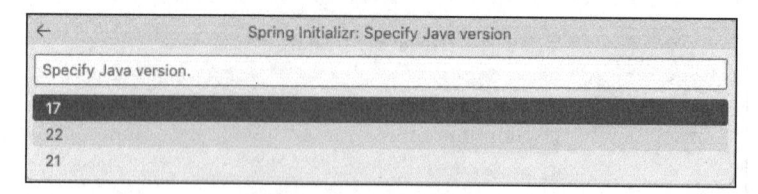

图 3-24　选择 Java 版本

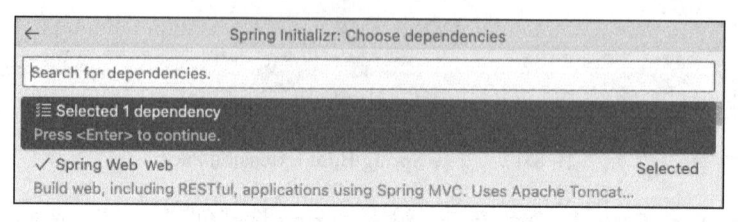

图 3-25　选择依赖项(Spring Web)

完成 Spring Boot 的项目搭建后，需要对 Django 的服务接口进行统一的转发和调度，在 kgpc 包下创建 PatentController.java，并写入以下代码。

```java
import org.springframework.beans.factory.annotation.Value;
import org.springframework.core.ParameterizedTypeReference;
import org.springframework.http.HttpEntity;
import org.springframework.http.HttpMethod;
import org.springframework.http.ResponseEntity;
import org.springframework.web.bind.annotation.GetMapping;
import org.springframework.web.bind.annotation.RequestParam;
import org.springframework.web.bind.annotation.RestController;
import org.springframework.web.client.RestTemplate;
import org.springframework.web.util.UriComponentsBuilder;
@RestController
public class PatentController {
    @Value("${django.ip}")
    private String djangoIp;                            // 从配置文件中读取 Django 服务的 IP 地址
    private final RestTemplate restTemplate = new RestTemplate();
    @GetMapping("/patent_recommend")
    public ResponseEntity<?> patentRecommend(@RequestParam(name = "patent_id") String patentId) {
        String url = "http://" + djangoIp + ":8000/patent_recommend"; // Django 服务的完整 URL
        // 使用 UriComponentsBuilder 构建带参数的 URL
        UriComponentsBuilder builder = UriComponentsBuilder.fromHttpUrl(url)
            .queryParam("patent_id", patentId);
        // 执行 GET 请求
        ResponseEntity<String> responseEntity = restTemplate.exchange(
            builder.toUriString(),                      // 使用构建好的 URL
            HttpMethod.GET,
            null,                                       // 使用 null 代表不发送任何请求
            new ParameterizedTypeReference<String>() {} // 指定响应体类型为 String
        );
        return responseEntity;
    }
}
```

(4) 前端开发及接口对接。

①下载 Node.js：首先前往官网下载 Node.js，选择最新版进行下载，如图 3-26 所示。

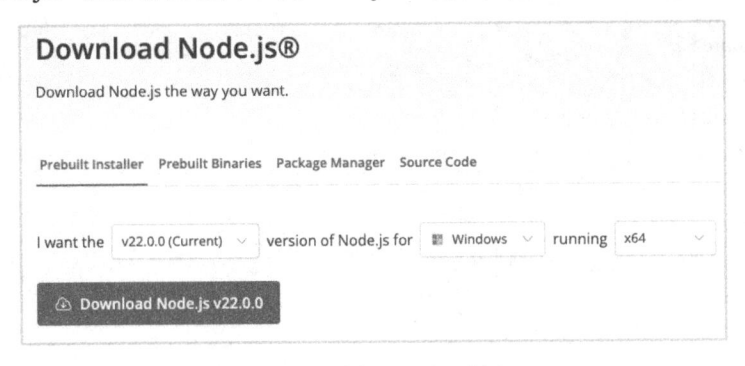

图 3-26　选择 Node.js 版本

②安装 vue-cli3：

pm install -g @vue/cli

③使用 vue-cli3 创建项目：

vuecreatemy-project

④启动开发服务器：打开浏览器，找到新创建的 vue 项目的首页。

npm run serve

⑤在 view 文件下新建 AI 文件夹：在 AI 文件夹下创建 KGPC 文件夹，然后在该目录创建 index.vue 文件。

⑥vue-router 路由配置：找到 router.js 文件，打开并添加如下代码，就可以在浏览器中访问到以下内容。

```
1.  import Router from "vue-router";
2.  let routes = [
3.    {
4.      path: "/AI/KGPC",
5.      name: "KGPC",
6.      component: () => import("@/views/AI/KGPC/index"),
7.    }]
8.  const router = new Router({
9.    base: process.env.BASE_URL,
10.   routes
11. });
```

⑦index.vue 文件配置：打开 KGPC 文件夹下的 index.vue 文件，添加以下代码（包含 html、JS）。

```
1.  <template>
2.    <div>
3.      <input placeholder="输入关键词搜索" v-model="searchObj.patent_name"/>
4.      <button @click="patent_query_by_name">搜索</button>
5.      <ul>
```

```
6.      <li v-for="item in list" :key="item.id">{{item.title}}</li>
7.     </ul>
8.    </div>
9.   </template>
10.  <script>
11.  import axios from "axios";
12.  export default {
13.    data() {
14.      return {
15.        searchObj: {
16.          patent_name: "",
17.        },
18.        list:[]
19.      };
20.    },
21.    methods: {
22.      patent_query_by_name() {
23.        axios
24.          .get("http://47.107.241.199:8000/patent_query_by_name", {
25.            params: {
26.              patent_name: this.searchObj.patent_name,
27.            },
28.          })
29.          .then((res) => {
30.            // 在这里处理响应数据
31.            let list = res.obj;
32.            this.list = list;
33.          })
34.          .catch((error) => {
35.            console.error("Error:", error);
36.            // 在这里处理错误
37.          });
38.      },
39.    },
40.  };
41.  </script>
42.  <style lang="scss" scoped>
43.  </style>
```

⑧完成项目访问：打开浏览器，在输入框输入关键词单击搜索按钮，即可完成项目的访问。至此，整个工程化的项目构建就完成了。

通过本小节的工程实践，我们证明了聚类分析在专利管理和分析中的重要性与价值。通过将领域知识和机器学习相结合，能够提高聚类的准确性和可解释性，为用户提供更有洞察力的结果。这种方法在复杂领域中的系统分析和决策过程中具有广泛的应用潜力。未来，我们将进一步优化和扩展此工程实践，以适应更大规模和更复杂的专利数据集。我们也将探索其他聚类算法和表征技术，以进一步提升聚类的效果和效率。聚类分析在知识管理和智能决策中将继续发挥重要作用，并为用户带来更多价值和创新。

### 3.3.4 演示系统

为了更好地展示所提出的专利成果聚类模型和工程实践的成果，本节开发了一个演示系统，该系统允许用户体验和观察聚类分析的结果。

具体地，我们的演示系统具有对用户友好的界面，用户可以使用该界面进行以下操作。

1. 选择专利

用户可以输入感兴趣的专利关键词，继而从一个专利的推荐列表中选择感兴趣的专利。这些专利代表了与关键词相关的样本数据，如图 3-27 所示。

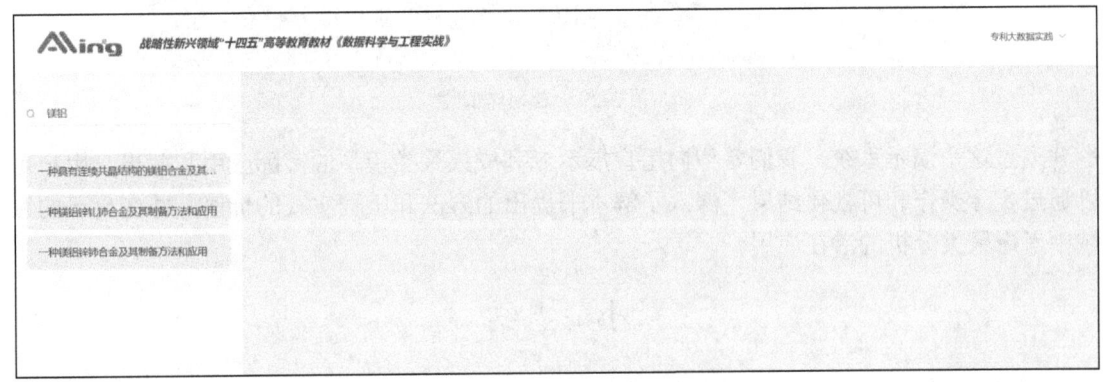

图 3-27　从专利列表中选择专利

2. 发起专利成果聚类模型分析

用户可以单击任意一个感兴趣的专利，将其输入预训练的聚类模型并发起聚类分析过程，其中演示系统将返回一个聚类结果列表，如图 3-28 所示，它显示了与用户选择的专利在特征空间中相似的其他专利。

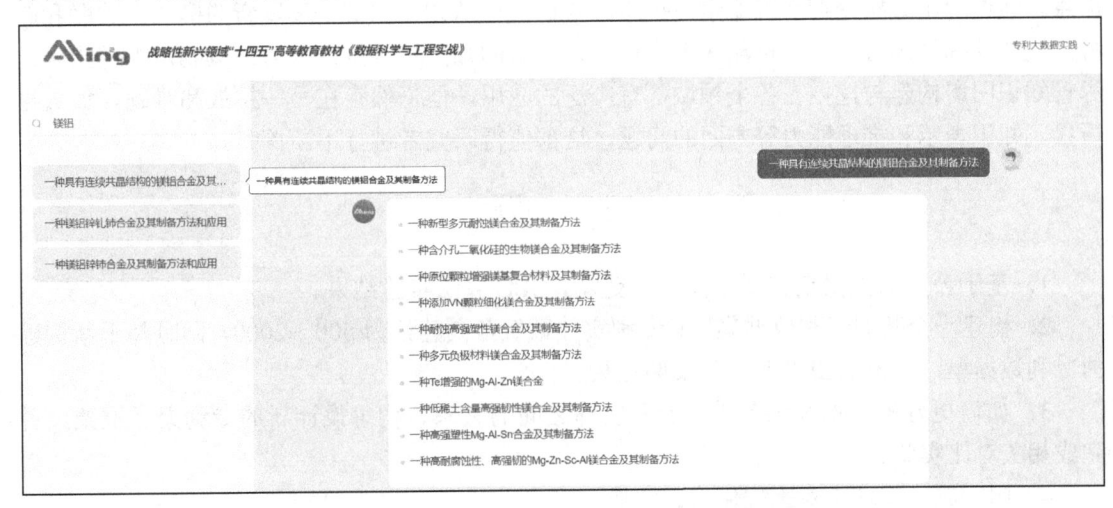

图 3-28　将所选专利输入聚类模型得到聚类结果

### 3. 查看详情

用户可以查看每个聚类的前 10 条记录，并单击相应的记录以获取更多详细信息（图 3-29）。

图 3-29  专利详情

通过这个演示系统，我们希望向用户展示专利成果聚类模型的实际应用和效果。用户可以通过实际操作和可视化结果，深入了解本书提出的方法和工程实践的价值，并在自己的领域中考虑聚类分析的潜在应用。

## 小　　结

知识图谱构建与挖掘是一项重要的人工智能任务，本章详细描述了知识图谱的构建过程和基础挖掘技术，旨在从中挖掘出有价值的信息。在知识图谱基本概念和构建步骤的基础上，进一步对知识图谱相关的优化技术进行了详细的介绍。以专利文本数据为例，搭建了知识图谱感知的专利成果聚类模型，有效实现了对专利的划分。此外，本章还提供了工程实践模块，以便读者可以通过实现每个步骤的操作来展示对应的实践结果。

知识图谱构建与挖掘有着巨大的潜力和应用前景，能够揭示隐藏在数据之中的有价值的信息。通过应用数据挖掘和机器学习技术，我们可以从知识图谱中发现新的模式、关联和趋势。这些挖掘结果可以用于预测未来事件、发现新的知识和洞察，并为决策制定提供指导。尽管知识图谱构建与挖掘在各个领域都有广泛的应用，但仍然存在一些挑战和难题，如数据质量、知识表示和推理能力等方面的问题，这都值得研究者进行不断探索。

## 习　　题

1. 基于公开的数据集和算法代码，复现 KGPC 算法实验结果。
2. 构建一个新的专利数据集，其专利实体数量范围建议为 500～2000，同时基于新构建的专利数据集，输出 KGPC 算法的实验结果。
3. 如何更好地挖掘知识图谱中专利实体之间的关系？构思设计新的专利聚类框架，并完成相关对比实验。
4. 附加题：实现本章工程化接口实战。

# 第 4 章 文本检测实践

## 4.1 互联网文本检测背景知识

党的十八大以来，以习近平同志为核心的党中央高度重视网络空间生态治理，着力净化网络环境，倡导培育积极健康、向上向善的网络文化。2016 年 4 月 19 日，习近平总书记在网络安全和信息化工作座谈会上指出，加强网络内容建设，做强网上正面宣传，培育积极健康、向上向善的网络文化，用社会主义核心价值观和人类优秀文明成果滋养人心、滋养社会，做到正能量充沛、主旋律高昂，为广大网民特别是青少年营造一个风清气正的网络空间。党的二十大报告强调，健全网络综合治理体系，推动形成良好网络生态。面对互联网特别是人工智能技术带来的机遇和挑战，推动网络空间更加清朗，一方面，我们要积极推进"互联网+"政务、文化、教育、医疗、消费等平台建设，促进资源开放共享，用更多更好更及时的网络信息服务内容为广大亿万网民服务；另一方面，要在全社会倡导共同维护良好网络传播秩序、推动网络文明建设的新风尚、新行动，倡导机构、社会组织、自媒体和每个网民自觉成为网络安全的监督者、主流文化的传播者，共同守护文明健康的网上精神家园。同时，要针对网络内容海量、多变等特点，不断探索依法治网新模式、新思路，用法治为网民营造风清气正的网络空间。

互联网大数据分析是指通过收集、存储、处理和分析互联网上产生的海量数据，以获取有价值的信息和洞察的过程。随着互联网的普及和应用的扩大，大量的数据被不断产生，这些数据包含了用户的行为、偏好、社交网络、购买记录等各种信息。通过对这些数据进行分析，可以揭示用户行为模式、市场趋势、社会舆论等重要信息，对决策制定、商业发展和社会研究等领域具有重要意义。习近平总书记在主持中共中央政治局第二次集体学习时，深刻分析了我国大数据发展的现状和趋势，结合国家大数据战略的实施提出了推动大数据技术产业创新发展、构建以数据为关键要素的数字经济、运用大数据提升国家治理现代化水平、运用大数据促进保障和改善民生、切实保障国家数据安全等要求。习近平总书记指出，善于获取数据、分析数据、运用数据，是领导干部做好工作的基本功。由此可见，大数据是创新驱动发展的重要引擎，对于经济增长、社会发展和国家治理具有重要创新引领作用。

然而，随着互联网的普及和用户规模的增长，互联网大数据不可避免地会产生噪声、冗余、主观性等问题，其中垃圾文本、垃圾信息的泛滥尤为严重。垃圾文本指的是那些没有实质性内容或者带有欺骗性质的文本，如垃圾邮件、虚假广告、网络谣言等。这些垃圾文本的存在不仅对用户造成骚扰和困扰，还可能导致信息泄露、安全风险和社会不稳定等问题产生，对网络空间的安全和稳定构成威胁。据相关机构统计，截至 2023 年 6 月，我国共发生了 1.2 万起网络安全事件，同比增长了 18.1%；其中网络攻击占比为 42.5%，网络诈骗占比为 35.8%，网络侵权占比为 21.7%。为了应对互联网垃圾文本问题，国家在网络空间安全战略中提出"以总体国家安全观为指导，贯彻落实创新、协调、绿色、开放、共享的发展理念，增强风险意识和危机意识，统筹国内国际两个大局，统筹发展安全两件大事，积极防御、有效应对，推进网络空间和平、安全、开放、合作、有序，维护国家主权、安全、发展利益，实现建设网络强国的战略目标"。互联网垃圾文本检测是网络空间安全的重要一环。这一检测工作旨在通过利用大数据分析技术和人工智能算法，对互联网中的文本进行自动化、高效率地识别和过滤。通过建立垃圾文本检测系统，可以有效减少垃圾信息的传播和影响，保护用户的合法权益，维护网络空间的秩序和安全。互联网垃圾文本检测的必要性体现了国家网络空间安全战略的重要目标，即保护用户权益、维护网络秩序和安全。只有通过加强垃圾文本的监测和治理，才能建立一个健康、安全的网络环境，促进互联网的可持续发展。

### 4.1.1 互联网平台风控场景

**1. 互联网平台风控的定义**

互联网平台风控是指在互联网环境下，通过采用一系列技术手段和管理措施，对平台内的各种潜在风险进行预防、识别、评估和控制的过程。这些风险包括但不限于欺诈、虚假信息、恶意攻击、侵犯用户隐私、违法违规行为等。在互联网平台中，风控是在各个业务场景(注册、登录、交易、活动等)下风险控制的简称，常根据不同的场景划分为账号安全风控、内容风控、支付风控、交易风控、活动风控等。互联网平台风控旨在保护用户权益、维护平台秩序、保障交易安全，以及预防和减少各类风险事件对平台和用户造成的损失。它涉及多个方面，包括技术手段、数据分析、模型建立、用户验证、审核机制、合规管理等。具体而言，互联网平台风控的主要任务如图4-1所示。

风险识别 → 风险估测 → 风险评价 → 风险控制 → 风险效果评价

图4-1　互联网平台风控的主要任务

(1) 风险预警和识别：通过监测和分析平台上的数据、行为模式、交易记录等，及时发现潜在的风险信号，如异常交易、可疑用户行为等，并对其进行识别和分类。

(2) 风险评估和分析：对已识别的风险进行评估和分析，包括风险的影响程度、潜在损失、风险扩散范围等，以确定风险的优先级和应对策略。

(3) 风险控制和防范：采取有效的措施和技术手段，对已识别的风险进行控制和防范，如设立规则和限制、实施账号验证、加密通信、防火墙设置等。

(4) 风险监测和应对：建立实时监测和响应机制，对平台上的风险事件进行监控和追踪，及时采取相应的反制措施，减小风险事件对平台和用户的影响。

(5) 合规管理和法律风险防范：根据相关法律法规和政策要求，制定合规管理措施，确保平台运营符合法律规定，降低法律风险。

**2. 互联网平台风控的特点**

互联网平台风控具有高效性、多维度评估、自动化和智能化等特点，以应对互联网环境下的各种风险挑战。了解和应对这些特点，对于构建有效的互联网平台风控机制至关重要。

(1) 高效性：具体而言，互联网平台风控依赖于大数据技术，通过收集、整合和分析海量的数据，包括用户信息、交易行为、网络行为等，来进行风险评估和控制。

（2）多维度评估：在互联网环境下，风控系统能够从多个维度对风险进行评估，包括用户的信用评级、交易行为的异常检测、账户安全性，并快速响应和处理风险事件。

（3）自动化：进一步地，通过借助人工智能和机器学习等技术建立模型与算法，可以自动识别风险特征，预测风险事件，并采取相应的措施进行控制。

（4）智能化：为了不断学习和适应新的风险形势与威胁，互联网平台风控会持续进行优化和迭代。

传统风控主要是指在传统金融机构和行业中进行的风险控制与管理，其数据的来源相对有限。相比之下，互联网平台可以从更多渠道获取数据，包括用户的在线行为、社交媒体数据等。一般地，传统风控通常需要依赖于手工处理和人工审核。例如，在贷款申请过程中，传统金融机构可能需要通过电话、传真等方式与申请人进行沟通，并进行面对面的审核，这种方式相对较为耗时和烦琐。在判断和决策方面，传统风控需要基于事先设定的规则和人工经验，容易受到主体主观因素的影响，难以实现标准化和自动化。它在数据来源和处理方式上存在一定的局限性。

互联网平台风控与传统风控在多个方面存在显著差异，具体如表 4-1 所示。互联网平台风控主要应用于数字化业务场景，如在线金融和电商，依赖实时、大规模的用户行为数据进行风险评估，采用先进的机器学习和数据分析技术，如深度学习和随机森林，以实现快速、准确的风险预测和响应。而传统风控则主要应用于传统金融领域，如银行和保险，侧重于内部数据和长期积累的经验，通常采用统计分析和规则引擎等传统方法，风控过程相对稳定和保守。两者在数据来源、技术手段和处理方式上均有所不同，选择合适的风控策略需综合考虑业务需求、数据特性和风险管理目标。

表 4-1 传统风控与互联网平台风控的差异

| 项目 | 传统风控 | 互联网平台风控 |
| --- | --- | --- |
| 数据来源 | 企业财务信息 | 社交信息、行为信息 |
| | 人行征信数据 | 物联网大数据 |
| 数据维度 | 采用强相关变量 | 采用弱相关变量 |
| | 维度较少 | 维度较多 |
| 模型类型 | 基于专家评分卡 | 基于机器学习的算法 |
| | 基于相应财务模型 | 基于深度学习的算法 |

3. 互联网平台风控的重要性

（1）保障用户的安全和信任：互联网平台作为用户进行在线交易和互动的重要场所，风控措施的存在能够保障用户的安全和信任。风控措施主要体现在以下方面：①通过有效的风控手段，平台可以识别和阻止欺诈、虚假信息、网络钓鱼等恶意行为，为用户提供安全可靠的在线环境，增强用户的信任感；②通过风险识别和监测，平台可以及时发现并应对非法交易、盗窃、网络攻击等风险，保护用户资金和财产安全，维护交易的顺利进行，促进经济的稳定发展；③通过加强对用户数据的保护和隐私管理，平台可以防止数据泄露、滥用和非法访问，确保用户个人信息的安全，提升用户对平台的信心和依赖。

(2)为平台赢得竞争优势：具备可靠的风控体系也能够为平台赢得市场竞争中的优势，吸引更多用户和交易参与者。

(3)有助于社会稳定和可持续发展：此外，互联网平台风控对于社会稳定和可持续发展具有重要影响。通过减少网络犯罪、网络诈骗等不良行为，保护用户利益，维护社会秩序，互联网平台能够为社会的可持续发展做出贡献。

综上所述，互联网平台风控的重要性体现在用户安全和信任、交易保障和经济稳定、数据安全和隐私保护、法律合规和风险防范、品牌声誉和竞争力，以及社会稳定和可持续发展等方面。通过建立健全的风控体系，互联网平台能够提供更安全、可靠的服务，为用户和整个社会创造更大的价值。

### 4.1.2 垃圾文本检测处理流程

垃圾文本检测是一种自然语言处理领域的任务，主要用于识别和过滤文本中的垃圾或其他不需要的信息。基于数据科学技术开展垃圾文本检测模型的研究或工程应用，是通过应用已有的垃圾文本检测模型或研究改进垃圾文本检测模型，实现在文本数据中识别出符合"异常文本""垃圾文本""涉密文本"等特征的数据，形成整体的文本检测结果。文本检测的处理流程如图4-2所示。以下是垃圾文本检测的基本步骤。

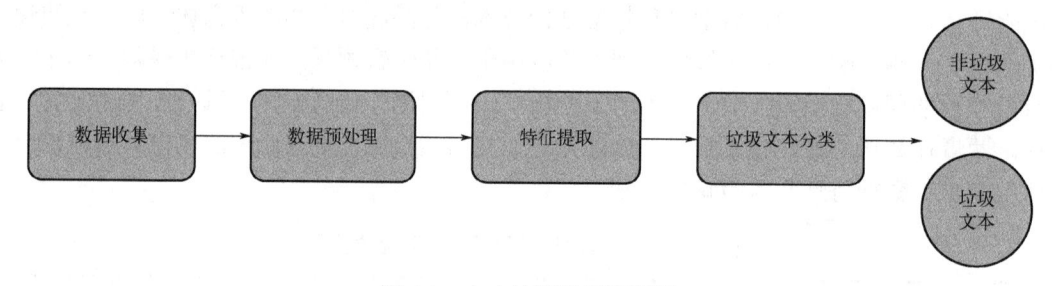

图 4-2 文本检测处理流程图

(1)数据收集：收集包含正常和垃圾文本的大量数据样本，以建立一个全面的训练集。

(2)数据预处理：对收集到的文本数据进行预处理，包括去除 HTML 标记、转换为小写字母、去除特殊字符、去除标点符号和停用词等。

(3)特征提取：从文本中提取有助于垃圾文本分类的特征。常用的特征提取技术包括词袋(bag-of-words，BOW)模型、词频-逆文档频率(term frequency-inverse document frequency，TF-IDF)模型、N-gram 模型等。

(4)垃圾文本分类。

①选择模型：选择适当的机器学习或深度学习模型。常用的模型包括朴素贝叶斯(naive Bayes，NB)、支持向量机(support vector machine，SVM)、逻辑回归(logistic regression，LR)以及深度学习模型，如循环神经网络(recurrent neural network，RNN)和卷积神经网络(convolutional neural network，CNN)。

②训练模型：使用训练集对选定的模型进行训练，使其学习正常文本和垃圾文本之间的语义模式。

③模型评估：使用测试集评估模型性能，考虑度量指标，如准确度、精准度、召回率和F1 分数等。

④调优和优化：根据评估结果对模型进行调优和优化，可能涉及调整超参数、增加特征、改进算法等。

## 4.1.3 垃圾文本检测数据介绍及建模

1. 垃圾文本检测数据集

垃圾文本检测研究的第一步是收集数据，即目标应用场景需要检测的对象，但一般的工程实践很少直接在最终的数据集上进行模型研究，因为实际场景中的数据需要进行人工标注，才能较为准确地评估模型的性能。因此，采用相似数据集进行研究是目前常用的方法。这里的相似数据集主要是指在数据结构、文本内容主题、目标场景等方面具有相似性的数据集。下面将通过实验数据集讲述垃圾文本检测的应用场景，以及如何开展垃圾文本检测的研究和工程实践。

主流的垃圾文本检测数据集通常用于评估和训练垃圾文本检测模型。以下是一些常见的主流垃圾文本检测数据集。

1) Spam Assassin

类型：垃圾邮件数据集。

描述：该数据集是一个用于垃圾邮件检测的开源项目数据集，旨在识别和过滤垃圾邮件。它包含了 1897 封垃圾邮件和 4150 封正常邮件。

2) ZH1-Chinese Email Spam

类型：垃圾邮件数据集。

描述：该数据集是一个中文类型的垃圾邮件数据集，可用于研究和开发中文垃圾邮件过滤算法。它包含了 1205 封垃圾邮件和 428 封正常邮件。

3) Enron-Spam

类型：垃圾邮件数据集。

描述：该数据集是从 Enron 公司的电子邮件流量中收集而来的，可用于垃圾邮件检测的训练和评估，这些电子邮件涵盖了各种主题和领域。它包含了 13496 封垃圾邮件和 16545 封正常邮件。

4) Single Domain Hotel Review

类型：垃圾评论数据集。

描述：该数据集的样本由用户对酒店的评论组成，包含了来自 TripAdvisor 网站上芝加哥 20 家热门酒店的 1600 条酒店点评，其中 800 条是垃圾评论。

5) Twitter Social Honeypot

类型：Twitter 垃圾邮件数据集。

描述：该数据集主要用于研究社交媒体滥用和欺诈行为，包含了 22223 名垃圾邮件发送者和 19276 名正常邮件发送者，可用于对用户性质进行划分，判断用户是否为垃圾邮件的发送者。

6) Chinese Text Classification

类型：垃圾短信文本数据集。

描述：该数据集是一个中文类型的垃圾短信文本数据集，总共包含了 20 万条新闻标题。

值得注意的是，该数据集已经进行了训练集和测试集的划分。后续小节将以该数据集为例，对其中的垃圾短信文本进行举例说明，并基于此评估基础算法的垃圾文本分类效果。

这些数据集涵盖了不同类型的垃圾文本，包括邮件、评论、短信等，适用于多样化的垃圾文本检测研究。在选择数据集时，应根据具体的应用场景和任务需求进行评估。

2. 文本检测数据预处理

文本检测数据预处理的目的是将原始的文本数据进行抽取、过滤、去重等处理，使其适合机器学习模型的输入，且有助于提高模型性能。主要的数据预处理方法包括如下几个方面。

1) 文本数据清洗

由于文本数据往往包含着各种噪声和无用信息，对模型的分析和应用产生干扰，因此对文本数据进行清洗是非常重要的一步，除了提升数据质量，也能够降低后续的模型计算量。文本数据清洗主要是指去除文本中的噪声、无关信息和特殊字符，包括去除 HTML 标记、标点符号、数字、停用词等。

当需要去除中文文本中的特殊字符和标点符号时，可以借助 Python 的正则表达式和字符串操作来实现。以下是一个简单的示例代码。

```
1.   import re
2.
3.   def remove_special_characters(text):
4.       # 使用正则表达式去除非中文字符和标点符号
5.       cleaned_text = re.sub(r'[^\u4e00-\u9fa5a-zA-Z0-9\s]', '', text)
6.       return cleaned_text
7.
8.   # 示例文本
9.   chinese_text = "这是一个示例文本，包含了标点符号，如逗号，句号。"
10.  print("原始文本：", chinese_text)
11.
12.  # 去除特殊字符和标点符号
13.  cleaned_text = remove_special_characters(chinese_text)
14.  print("去除特殊字符后的文本：", cleaned_text)
```

这段代码中使用了 re.sub() 函数来移除非中文符号和标点符号。正则表达式 [^\u4e00-\u9fa5a-zA-Z0-9\s] 表示匹配除了中文、英文、数字和空格之外的所有字符。re.sub() 函数将匹配到的字符替换为空字符串，返回去除特殊符号后的文本，实现了去除特殊字符和标点符号的功能。

运行上述代码的结果展示如下。

(1) 原始文本：这是一个示例文本，包含了标点符号，如逗号，句号。

(2) 去除特殊字符后的文本：这是一个示例文本包含了标点符号如逗号句号

显然，清洗后的文本并不利于阅读，需要进行"断文识字"，才能让计算机从实体词中学习到特征词。此外，基于句子的整体含义进行分析是另一种处理流程和方法，是更加高级的处理方式，为了读者能更容易上手，此处暂不展开。

2)处理缺失值或异常值

处理任何文本中的缺失值或异常值,以确保模型训练的稳定性。

处理中文文本中的缺失值或异常值与处理其他文本数据的方式类似。通常,中文文本中不存在数值缺失或异常,但可能存在的情况包括空白文本、错误编码或意外字符等。

以下是一个简单的示例代码,用于处理中文文本中的空白文本。

```
1.  def handle_missing_values(text):
2.      if text.strip() == '':
3.          return '文本缺失'
4.      else:
5.          return text.strip()
6.
7.  # 示例文本
8.  chinese_text = "   这是用于示例文本包含标点符号如逗号句号"
9.  print("原始文本:", chinese_text)
10.
11. # 处理缺失值
12. cleaned_text = handle_missing_values(chinese_text)
13. print("处理后的文本:", cleaned_text)
```

在这个示例中,handle_missing_values()函数检查文本是否为空白(使用 strip()方法)。如果文本为空白,则将其标记为"文本缺失",否则返回处理后的文本。读者可以根据数据的特点和可能的异常情况,调整这个处理函数或添加其他处理步骤,以适应读者所使用的数据集。

示例代码运行结果如下。

(1)原始文本:这是用于示例文本包含标点符号如逗号句号

(2)处理后的文本:这是用于示例文本包含标点符号如逗号句号

(3)标记化。

将文本分割为单个单词或标记,形成模型能够理解的基本单位。这是构建词袋模型或序列模型的基础。

当对中文文本进行标记化时,通常会使用分词工具,如 jieba 库。以下是一个简单的示例代码,展示如何对中文文本进行标记化(分词)。

首先,确保已经安装了 jieba 库。如果尚未安装,可以使用 pip 进行安装。

```
1.  pip install jieba
```

下面是一个简单的标记化代码示例。

```
1.  import jieba
2.
3.  def tokenize_chinese_text(text):
4.      # 使用 jieba 进行分词
5.      words = jieba.lcut(text)
6.      return words
7.
8.  # 示例文本
9.  chinese_text = "这是一个用于示例的文本包含了标点符号如逗号句号"
```

```
10.    print("原始文本：",chinese_text)
11.
12.    # 标记化文本（分词）
13.    tokenized_text = tokenize_chinese_text(chinese_text)
14.    print("标记化后的文本：", tokenized_text)
```

这段代码使用jieba库的lcut函数对示例的中文文本进行分词，并返回一个分词后的列表。tokenized_text 是一个 Python 列表，其中包含了经过分词处理后的词语列表，每个词语被作为列表的一个元素存储在 tokenized_text 中。读者可以根据实际需求修改代码，对文本进行更多的处理。

代码的运行结果如下。

```
1.  原始文本：  这是一个用于示例的文本包含了标点符号如逗号句号
2.  Building prefix dict from the default dictionary ...
3.  Loading model from cache C:\Users\93131\AppData\Local\Temp\jieba.cache
4.  Loading model cost 0.463 seconds.
5.  Prefix dict has been built successfully.
6.  标记化后的文本：  ['这是', '一个', '用于', '示例', '的', '文本', '包含', '了', '标点符号', '如', '逗号', '句号']
```

可以发现，分词后并不是每个词都具有重要信息，如被分割后的"这是""的""用于"，因此需要区分并进一步在预处理中移除没有实际意义的词。

3）移除停用词

停用词是在文本中频繁出现但通常没有实际意义的词语（如"的""和"）。移除这些停用词有助于减少特征空间的维度，并提高模型的效率。

当处理中文文本时，去除停用词是一个常见的预处理步骤。常见的中文停用词库包括但不限于如下四个。

（1）哈工大停用词表：由哈尔滨工业大学提供的一个常用中文停用词列表。

（2）百度停用词表：百度提供的常用中文停用词列表。

（3）中文停用词列表（SMART）：包含在 Lucene 搜索引擎中的一个中文停用词列表。

（4）SCU 停用词列表：四川大学提供的中文停用词列表。

这些停用词表中包含了诸如"的""了""是""在""和""就"等在语料库中频繁出现但缺乏实际信息的词语。不同的停用词表可能来源和用途略有不同，读者可以根据具体任务和语料库的特点进行调整和优化。

要使用已有的中文停用词表，首先需要下载一个常用的停用词表文件。常见的中文停用词表可以从网上找到，例如，上述介绍的四个停用词表文件可以在 Github 上找到并使用。下载停用词表文件后，读者可以将其读取到一个 Python 列表中，然后在分词后使用这个列表来过滤停用词。

下面是一个示例代码。

```
1.  import jieba
2.
3.  # 读取停用词表文件，将停用词存储到列表中
4.  stopwords_file = 'path/to/your/stopwords.txt'  # 替换为停用词表文件路径
5.  with open(stopwords_file, 'r', encoding='utf-8') as file:
```

```
6.    stopwords = [line.strip() for line in file]
7.
8.    # 示例文本
9.    chinese_text = "这是一个用于示例的文本包含了标点符号如逗号句号"
10.   print("原始文本：",chinese_text)
11.
12.   # 使用停用词表进行分词并过滤停用词
13.   words = jieba.lcut(chinese_text)
14.   filtered_words = [word for word in words if word not in stopwords]
15.
16.   # 输出去除停用词后的文本
17.   filtered_text = ''.join(filtered_words)
18.   print("去除停用词后的文本：", filtered_text)
```

使用 cn_stopwords.txt 停用词文件的示范结果如下。

```
1.    原始文本：这是一个用于示例的文本包含了标点符号如逗号句号
2.    Building prefix dict from the default dictionary ...
3.    Loading model from cache C:\Users\93131\AppData\Local\Temp\jieba.cache
4.    Loading model cost 0.440 seconds.
5.    Prefix dict has been built successfully.
6.    去除停用词后的文本：这是一个用于示例文本包含标点符号逗号句号
```

为了方便快速理解，读者也可以自己简单地建立停用词表。下面是一个示例代码，使用自建的停用词表去除文本中的停用词。

```
1.    import jieba
2.
3.    def remove_stopwords(text):
4.        # 停用词列表，根据需求添加
5.        stopwords = set(['的','了','在','是','我','有','和','就','不','人','都','一','一个','上','也','很','到','说','要'])
6.
7.        # 对文本进行分词
8.        words = jieba.lcut(text)
9.
10.       # 去除停用词
11.       filtered_words = [word for word in words if word not in stopwords]
12.
13.       # 返回去除停用词后的文本
14.       return "".join(filtered_words)
15.
16.   # 示例文本
17.   chinese_text = "这是一个用于示例的文本包含了标点符号如逗号句号"
18.   print("原始文本：", chinese_text)
19.
20.   # 去除停用词后的文本
21.   filtered_text = remove_stopwords(chinese_text)
22.   print("去除停用词后的文本：", filtered_text)
```

这个示例演示了如何使用 jieba 分词库分词,并通过预先定义的停用词列表去除文本中的停用词。读者可以根据需要自定义停用词列表,并根据实际情况调整代码。

示例代码运行结果如下。

1. 原始文本:这是一个用于示例的文本包含了标点符号如逗号句号
2. Building prefix dict **from** the default dictionary ...
3. Loading model **from** cache C:\Users\93131\AppData\Local\Temp\jieba.cache
4. Loading model cost 0.489 seconds.
5. Prefix dict has been built successfully.
6. 去除停用词后的文本:这是用于示例文本包含标点符号如逗号句号

3. 文本特征提取

在文本处理中,特征提取是将文本数据转换为可供机器学习算法使用的数字形式的过程。这个过程可以帮助算法更好地理解和处理文本数据。文本特征提取的目标是将文本转换为数值特征,以便计算机能够理解和处理。

1)文本特征提取目的

文本特征提取的主要目的有如下三个方面。

(1)降维和解决稀疏性问题:将原始的高维文本数据转换为更低维度的表示,减少模型的计算负担和存储需求,同时防止出现维度灾难。

(2)提取关键信息:从文本中提取与任务相关的关键信息,以便模型能够更好地理解和推断。

(3)增强模型性能:提取更具代表性的特征,有助于提高模型的性能,使其更好地适用于文本检测任务。

2)文本特征提取步骤

(1)字符表征。

大部分自然语言处理模型的有效性来自单词嵌入,这些嵌入携带着单词的含义和情感等特征。但需要注意的是,单词嵌入是从一个词汇库中学习的,这个库无法识别垃圾消息发送者创造的新词。一种直接的方法是使用字符相似性网络,它枚举了所有的变形单词及其相似性。根据应用场景,此处的字符既可以表示中文词汇、中文汉字,也可以表示英文单词、英文字母等,有时也称为字。在不影响理解的情况下,本章将交替灵活使用字符、汉字、词、单词、字等用法。然而,由于变形单词数量的无穷性,这种方法并不适用于真实世界的垃圾文本检测任务。

当处理文本数据时,字符嵌入是一种强大的工具,但它可能无法涵盖所有语境下出现的新词或变体,特别是在垃圾文本检测这样的任务中,发送者可能会有意识地使用拼写错误或字符变形来规避检测。因此,对于短消息这样的通信形式,字符嵌入的应用变得更为重要。

字符嵌入考虑了单个字符的语义和情感信息,这意味着即使单个字符没有被正确拼写,模型也能捕捉到重要的语义特征。例如,在识别类似"微信"和"威信"这样的变形时,模型需要能够意识到它们在字音上相似,从而在嵌入空间中得到相近的表示。

(2)文本句子表征。

在获取每个字的嵌入向量后,需要将这些字级别的信息整合成句子级别的特征表示。这一步骤至关重要,因为它有助于捕获句子的多样性、变体以及其中包含的语义信息。在自然语言处理中,包括但不限于以下几种流行的方法可以实现这一目标。

①平均值法:最简单的方法之一,它通过计算句子中所有字嵌入向量的平均值来得到句子的表示。这种方法的优点在于它的简洁性和计算效率,但它可能无法充分捕捉句子中字的顺序和句子的结构复杂性。

②长短期记忆网络:一种特殊类型的循环神经网络,非常适合处理序列数据。在使用长短期记忆网络处理句子时,网络会逐字读取句子,并在每一步更新其隐藏状态。句子的最终表示可以是最后一个字的隐藏状态,或者是整个序列隐藏状态的某种组合。

③自注意力机制:一种相对较新的技术,它通过计算句子中各个字之间的关系来获得句子表示。在自注意力模型中,每个字的表示不仅取决于它自己的嵌入向量,还取决于它与句子中其他字的关系。这种方法特别有利于捕捉句子内部的复杂依赖关系。

以自注意力机制为例,假定用户发送了一条消息 $s=$ " $s_1 s_2 \cdots s_n$ ",通过前一小节的内容可以得到其中每个字的嵌入向量 $\{e_1, e_2, \cdots, e_n\}$。在自注意力机制中,首先对每个嵌入向量 $e_i$ 进行转换,生成对应的查询向量 $q_i$、键向量 $k_i$ 和值向量 $v_i$。这些向量是通过乘以训练所得的权重矩阵 $\mathbf{W}^Q$、$\mathbf{W}^K$ 和 $\mathbf{W}^V$ 得到的:

$$q_i = \mathbf{W}^Q e_i \tag{4-1}$$

$$k_i = \mathbf{W}^K e_i \tag{4-2}$$

$$v_i = \mathbf{W}^V e_i \tag{4-3}$$

接下来,模型计算每一对字之间的注意力分数,该分数是通过查询向量 $q_i$ 和键向量 $k_i$ 的点积计算得到的,并且通过 softmax 函数进行归一化,以确保分数的总和为 1。这个过程可以表示为

$$\text{Attention}(\mathbf{Q}, \mathbf{K}, \mathbf{V}) = \text{softmax}\left(\frac{\mathbf{Q}\mathbf{K}^\text{T}}{\sqrt{d_k}}\right) V \tag{4-4}$$

其中,$d_k$ 是键向量的维数。这个归一化因子有助于训练的稳定性。最后,模型使用这些注意力分数加权组合每个字的值向量 $v_i$,从而得到整个句子的表示:

$$s = \sum_{i=1}^{n} \text{Attention}(q_i, k_i, v_i) \tag{4-5}$$

通过这种方式,自注意力机制能够有效地捕捉句子中不同字之间的复杂相互作用,从而获得一个全面且动态的句子级别表示。这种表示不仅包含了每个单独字的信息,还整合了句子内部字与字之间的关系,使得模型能够更好地理解和处理自然语言。接着,这个句子嵌入会被送入一个分类器,用于预测消息被视作垃圾文本的概率。

3) 文本特征提取常用模型

具体地,文本特征提取的主要模型包括如下四种。

(1) 词袋模型。

词袋(BOW)模型是一种常见的特征提取模型。它基于文档中出现的单词或短语,并将其表示为向量。首先,将文本分割为单词(word)或短语,然后统计它们在文本中出现的频率。

这种方法不考虑单词的顺序或上下文，而是将每个文本表示为一个向量，其中每个元素对应一个单词或短语，元素的值为其在文本中出现的次数。

以下是一个使用词袋模型进行特征提取的简单示例。

```
1.   from sklearn.feature_extraction.text import CountVectorizer
2.
3.   # 假设有一些文本数据
4.   corpus = [
5.     '这是第一个文档，它包含一些关键词。',
6.     '第二个文档有更多的内容，用于演示。',
7.     '第三个文档可能包含相似的短语。',
8.     '最后一个文档是个示例。'
9.   ]
10.
11.  # 创建 CountVectorizer
12.  vectorizer = CountVectorizer()
13.
14.  # 对文本进行拟合和转换
15.  X = vectorizer.fit_transform(corpus)
16.
17.  # 获取特征名称
18.  feature_names = vectorizer.get_feature_names_out()
19.
20.  # 显示特征名称和转换后的数组
21.  print("Feature Names:", feature_names)
22.  print("Bag-of-Words Representation:")
23.  print(X.toarray())
```

使用词袋模型进行特征提取后的结果如下。

```
1.  ture Names: ['它包含一些关键词' '最后一个文档是个示例' '用于演示' '第三个文档可能包含相似的短语' '第二个文档有更多的内容' '这是第一个文档']
2.  Bag-of-Words Representation:
3.  [[1 0 0 0 0 1]
4.   [0 0 1 0 1 0]
5.   [0 0 0 1 0 0]
6.   [0 1 0 0 0 0]]
```

（2）词频-逆文档频率模型。

词频-逆文档频率（TF-IDF）模型是另一种特征提取模型。它衡量了一个词在文本集合中的重要性。词频（TF）衡量了一个词在文本中的出现频率，而逆文档频率（IDF）则衡量了该词在整个文本集合中的重要性。TF-IDF 值越高，表明这个词对于该文本的独特性越高。

以下是一个使用 TF-IDF 模型进行特征提取的简单示例。

```
1.   from sklearn.feature_extraction.text import TfidfVectorizer
2.
3.   # 假设有一些文本数据
4.   corpus = [
```

```
5.     '这是第一个文档,它包含一些关键词。',
6.     '第二个文档有更多的内容,用于演示。',
7.     '第三个文档可能包含相似的短语。',
8.     '最后一个文档是个示例。'
9.  ]
10.
11. # 创建 TfidfVectorizer
12. vectorizer = TfidfVectorizer()
13.
14. # 对文本进行拟合和转换
15. X = vectorizer.fit_transform(corpus)
16.
17. # 获取特征名称
18. feature_names = vectorizer.get_feature_names_out()
19.
20. # 显示特征名称和 TF-IDF 权重
21. print("特征名称:", feature_names)
22. print("TF-IDF 权重:")
23. print(X.toarray())
```

使用 TF-IDF 模型进行特征提取后的结果如下。

```
1.  特征名称: ['它包含一些关键词' '最后一个文档是个示例' '用于演示' '第三个文档可能包含相似的短语' '第二个文档有更多的内容' '这是第一个文档']
2.  TF-IDF 权重:
3.  [[0.70710678 0.        0.        0.        0.        0.70710678]
4.   [0.        0.        0.70710678 0.        0.70710678 0.        ]
5.   [0.        0.        0.        1.        0.        0.        ]
6.   [0.        1.        0.        0.        0.        0.        ]]
```

(3) N-gram 模型。

N-gram 模型是一种基于连续 $n$ 个项的序列来预测下一项出现概率的模型。这个"项"可以是单词、字符或其他标记,$n$ 表示使用的项的数量。N-gram 模型默认了一个假设,即当前项出现的频率仅依赖于前面出现的 $n-1$ 个项。

例如,在一个句子中,对于一个 2-gram(或称为 bigram)模型,它会考虑两个相邻的单词的组合。如果有句子"我喜欢学习自然语言处理",对于 2-gram 模型,会得到以下的组合:[(我,喜欢), (喜欢,学习), (学习,自然), (自然, 语言), (语言, 处理)]。这些组合会被用来计算单词出现的条件频率。

N-gram 模型在自然语言处理中经常被用来执行语言建模、文本生成、词义消歧和文本分类等任务。但是,随着 $n$ 值的增大,模型所需的存储空间和计算复杂度也会增加。通常,较小的 $n$ 值(如 1、2、3)被使用得更广泛,而且它们提供了足够的信息来进行语言建模和文本分类。

以下是一个使用 N-gram 模型进行特征提取的简单示例。

```
1.  from sklearn.feature_extraction.text import CountVectorizer
2.
3.  # 复杂的文本数据
4.  corpus = [
```

```
5.     '这是第一个文档,它包含一些关键词。',
6.     '第二个文档有更多的内容,用于演示。',
7.     '第三个文档可能包含相似的短语。',
8.     '最后一个文档是个示例。'
9. ]
10.
11. # 创建 CountVectorizer 并指定 N-gram 范围为(2, 3),表示使用二元到三元语法模型
12. vectorizer = CountVectorizer(ngram_range=(2, 3))
13.
14. # 对文本进行拟合和转换
15. X = vectorizer.fit_transform(corpus)
16.
17. # 获取特征名称
18. feature_names = vectorizer.get_feature_names_out()
19.
20. # 显示特征名称和转换后的数组
21. print("特征名称:", feature_names)
22. print("N-gram 表示:")
23. print(X.toarray())
```

使用 N-gram 模型进行特征提取后的结果如下。

```
1. 特征名称: ['第二个文档有更多的内容 用于演示' '这是第一个文档 它包含一些关键词']
2. N-gram 表示:
3. [[0 1]
4.  [1 0]
5.  [0 0]
6.  [0 0]]
```

(4) Word2Vec 模型。

Word2Vec 是一种流行的词嵌入技术,用于将文本中的单词转换为具有语义关联的高维向量。这种技术基于神经网络,通过分析大量文本语料库,将每个单词映射到一个固定长度的密集向量空间中。Word2Vec 考虑了上下文信息,即一个单词周围的其他单词,以学习这些向量。

Word2Vec 包括两种主要模型:Skip-Gram 和 CBOW。这两种模型虽然在优化目标和模型结构上有所不同,但都旨在学习高质量的单词嵌入。其中,Skip-Gram 模型的目标是根据目标词预测其上下文。在该模型中,每个输入词被用来预测其周围的上下文词。因此,Skip-Gram 模型在处理较少频繁出现的词或者具有更多特定上下文的词时表现较好。相反,CBOW 模型使用一个词的上下文来预测这个词本身。在这个模型中,上下文词被视为输入,目标词则是输出。CBOW 模型通常在处理更常见的词时更加有效,因为它对于高频词的嵌入表示更加平滑。

Word2Vec 在自然语言处理任务中作用显著,如文本分类、推荐系统、语义搜索等。Word2Vec 的输出向量可以用作机器学习模型的输入特征,帮助模型更好地理解和处理自然语言。这些向量的优势在于,它们能够捕捉到单词之间的语义和语法关系,如相似性和相关性。例如,它可以发现"皇后"和"王后"之间有着类似于"皇帝"和"国王"的关系。通过将单词表示为这样的向量,Word2Vec 模型不仅可以在计算上更高效地处理文本数据,还能提供更好的语义表达。

在 Python 中，gensim 库提供了一种灵活且强大的方式来快速实现 Word2Vec，允许用户轻松地训练和应用这些模型。该库中的 Word2Vec 默认采用 CBOW 模型，以下是一个使用 gensim 库中的 Word2Vec 模型进行中文文本嵌入的简单示例。

```
1.  from gensim.models import Word2Vec
2.  import jieba
3.
4.  # 假设有一些文本数据
5.  corpus = [
6.      '这是第一个文档，它包含一些关键词。',
7.      '第二个文档有更多的内容，用于演示。',
8.      '第三个文档可能包含相似的短语。',
9.      '最后一个文档是个示例。'
10. ]
11.
12. # 使用 jieba 进行分词处理
13. tokenized_corpus = [list(jieba.cut(doc)) for doc in corpus]
14.
15. # 创建 Word2Vec 模型
16. model = Word2Vec(sentences=tokenized_corpus, vector_size=100, window=5, min_count=1, sg=0)
17.
18. # 获取词向量
19. word_vectors = model.wv
20.
21. # 显示示例词向量
22. print("示例词向量 '第一个':", word_vectors['第一个'])
```

示例代码运行结果应如下。

```
1.  示例词向量 '第一个': [ 8.1681199e-03 -4.4430327e-03  8.9854337e-03  8.2536647e-03
2.   -4.4352221e-03  3.0310510e-04  4.2744912e-03 -3.9263200e-03
3.   -5.5599655e-03 -6.5123225e-03 -6.7073823e-04 -2.9592158e-04
4.    4.4630850e-03 -2.4740540e-03 -1.7260908e-04  2.4618758e-03
5.    4.8675989e-03 -3.0808449e-05 -6.3394094e-03 -9.2608072e-03
6.    2.6657581e-05  6.6618943e-03  1.4660227e-03 -8.9665223e-03
7.   -7.9386048e-03  6.5519023e-03 -3.7856805e-03  6.2549924e-03
8.   -6.6810320e-03  8.4796622e-03 -6.5163244e-03  3.2880199e-03
9.   -1.0569858e-03 -6.7875278e-03 -3.2875966e-03 -1.1614120e-03
10.  -5.4709399e-03 -1.2113475e-03 -7.5633135e-03  2.6466595e-03
11.   9.0701487e-03 -2.3772502e-03 -9.7651005e-04  3.5135616e-03
12.   8.6650876e-03 -5.9218528e-03 -6.8875779e-03 -2.9329848e-03
13.   9.1476962e-03  8.6626766e-04 -8.6784009e-03 -1.4469790e-03
14.   9.4794659e-03 -7.5494875e-03 -5.3580985e-03  9.3165627e-03
15.  -8.9737261e-03  3.8259076e-03  6.6544057e-04  6.6607012e-03
16.   8.3127534e-03 -2.8507852e-03 -3.9923131e-03  8.8979173e-03
17.   2.0896459e-03  6.2489416e-03 -9.4457148e-03  9.5901238e-03
18.  -1.3483083e-03 -6.0521150e-03  2.9925345e-03 -4.5661093e-04
19.   4.7064926e-03 -2.2830211e-03 -4.1378425e-03  2.2778988e-03
```

| 20. | 8.3543835e-03 | -4.9956059e-03 | 2.6686788e-03 | -7.9905549e-03 |
| 21. | -6.7733466e-03 | -4.6766878e-04 | -8.7677278e-03 | 2.7894378e-03 |
| 22. | 1.5985954e-03 | -2.3196924e-03 | 5.0037908e-03 | 9.7487867e-03 |
| 23. | 8.4542679e-03 | -1.8802249e-03 | 2.0581519e-03 | -4.0036892e-03 |
| 24. | -8.2414057e-03 | 6.2779556e-03 | -1.9491815e-03 | -6.6620467e-04 |
| 25. | -1.7713320e-03 | -4.5356657e-03 | 4.0617096e-03 | -4.2701806e-03] |

4. 垃圾文本分类

在得到句子嵌入向量 emb(*s*) 后，需要利用分类器模型来计算句子属于垃圾文本的分类概率：

$$p = \text{classifier}(\text{emb}(s)) \tag{4-6}$$

值得注意的是，分类器可以是任何二类分类器，如逻辑回归、支持向量机、深度神经网络等。文本分类器几乎可以组织和分类任何类型的材料，包括文件和互联网文本。文本分类是自然语言处理中的一个重要阶段，应用范围覆盖情感分析、主题标注和垃圾邮件检测。文本分类可以手动或自动完成，在手动方法中，人类注释员评估文本的内容并对其进行正确分类。机器学习技术和其他人工智能技术利用自动文本分类模型以更快捷和准确的方式自动对文本进行分类。如图 4-3 所示，有三种用于文本分类的技术。

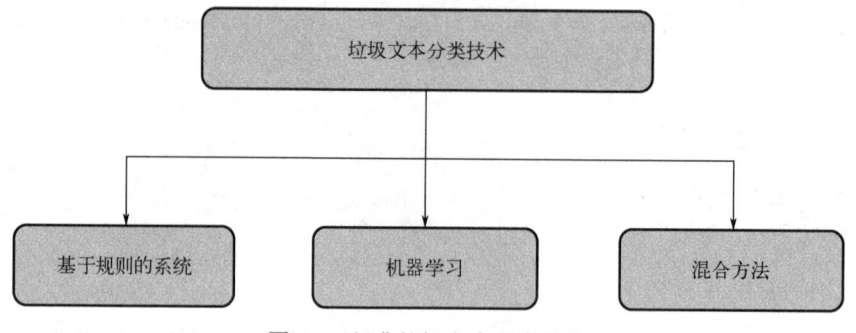

图 4-3 经典垃圾文本分类技术

1) 基于规则的系统

基于规则的系统(rule-based system)是一种文本分类技术，其基本原理是通过预定义的规则和逻辑来判断文本属于哪个类别。这种方法依赖于事先设定的规则集，这些规则捕捉到文本中的特定模式、关键词或特征，从而实现分类。垃圾文本有一些独特的短语，有助于将其与正常文本区分开来。当文本中的垃圾文本单词数量超过正常文本(ham)单词数量时，该文本被归类为垃圾文本。

SpamAssassin 是一款开源软件，有助于创建各种类别的规则，是垃圾文本检测研究人员的首选。SpamAssassin 采用了多种技术和规则来分析邮件内容，可以高效地识别和过滤垃圾邮件，帮助用户节省时间和精力；其支持插件系统和定制规则，用户可以根据自己的需求定制过滤规则和特征提取方法，使其适应不同的环境和需求。然而，一些基于规则的系统依赖于无法更改的静态规则，因此无法处理不断变化的垃圾文本内容。为了提高该方法检测垃圾文本的能力，必须定期更新已建立的规则。对于复杂系统，基于规则的系统在时间消耗、分析复杂性和规则结构方面存在显著缺陷，它们还需要更多的上下文特征以及大量的训练语料库来进行有效的垃圾文本检测。

2）机器学习

为了检测垃圾文本，各种机器学习技术已经被广泛部署。以下是一些常见的垃圾文本检测模型。

（1）朴素贝叶斯。

朴素贝叶斯模型是一种基于贝叶斯定理的概率统计分类算法，常用于文本分类、垃圾邮件过滤等应用。其"朴素"之处在于对特征之间的条件独立性的假设，即假设在给定类别的情况下，特征之间是相互独立的。

该模型的核心思想是利用已知类别的训练数据，通过统计每个类别下各个特征的概率分布，然后根据贝叶斯定理计算新数据属于每个类别的概率，最终选择具有最高概率的类别作为预测结果。

在文本分类中，朴素贝叶斯模型可以用于判断一段文本属于哪个类别。以垃圾邮件过滤为例，模型通过学习正常邮件和垃圾邮件中各个词汇的出现概率，然后通过这些概率来计算一封新邮件属于正常邮件和垃圾邮件的概率，最终进行分类。

尽管朴素贝叶斯模型对条件独立性的假设可能在实际情况中不成立，但其由于简单、高效且易于实现的特点，在许多实际应用中取得了不错的效果。

（2）支持向量机。

支持向量机是一种强大的机器学习算法，广泛应用于分类和回归问题，其主要思想是通过找到能够将不同类别的数据点分离的最优决策平面（超平面），以实现高效的数据分类，将不同类别的数据分开。超平面是一种维度比原始数据低一维的线性结构，可以在高维空间中对数据进行分割。对于垃圾文本检测，其目标就是找到一个超平面，使得垃圾文本和正常文本处于两侧，同时最大化它们之间的间隔。

（3）逻辑回归。

逻辑回归是一种用于二分类问题的统计学习方法，其基本思想是通过一个逻辑函数（也称为 Sigmoid 函数）来建模数据的概率分布，并基于最大似然估计来拟合模型参数。它广泛应用于许多领域，特别是在机器学习和统计分析中。

该模型的数学表达如下所示：

$$P(Y=1) = \frac{1}{1+e^{-(\beta_0 X_0 + \beta_1 X_1 + \beta_2 X_2 + \cdots + \beta_n X_n)}} \tag{4-7}$$

其中，$P(Y=1)$ 是事件 $Y$ 发生的概率；$\beta_0, \beta_1, \cdots, \beta_n$ 是模型参数；$X_0, X_1, \cdots, X_n$ 是输入特征。

逻辑回归的训练过程旨在通过优化参数，使得模型对训练数据的似然最大化。通常，使用梯度下降等优化算法来实现这一目标。该模型能够输出一个介于 0 和 1 之间的概率值，表示样本属于正类别的可能性。通常，当概率大于或等于 0.5 时，将样本预测为正类别；反之，则为负类别。

逻辑回归的优点包括模型简单、计算效率高以及对线性可分问题的适应性。然而，它也有一些局限性，如对于非线性关系的建模能力较弱。在实际应用中，逻辑回归常被用作分类问题的基线模型，并且在特征工程和组合模型的情况下，通常能够表现出良好的性能。

（4）深度学习模型。

①循环神经网络。

循环神经网络（RNN）是一种深度学习模型，专门设计用于处理序列数据，如时间序列或自然语言文本。与传统神经网络不同，RNN的核心思想是引入循环连接，使网络能够保持记忆并考虑先前的输入信息，这使得RNN在处理序列数据时能够更好地捕捉上下文信息和长期依赖关系。

RNN的基本结构包括一个隐藏状态(hidden state)和一个输入。RNN对序列中的每个元素进行逐步处理并且保留先前的信息，在每个时间步，模型接收当前输入和前一个时间步的隐藏状态。

②长短期记忆网络。

RNN在处理长期依赖关系时存在梯度消失或梯度爆炸的问题，导致难以有效学习长序列的依赖性。为了解决这个问题，出现了一些改进型的RNN结构，如长短期记忆网络(long short-term memory，LSTM)和门控循环单元(gated recurrent unit，GRU)，此处介绍LSTM。

LSTM是一种在深度学习领域中被广泛应用于处理序列数据的RNN的变体。LSTM的设计旨在克服传统RNN在长序列上的梯度消失或梯度爆炸问题，使其能够更有效地捕捉和记忆序列中的长期依赖关系。

LSTM引入了一种称为"记忆单元"的结构，该单元具有三个主要的门控结构，包括遗忘门(forget gate)、输入门(input gate)和输出门(output gate)。这些门控制着信息的流动，使LSTM能够选择性地遗忘、写入和读取记忆。这种结构使得LSTM在处理长序列时能够更好地维护和更新内部状态。

具体而言，遗忘门决定了前一时刻的记忆是否要保留，输入门负责确定哪些新的信息要加入到记忆中，而输出门则决定了当前时刻的输出。这种门控制的机制使得LSTM能够在学习中更好地处理序列中的信息流，并更有效地捕捉序列中的长期依赖性。

总体而言，LSTM在自然语言处理、语音识别、时间序列分析等任务中取得了显著的成功，成为处理序列数据的强大工具之一，其优越的性能使其在许多领域中被广泛应用，为深度学习模型在处理序列任务中的表现提供了可靠的解决方案。

③双向循环神经网络。

双向循环神经网络(bidirectional RNN，Bi-RNN)也是一种深度学习模型，属于RNN的一种扩展。与传统的RNN不同，Bi-RNN引入了双向信息流，允许模型同时考虑输入序列的过去和未来信息。

在Bi-RNN中，输入序列被同时输入两个独立的RNN中，一个按时间顺序处理，另一个按时间逆序处理。这使得网络能够在每个时间步上同时捕捉上下文信息，从而更全面地理解序列中的模式和关系。

Bi-RNN的结构允许信息在两个方向上传播，使得模型能够更好地捕捉长期依赖关系和序列中的上下文信息。这对于处理自然语言处理任务、时间序列分析等问题作用显著，因为它能够更全面地考虑语境，提高模型对序列数据的建模能力。

总体来说，Bi-RNN通过引入双向信息流，有效地处理了序列数据中的长期依赖关系，为深度学习在时序数据处理领域的应用提供了一种强大的工具。

④卷积神经网络。

卷积神经网络(CNN)是另一种深度学习模型，主要用于图像处理和模式识别任务。它的设计灵感来源于人类视觉系统，具备有效捕捉空间层级特征的能力。以下是CNN的一些关键概念和组件。

卷积层(convolutional layer)：卷积操作是 CNN 的核心。通过在输入数据上应用卷积核(filtering kernel)，可以检测图像中的局部特征，如边缘、纹理等。卷积操作有助于减少参数数量，提取更高层次的特征。

池化层(pooling layer)：池化用于降采样，减小特征图的空间尺寸，同时保留关键信息。最大池化和平均池化是两种常用的池化操作，用于减少计算量和提高模型的鲁棒性。

激活函数(activation function)：激活函数引入非线性因素，帮助模型学习复杂的非线性关系。常见的激活函数包括 ReLU(rectified linear unit)、Sigmoid 和 Tanh。

全连接层(fully connected layer)：CNN 的最后一层通常是全连接层，将前面层的特征图转换为输出类别的概率分布。全连接层有助于学习全局特征和建立类别之间的关系。

CNN 的架构：CNN 通常采用多层次的卷积层和池化层交替堆叠，以构建深度结构。这些层次逐渐捕捉输入数据的抽象特征，使得模型能够适应更复杂的模式。

权重共享(weight sharing)：通过卷积操作，卷积核在整个输入数据上共享权重，这有助于减少参数数量，提高模型的泛化能力。

数据增强(data augmentation)：为了防止过拟合和增强训练集的多样性，通常采用数据增强技术，包括旋转、翻转、缩放等操作，生成更多样的训练样本。

CNN 在计算机视觉领域取得了显著的成就，成功应用于图像分类、物体检测、语义分割等任务。其强大的特征学习能力使其成为处理复杂图像数据的重要工具。

⑤注意力机制。

注意力机制(attention mechanism)是深度学习领域中一种强大的技术，其灵感来源于人类视觉系统和认知过程。这一机制被广泛用于提高神经网络模型在处理序列数据时的性能。

在注意力机制中，模型被赋予了选择性地关注输入序列中不同部分的能力，而不是简单地对整个序列进行固定权重的处理。这种灵活性使模型能够更好地捕捉输入序列中与任务相关的信息。在自然语言处理任务中，如机器翻译，注意力机制能够使模型更专注于源语言句子中与当前正在翻译的部分相关的单词，从而提高翻译的质量。

注意力机制的核心思想是通过学习权重来动态地分配注意力，使模型能够在不同时间步上关注不同的输入信息。这通常通过计算一个权重分布，然后将这个分布应用于输入序列的加权求和操作来实现。具体而言，注意力机制通过计算每个输入位置的权重，将这些权重与输入的相应部分相乘，然后将结果相加，形成最终的上下文表示。

总体而言，注意力机制提供了一种更加灵活和精确的建模方式，能够使神经网络更好地处理复杂的输入数据，特别是在涉及长序列或需要关注特定部分信息的任务中表现出色。

以上模型可以根据具体的应用场景和数据特点进行选择与调整，深度学习模型在大规模数据集上通常表现较好，但在小规模数据集上可能需要更多的调整和注意。可以根据具体的任务需求和数据特点选择合适的垃圾文本检测模型。在实际应用中，也可以尝试不同模型并进行比较，选择表现最好的模型。

3)混合方法

垃圾文本检测是一个复杂的任务，传统的规则方法、机器学习和深度学习等技术各有优势与局限。为了提高检测性能，研究者们开始探索混合方法(hybrid approach)，即将不同的技术和模型有机地结合起来，以期望在综合效果上取得更好的结果。以下是垃圾文本检测中常见的混合方法。

(1)规则与机器学习结合。

将基于规则的方法和机器学习方法结合,形成一套综合的垃圾文本检测系统。例如,通过使用一系列预定义的规则处理一些明显的模式和规律,而对于更为复杂和难以规则化的情况,引入机器学习模型来学习数据的潜在模式。

(2)特征融合。

利用来自不同特征提取方法的特征进行融合,以提高分类器的性能。这可以包括传统的基于统计特征的方法、基于词袋模型的方法,以及基于深度学习的词嵌入等。

(3)集成学习。

使用集成学习方法,如随机森林、梯度提升树或投票法,将多个不同模型的预测结果结合起来,以获得更稳健和准确的分类器。

(4)深度学习与传统方法融合。

将深度学习模型与传统的机器学习或规则方法相结合。深度学习模型能够从大量数据中学到复杂的特征表示,而传统方法则可以处理规则性强或标注数据较少的情况。

(5)知识图谱与文本嵌入融合。

利用知识图谱的信息和文本嵌入相结合,以提高对文本语义的理解和垃圾文本检测的准确性。

(6)动态调整模型权重。

根据实时性能动态调整不同模型或方法的权重,以适应文本垃圾的变化。

5. 垃圾文本检测的简单样例

本小节将在一个简单的小规模数据集上进行完整的垃圾文本检测的一系列操作,展示代码,并介绍调优和优化。

1)数据集

在此次样例实验中,使用的数据集包含内容如图 4-4 所示。

| 名称 | 类型 | 大小 |
| --- | --- | --- |
| hit_stopwords | 文本文档 | 6 KB |
| test | 文本文档 | 14,374 KB |
| train | 文本文档 | 42,670 KB |

图 4-4 数据集下的所有文件展示

hit_stopwords.txt 是一个停用词表文件,可供读者直接使用,读者也可以根据自己的需求选择其他已有的停用词表文件或自建停用词表。train.txt 是用作训练集的文本文件,共××行,每一行的格式为"标签\t 文本"。正样本标签为 1,表示垃圾文本;负样本标签为 0,表示正常文本。test.txt 是用作测试集的文本文件,共 200000 行。

train.txt 中的样例垃圾文本和解释说明如表 4-2 所示。

表 4-2  train.txt 中的样例垃圾文本和解释说明

| 对象文本 | 检测结果 | 说明 |
|---|---|---|
| 亲爱的顾客朋友，观音桥步行街新世纪百货世纪新都雅培奶粉×.×折优惠！活动时间×月×号至×月×号！菁智不参加活动，成人奶粉八折优惠！ | 是 | 文本中包含了一些关于商品折扣的信息，这在垃圾文本中是常见的手段，因为垃圾邮件通常尝试通过提供虚假的或引人注意的优惠来引起接收者的兴趣 |
| 芸望美颜美体养生会所"三八节"感恩回馈卡，面部半年卡：×××元××次（原价××元××次），送×次身体护理（原价××元××次） | 是 | 文中提到的"原价××元×次"等短语，可能是广告或推销常用的用语，而这些用语可能被用于生成垃圾文本 |
| 临湖的湖景房，南北通透的户型，可以定制精装修。我的微信号码是×××××××××，您月底过来，就直接和我电话联系。我们项目地址是×××××××××× | 是 | 文本中包含明确的微信号码和地址，这种直接呈联系方式的文本常常被认为是广告、推销或垃圾信息 |
| 你好！百元购机你来了吗？只需×××元就可购一部联想×G手机，另送最高×××元话费，请接到短信的客户速到×××营业厅。送完为止！ | 是 | 文本中提到了价格"×××元"，这是典型的促销或广告信息，还使用了诸如"请接到短信的客户速到×××营业厅"的表达，试图营造紧急感，这也是垃圾短信常用的手段，目的是促使接收者迅速采取行动 |

2) 读取数据

读取数据文本并对数据格式做初步处理，去除数据集中文本内容为空的文本项，然后将每一条文本和其对应的标签分别提取收集到两个列表 **text** 和 **tag** 中。

```
1.  # 读取数据并划分标签和文本
2.  def divide_dataset(filename, lines=1000):
3.      with open(filename, 'r', encoding='utf-8') as f:
4.          text_data = f.readlines()
5.  
6.      # 选择前 lines 行的数据
7.      subset = text_data[:lines]
8.      # 分离每一行的标签和文本
9.      dataset = [s.strip().split('\t') for s in subset]
10. 
11.     # 去除空文本项
12.     dataset = [data for data in dataset if len(data) == 2 and data[1].strip()]
13. 
14.     tag = [data[0] for data in dataset]
15.     text = [data[1] for data in dataset]
16. 
17.     return tag, text
```

3) 文本预处理

根据第 2 小节中的介绍对文本数据进行预处理。

```
1.  # 文本清洗
2.  def clean_text(dataset):
3.      cleaned_text = []
4.      for text in tqdm(dataset, desc='Cleaning text'):
5.          # 仅保留中文字符、字母和数字
6.          clean = re.sub(r'[^\u4e00-\u9fa5a-zA-Z0-9\s]', '', text)
7.          # 处理缺失值和异常值
```

```
8.          cleaned_text.append(clean.strip())
9.      return cleaned_text
10.
11. # 文本标记化和停用词处理
12. def tokenize_and_remove_stopwords(dataset):
13.     stopwords_file = 'Code-for-LZASD-master-main/data_chinesetext/hit_stopwords.txt'
14.     with open(stopwords_file, 'r', encoding='utf-8') as file:
15.         stopwords = {line.strip() for line in file}
16.
17.     tokenized_text = []
18.     for text in tqdm(dataset, desc='Tokenizing and removing stopwords'):
19.         # 使用 jieba 进行分词
20.         words = jieba.lcut(text)
21.         # 移除停用词
22.         filtered_words = [word for word in words if word not in stopwords]
23.         tokenized_text.append(filtered_words)
24.
25.     return tokenized_text
```

4) 特征提取

采用第 3 小节中介绍的 Word2Vec 模型对处理后的文本数据进行特征提取。

```
1.  # 特征提取
2.  def generate_text_vectors(tokenized_text):
3.      model = Word2Vec(sentences=tokenized_text, vector_size=100, window=5, min_count=1, sg=0)
4.      word_vectors = model.wv
5.
6.      text_vectors = []
7.      for tokens in tqdm(tokenized_text, desc='Generating text vectors'):
8.          # 转换为词向量表示
9.          vectors = [word_vectors[word] for word in tokens if word in word_vectors]
10.         if vectors:
11.             # 取平均值
12.             text_vectors.append(np.mean(vectors, axis=0))
13.         else:
14.             # 如果没有词向量则用 0 向量代替
15.             text_vectors.append(np.zeros(100))
16.
17.     return text_vectors
```

5) 垃圾文本分类

本次样例实验采用支持向量机完成对垃圾文本的分类。

```
1.  # 垃圾文本分类
2.  def spam_classification(train_tags, train_word_vectors, test_tags, test_word_vectors):
3.      # 使用支持向量机分类器
4.      svm_classifier = SVC(kernel='linear')
5.      # 拟合 SVM 模型
6.      svm_classifier.fit(np.array(train_word_vectors), np.array(train_tags))
```

```
7.
8.    # 在测试集上进行预测并显示进度条
9.    predictions = []
10.   for vector in tqdm(test_word_vectors, desc='Classifying', leave=False):
11.       prediction = svm_classifier.predict([vector])
12.       predictions.append(prediction[0])
```

6) 模型评估

分类问题的主要指标有如下四种。

(1) 准确度。

准确度是指分类正确的样本数占总样本数的比例。准确度的计算公式如下：

$$\text{准确度} = \frac{\text{预测正确的样本数}}{\text{样本总数}} \tag{4-8}$$

(2) 精准度。

精准度是指正确预测为正类别的样本数占所有预测为正类别的样本数的比例。精准度的计算公式如下：

$$\text{精准度} = \frac{\text{正确预测为正类别的样本数}}{\text{所有预测为正类别的样本数}} \tag{4-9}$$

(3) 召回率。

召回率是指正确预测为正类别的样本数占真正为正类别的样本数的比例。召回率的计算公式如下：

$$\text{召回率} = \frac{\text{正确预测为正类别的样本数}}{\text{真正为正类别的样本数}} \tag{4-10}$$

(4) F1 分数。

F1 分数是指精准度和召回率的调和平均值，适用于不平衡类别分布的情况。F1 分数的计算公式如下：

$$F1 = 2 \times \frac{\text{精准度} \times \text{召回率}}{\text{精准度} + \text{召回率}} \tag{4-11}$$

进行模型评估的示例代码如下。

```
1.    def evaluation(test_tags, predictions):
2.        # 输出混淆矩阵和分类报告
3.        cm = confusion_matrix(np.array(test_tags), np.array(predictions))
4.        print("混淆矩阵:")
5.        print(cm)
6.
7.        report = classification_report(np.array(test_tags), np.array(predictions))
8.        print("分类报告:")
9.        print(report)
```

confusion_matrix()函数是许多机器学习库中用于计算混淆矩阵的函数之一。在这里，test_tags 是实际的类别标签，predictions 是模型预测的类别标签。混淆矩阵是用于评估分类模型性能的一种表格，通常用于比较模型对数据集的实际类别和预测类别之间的关系。混淆矩阵的每一行代表实际类别，每一列代表预测类别。在二分类问题中，混淆矩阵如表 4-3 所示。

表 4-3 二分类问题中混淆矩阵的形式表达

| 类别 | 实际正例 | 实际负例 |
| --- | --- | --- |
| 预测正例 | TP(真正例) | FP(假正例) |
| 预测负例 | FN(假负例) | TN(真负例) |

classification_report()函数是 scikit-learn 库中用于生成分类模型性能报告的函数。它接收实际标签和预测标签作为输入，并生成包括准确度、精准度、召回率、F1 分数等在内的多个性能指标报告。

采用支持向量机模型进行垃圾文本分类的结果如下。

```
1. 混淆矩阵:
2. [[158973 21201]
3.  [ 13008  6818]]
```

矩阵的行代表实际类别，列代表预测类别。

第一行(行索引为 0)表示实际类别为 0 的样本，其中有 158973 个样本被正确地预测为类别 0，21201 个样本被错误地预测为类别 1。第二行(行索引为 1)表示实际类别为 1 的样本，其中有 13008 个样本被错误地预测为类别 0，6818 个样本被正确地预测为类别 1。

```
1. 分类报告:
2.            precision  recall  f1-score  support
3.
4.        0      0.92     0.88     0.90    180174
5.        1      0.24     0.34     0.29     19826
6.
7. accuracy                         0.83    200000
8. macro avg     0.58     0.61     0.59    200000
9. weighted avg  0.86     0.83     0.84    200000
```

precision(精准度)：对于类别 0，精准度是 0.92；对于类别 1，精准度是 0.24。
recall(召回率)：对于类别 0，召回率是 0.88；对于类别 1，召回率是 0.34。
f1-score(F1 分数)：对于类别 0，F1 分数是 0.90；对于类别 1，F1 分数是 0.29。
support 是每个类别的实际样本数量。类别 0 有 180174 个样本，类别 1 有 19826 个样本。
accuracy(准确度)为 0.83。

macro avg 和 weighted avg 分别是所有类别指标的宏平均和加权平均。macro avg 平均了每个类别的指标，weighted avg 考虑了每个类别的样本数量。在这里，由于类别 0 的样本数量远远多于类别 1，因此 weighted avg 受到类别 0 的影响较大，而 macro avg 对所有类别平等看待。

综合来看，模型在类别 0 上表现较好，而在类别 1 上的表现相对较弱，这可能是由类别不平衡导致的。

7) 调优和优化

在进行模型的调优和优化时，通常需要考虑以下几个方面。

(1) 特征工程。

考虑使用更复杂的特征提取方法，如词袋模型、TF-IDF 模型等。还可以尝试使用其他的词向量模型，如 GloVe 或 FastText，以获取更丰富的语义信息。由于本小节只是简单的样例实验，因此这部分内容不做具体展开，欢迎读者自行进行进一步的探索。

(2) 样本平衡。

对于类别不平衡的情况，可以尝试过采样或欠采样来平衡样本分布，使得模型更好地学习少数类别的特征。下面将展示如何使用 imbalanced-learn 库中的 RandomOverSampler 来进行过采样，这将增加少数类别的样本，以平衡类别。改进后的代码部分如下。

```
1.  def spam_classification(train_tags, train_word_vectors, test_ags, test_word_vectors):
2.      # 使用 RandomOverSampler 进行过采样
3.      oversampler = RandomOverSampler(sampling_strategy=0.5, random_state=42)
4.      X_resampled, y_resampled = oversampler.fit_resample(train_word_vectors, train_tags)
5.
6.      # 使用支持向量机分类器
7.      svm_classifier = SVC(kernel='linear')
8.      # 拟合 SVM 模型
9.      svm_classifier.fit(X_resampled, y_resampled)
10.
11.     #...(之前的代码)
```

RandomOverSampler 是一项用于平衡不同类别样本数量的技术，其核心思想是通过合成样本来增加少数类别的样本数量。在使用 RandomOverSampler 时，需要考虑如下两个关键参数。

sampling_strategy（采样策略）：该参数控制生成的合成样本数量。它可以是一个具体的数字，表示生成的合成样本数目；也可以是一个比例，表示生成的合成样本数与原始样本数的比例。例如，设置 sampling_strategy=0.5 表示生成的合成样本数是原始样本数的 50%。

random_state（随机状态）：该参数控制生成合成样本的随机性。通过设置相同的 random_state，可以确保每次运行 RandomOverSampler 时生成相同的合成样本，从而提高实验的可复现性。

改进后的分类性能如下。

```
1.  混淆矩阵:
2.  [[139919  40255]
3.   [   948  18878]]
4.  分类报告:
5.               precision    recall  f1-score   support
6.
7.            0      0.99      0.78      0.87    180174
8.            1      0.32      0.95      0.48     19826
9.
10.   accuracy                            0.79    200000
11.  macro avg      0.66      0.86      0.67    200000
12. weighted avg    0.93      0.79      0.83    200000
```

与改进前的分类性能做对比。

在调优后,模型的召回率有所提高,从调优前的 0.34 上升到 0.95,这意味着模型更好地捕捉到了真正的垃圾文本。通过调优,垃圾文本的精准度得到了提高,从调优前的 0.24 上升到了调优后的 0.32。在混淆矩阵中,可以看到更多的真正例,这表明模型在识别垃圾文本方面取得了更好的性能。

然而,在调优后,观察到模型在负类别(0,正常文本)方面的召回率有所下降,说明模型在识别正常文本方面能力的减弱,相比于调优前更容易在正常文本的分类上出现误判,从而导致了模型整体准确度的下降。

(3)调整模型参数。

对支持向量机(SVM)等模型的超参数进行调优,可以使用交叉验证和网格搜索等方法来选择最佳的参数组合,以提高模型性能。在这里,将展示如何使用 scikit-learn 库中的 GridSearchCV 来进行交叉验证和网格搜索,以寻找最佳的 SVM 参数组合。改进后的代码部分如下。

```
1.  # 垃圾文本分类
2.  def spam_classification(train_tags, train_word_vectors, test_tags, test_word_vectors):
3.      # 定义参数网格
4.      param_grid = {
5.          'kernel': ['linear', 'rbf'],      # 选择核函数
6.          'C': [0.1, 0.5, 1, 5, 10],        # 正则化参数
7.      }
8.      # 创建 GridSearchCV 对象
9.      grid_search = GridSearchCV(svm_classifier, param_grid, cv=5, scoring='recall', verbose=2, n_jobs=-1)
10.     # 在过采样后的训练数据上进行网格搜索
11.     grid_search.fit(train_word_vectors, train_tags)
12.     # 输出最佳参数
13.     print("最佳参数组合:", grid_search.best_params_)
14.
15.     # 在测试集上进行预测并显示进度条
16.     predictions = []
17.     for vector in tqdm(test_word_vectors, desc='Classifying', leave=False):
18.         prediction = grid_search.predict([vector])
19.         predictions.append(prediction[0])
20.
21.     # 输出混淆矩阵和分类报告
22.     cm = confusion_matrix(np.array(test_tags), np.array(predictions))
23.     print("混淆矩阵:")
24.     print(cm)
25.
26.     report = classification_report(np.array(test_tags), np.array(predictions))
27.     print("分类报告:")
28.     print(report)
```

在 scikit-learn 中,GridSearchCV 是用于系统地搜索多个参数组合的交叉验证方法。它通

过在指定的参数空间中执行交叉验证来评估所有可能的参数组合，并选择性能最佳的参数。以下是 GridSearchCV 中常用的主要参数及其解释。

estimator：估算器对象，是要调整参数的机器学习模型。

param_grid：一个字典或列表，表示要搜索的参数空间。字典的键是模型参数的名称，值是要搜索的参数值的列表。列表的每个元素是一个包含参数值的字典。

scoring：用于评估每个参数设置的性能度量，可以是一个字符串（如"accuracy"），也可以是一个可调用的评分函数。

cv：交叉验证折数，表示将数据集拆分为多少个部分来进行交叉验证。

n_jobs：并行运行的作业数。-1 表示使用所有可用的处理器。

verbose：控制详细程度的整数。0 表示不输出日志，大于 1 表示详细日志。

return_train_score：如果为 True（默认值），则还会返回每个训练集的得分。

refit：如果为 True，则使用找到的最佳参数重新拟合整个训练集。

在调用 fit 方法后，GridSearchCV 将执行交叉验证并返回一个包含有关搜索的详细信息的结果对象，包括最佳参数组合和最佳性能度量。

改进后的分类性能如下。

```
1.   最佳参数组合: {'C': 0.1, 'kernel': 'linear'}
2.   混淆矩阵:
3.   [[147853  32321]
4.    [   377  19449]]
5.   分类报告:
6.             precision    recall  f1-score   support
7.
8.          0       1.00      0.82      0.90    180174
9.          1       0.38      0.98      0.54     19826
10.
11.   accuracy                           0.84    200000
12.   macro avg       0.69      0.90      0.72    200000
13.   weighted avg    0.94      0.84      0.87    200000
```

与改进前的分类性能做对比。

①准确度提升：改进后的模型准确度提高到了 0.84，相较于改进前略有提升。

②精准度提高：在垃圾文本的分类中，精准度提高到了 0.38，说明在模型预测为垃圾文本时，更多的样本真正是垃圾文本。

③召回率显著提高：最显著的改进之一是召回率的提高，从 0.34 提高到了 0.98，表示改进后的模型更好地捕捉到了实际为垃圾文本的样本。

④F1 分数提升：综合考虑精准度和召回率，F1 分数从 0.29 提高到了 0.54，表明在改进后的模型中更好地平衡了精准度和召回率。

总体而言，改进后的模型在垃圾文本分类任务中表现更为出色，具有更高的准确度、精准度和召回率，更全面地满足了分类任务的要求。

## 4.2 基于字符相似性网络的垃圾文本检测优化技术

本节以中文的对抗垃圾文本检测为例,在字符相似性网络的构建中,结合字形和字音的相似性,旨在处理文本中出现的以前未见过的汉字。当系统面临未知汉字时,假设这些字符是恶意用户采取逃避垃圾文本检测技术的对抗行为的结果。通过字符相似性网络,我们试图将这些未知汉字转换为其原始、正确的形式,以提高它们与同一类别的文本向量的相似性。这一策略的目标是在文本检测和分类任务中取得更准确的结果,通过识别和纠正汉字的变体,从而增强系统对文本的理解和处理能力。

### 4.2.1 字形相似性

汉字字形可以用三个要素描述:汉字结构、汉字形状和汉字笔画数。

1. 汉字结构

汉字结构可分为 7 个类别。
(1)上下结构:常见的有思、歪、冒、安、全……
(2)上中下结构:常见的有草、暴、意、竟、竞……
(3)左右结构:常见的有好、棚、和、蜂、滩、往、明……
(4)左中右结构:常见的有谢、树、倒、搬、撇、鞭、辩……
(5)全包围结构:常见的有围、囚、困、回、因、国、固……
(6)半包围结构:常见的有包、区、闪、这、句、函、风……
(7)其他结构:常见的有噩、兆、非、品、森、焱、晶……

2. 汉字形状

一个汉字的形状可以用四角编码来描述。四角编码是一种用于描述汉字形状和笔画的编码系统,它将汉字的形态按照笔画的先后顺序划分为若干部首,并为每个部首分配一个特定的四角编号,用最多 5 个阿拉伯数字来对汉字进行归类。这种编码系统有助于汉字的检字、输入和检索。

以汉字"辉"为例,它的 5 位四角编码可能表示为"97256"(具体编码规则可能因系统或标准的不同而相异),具体含义如图 4-5 所示。

图 4-5 "辉"字的四角编码示意图

第 1 位：左上角的笔画形状编号。
第 2 位：右上角的笔画形状编号。
第 3 位：左下角的笔画形状编号。
第 4 位：右下角的笔画形状编号。
第 5 位：附角的笔画形状编号。

3. 汉字笔画数

由于汉字笔画数在字形编码中只占一位，但存在大量笔画数大于 9 的汉字，因此在进行汉字笔画数的编码时需要使用 Python 中的字典数据结构来进行笔画数和编码之间的映射。

```
self.strokes_dict = {'1':'1', '2':'2', '3':'3', '4':'4', '5':'5', '6':'6', '7':'7', '8':'8', '9':'9', '10':'A',
    '11':'B', '12':'C', '13':'D', '14':'E', '15':'F', '16':'G', '17':'H', '18':'I', '19':'J', '20':'K',
    '21':'L', '22':'M', '23':'N', '24':'O', '25':'P', '26':'Q', '27':'R', '28':'S', '29':'T', '30':'U',
    '31':'V', '32':'W', '33':'X', '34':'Y', '35':'Z', '36':'a', '37':'b', '38':'c', '39':'d', '40':'e',
    '41':'f', '42':'g', '43':'h', '44':'i', '45':'j', '46':'k', '47':'l', '48':'m', '49':'n', '50':'o',
    '51':'p'}
```

4. 基于字形编码的字形相似性

字形编码由结构分类、四角编码和笔画数分类组成，共 7 位。定义汉字 $c_i$ 和汉字 $c_j$ 的字形相似性 $\text{sim}_g(c_i, c_j) \in [0,1]$：

$$\text{sim}_g(c_i, c_j) = 0.3\nabla g_1 + 0.6\frac{\sum_{k=2}^{6}\nabla g_k}{5} + 0.1\nabla g_7 \tag{4-12}$$

$$\nabla g_k = \begin{cases} 1, & g_k(c_i) = g_k(c_j) \\ 0, & \text{其他} \end{cases}$$

其中，$\nabla g_1$ 是根据汉字的基本结构进行编码的；$\sum_{k=2}^{6}\nabla g_k$ 是汉字的四角编码；$\nabla g_7$ 是汉字的笔画数。

在式 (4-12) 中，系数 0.3、0.6、0.1 是结合主观经验和模型效果后确定的，字形最为重要，其次是结构，最后是笔画。

以下是一个计算两个汉字字形相似性的示例代码。

```python
# 计算字形相似性的函数
def computeShapeCodeSimilarity(shapeCode1, shapeCode2):
    # 特征大小(字形编码的长度)
    featureSize=len(shapeCode1)
    # 特征权重
    weights=[0.15,0.15,0.15,0.15,0.15,0.15,0.1]
    multiplier=[]
    # 计算字形编码的相似性
    for i in range(featureSize):
        if shapeCode1[i]==shapeCode2[i]:
```

```
11.          multiplier.append(1)
12.      else:
13.          multiplier.append(0)
14.  shapeSimilarity=0
15.  # 计算字形编码的相似性
16.  for i in range(featureSize):
17.      shapeSimilarity += weights[i]*multiplier[i]
18.  return shapeSimilarity
```

computeShapeCodeSimilarity 函数用于计算两个字形编码的相似性。在该函数中，假设字形编码是一个字符串列表，其长度为 featureSize。函数的目标是计算两个字形编码的相似性，以了解它们在字形方面的相似程度。函数的主要步骤如下。

(1) 设置一个特征权重 weights，用于对不同特征的相似性给予不同的重要性。

(2) 遍历字形编码中的每个特征，对于前 featureSize −1 个特征：

如果两个字形编码的对应特征相同，就将其相似性乘以 1；

如果特征不同，就将其相似性乘以 0。

(3) 根据特征的权重和相似性计算字形编码的总相似度 shapeSimilarity。

## 4.2.2 字音相似性

**1. 汉字字音四要素**

汉字字音可以直接用四个要素概括：声母、韵母、补码以及声调。

声母：b、p、m、f、d、t、n、l、g、k、h、j、q、x、zh、ch、sh、r、z、c、s、y、w。

韵母：a、o、e、i、u、ü、ai、ei、ui、ao、ou、iu、ie、üe、er、an、en、in、un、ün、ang、eng、ing、ong。

补码：通常用于声母和韵母之间还有一个辅音的情况，如 guang。

声调：阴平声、阳平声、上声、去声。

**2. 基于字音编码的字音相似性**

字音编码直接采用声母、韵母、补码以及声调的分类组合作为 4 位编码。定义基于字音编码的字音相似性 $\text{sim}_p(c_i, c_j) \in [0,1]$：

$$\text{sim}_p(c_i, c_j) = 0.4\nabla p_1 + 0.4\nabla p_2 + 0.1\nabla p_3 + 0.1\nabla p_4 \tag{4-13}$$

$$\nabla p_k = \begin{cases} 1, & p_k(c_i) = p_k(c_j) \\ 0, & \text{其他} \end{cases}$$

其中，$\nabla p_k$ 是根据汉字的拼写进行编码的，包括声母、韵母、补码和声调。

在式(4-13)中，最重要的是声母和韵母，补码以及声调都是次要的。

以下是一个计算两个汉字字音相似性的示例代码。

```
1.  # 计算字音相似性的函数
2.  def computeSoundCodeSimilarity(soundCode1, soundCode2):
3.      # 特征大小(声音编码的长度)
```

```
4.    featureSize=len(soundCode1)
5.    # 特征权重
6.    weights=[0.4,0.4,0.1,0.1]
7.    multiplier=[]
8.    # 计算每个特征的相似性
9.    for i in range(featureSize):
10.       if soundCode1[i]==soundCode2[i]:
11.           multiplier.append(1)
12.       else:
13.           multiplier.append(0)
14.   soundSimilarity=0
15.   # 计算声音编码的相似性
16.   for i in range(featureSize):
17.       soundSimilarity += weights[i]*multiplier[i]
18.   return soundSimilarity
```

computeSoundCodeSimilarity 函数是用于计算字音相似性的函数。该函数通过比较两个声音编码的相应特征，然后根据特征的相似性和预先定义的权重来计算它们之间的相似度。函数的主要步骤如下。

(1) 接收两个字音编码 soundCode1 和 soundCode2 作为输入函数。

(2) 确定字音编码的特征大小（即编码长度），并初始化特征权重列表 weights。

(3) 对于每个特征，比较 soundCode1 和 soundCode2 中对应位置的元素，如果相同，则将相似度乘数置为 1，否则置为 0，存储在 multiplier 列表中。

(4) 使用特征权重 weights 和相似度乘数 multiplier 计算每个特征的加权相似度。

(5) 将每个特征的加权相似度相加，得到字音编码的总相似度 soundSimilarity。

### 4.2.3 字符相似性网络

基于字形相似性和字音相似性构建汉字相似度公式，计算两个汉字之间的相似度，类比用户对变体汉字的联想过程。提前计算汉字库中所有汉字两两之间的相似度，一旦有新的对抗垃圾文本出现，模型也能根据字形和字音构建的相似度信息对汉字进行"联想"，从而识别其语义。图 4-6 展示了具有相似字形和字音的字符示例。

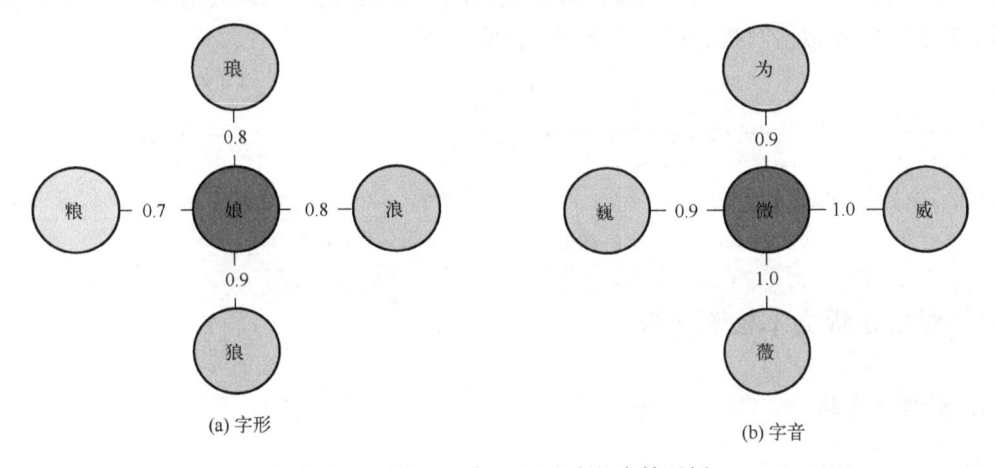

(a) 字形     (b) 字音

图 4-6 具有相似字形和字音的字符示例

定义两个汉字 $c_i$ 和 $c_j$ 的相似性如下：

$$\text{sim}(c_i,c_j) = \max(\text{sim}_g(c_i,c_j),\text{sim}_p(c_i,c_j)) \tag{4-14}$$

在式(4-14)中，$\text{sim}(c_i,c_j)$ 表示汉字 $c_i$ 和 $c_j$ 的总体相似性；$\text{sim}_g(c_i,c_j)$ 表示汉字 $c_i$ 和 $c_j$ 的字形相似性；$\text{sim}_p(c_i,c_j)$ 表示汉字 $c_i$ 和 $c_j$ 的字音相似性。

以下是一个计算字符相似性的示例代码。

```
1.  # 计算字符相似性的函数
2.  def computeSSCSimilarity(ssc1, ssc2):
3.      # 组合字音和字形的相似性，根据权重计算
4.      shapeSimi=computeShapeCodeSimilarity(ssc1[4:], ssc2[4:])
5.      soundSimi=computeSoundCodeSimilarity(ssc1[:4], ssc2[:4])
6.      return max(soundSimi, shapeSimi)
```

在处理字形相似性和字音相似性时，选择 max 聚合，而不是平均聚合或加权聚合。这是因为在实际应用中，大部分变体都只简单地考虑字形或字音的其中一个角度，并不会采取两者的结合。换句话说，变体不需要在字形和字音上都与正确的字符完全相似，只要在两者中的任一方面相似即可。这种方法的优势在于它更符合实际应用场景中用户对于字符相似性的认知。通过侧重于字形或字音中的一种相似性，能够更有效地处理变形字符，提高模型对于垃圾邮件或变形文本的识别能力，进而提升系统的鲁棒性和性能。

## 4.3 基于字符相似性网络的对抗垃圾文本检测模型实践示范

垃圾文本检测的任务，是预测用户发送的消息是否是垃圾文本。设 $S$ 表示用于训练基于字符相似性网络的对抗垃圾文本检测(adversarial spam detector with character similarity network，ASD-CSN)模型的语料库，其中包含 $|S|$ 条消息。设用户发送的消息表示为 $s = "s_1 s_2 \cdots s_n"$，消息 $s$ 第 $i$ 个位置的字表示为 $s_i$。对于消息 $s$，ASD-CSN 模型预测其为垃圾消息的概率为 $p_s$。首先，基于字符相似性网络和 Word2Vec 模型的字嵌入模型生成消息中字 $s_i$ 的字嵌入向量。然后，通过自注意力层利用字嵌入向量构造句特征向量。最后，将句特征向量输入如逻辑回归和梯度提升决策树等分类器，得到该条消息为垃圾消息的概率 $p_s$。图 4-7 展示了基于字符相似性网络的对抗垃圾文本检测流程。

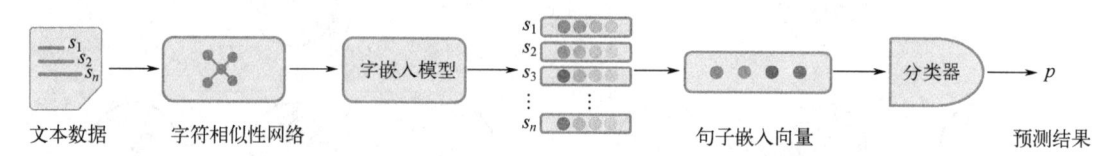

图 4-7　基于字符相似性网络的对抗垃圾文本检测流程

### 4.3.1 对抗垃圾文本检测算法

1. 数据集介绍

本小节所用的实验数据是来自 Github 所采取到的对抗垃圾文本(adversarial spam text，

AST），文本数据总量为 16008 条。具体而言，正常文本数据有 5000 条(行)，垃圾文本数据有 11008 条。该数据集主要涉及字形和字音相似变体的垃圾文本检测，其中正样本标签为 1，表示垃圾文本；负样本标签为 0，表示正常文本。

为了清晰起见，表 4-4 展示了该数据集中的垃圾文本样例。

表 4-4  对抗垃圾文本数据集中的垃圾文本样例

| 对象文本 | 检测结果 | 说明 |
| --- | --- | --- |
| 你好，薪屏抬→冲 100 宋 100、500 宋 200、1 仟宋 300，一氺，一次性仮×××××微：×××× | 是 | 文本通过字音相似性变体，隐性传递广告或推销信息，这在垃圾文本中是常见的手段，通过提供虚假的或引人注意的优惠来引起接收者的兴趣 |
| 【开沅集團】埔漁，牛鈕，上百萬遊戲，綁定手機，自動領采：18-758 詳情××××× | 是 | 文本中不仅通过字形相似性变体，还提到"上百萬遊戲"等短语，这属于广告或推销常用的用语，而这些用语可能被用于生成垃圾文本 |
| 壹天 3 小时每日 5 位数以上，再家手机操作，不上班，輕鬆月入過万，??：××××× | 是 | 文本中包含明确的号码信息和引诱性推销用语，这种直接呈现联系方式的文本常常被认为是广告、推销或垃圾信息 |
| 【来电提醒】你好，朋友，伱出 5oo，我带你挣 3000，没挣全赔你 +我扣扣：××××× | 是 | 文本中通过字音相似性变体，同时提及了"出 5oo, 挣 3000"等敏感性用语，这是典型的促销或广告信息，还使用了联系方式的表达，促使接收者迅速采取行动 |

**2. 字形编码和字音编码**

根据 4.2 节中对字形编码和字音编码的定义，用 Python 实现对汉字的编码。该方法被封装在 ChineseCharacterCoder 类中，下面介绍该类中包含的函数。

```
1.    def __init__(self):
2.        # 初始化字典
3.        self.structure_dict = {}
4.        self.strokes_dict = {'1':'1', '2':'2', '3':'3', '4':'4', '5':'5', '6':'6', '7':'7', '8':'8', '9':'9', '10':'A',
5.            '11':'B', '12':'C', '13':'D', '14':'E', '15':'F', '16':'G', '17':'H', '18':'I', '19':'J', '20':'K',
6.            '21':'L', '22':'M', '23':'N', '24':'O', '25':'P', '26':'Q', '27':'R', '28':'S', '29':'T', '30':'U',
7.            '31':'V', '32':'W', '33':'X', '34':'Y', '35':'Z', '36':'a', '37':'b', '38':'c', '39':'d', '40':'e',
8.            '41':'f', '42':'g', '43':'h', '44':'i', '45':'j', '46':'k', '47':'l', '48':'m', '49':'n', '50':'o',
9.            '51':'p'}
10.
11.       # 加载汉字结构对照文件
12.       with open('第 4 章/高阶示例/数据集/hanzijiegou_2w.txt', 'r', encoding='utf-8') as file:
13.           for line in file:
14.               parts = line.strip().split('\t')
15.               if len(parts) == 2:
16.                   structure, chinese_character = parts
17.                   self.structure_dict[chinese_character] = structure
18.
19.       # 加载汉字笔画对照文件，参考同级目录下的 chinese_unicode_table.txt 文件格式
20.       self.chinese_char_map = {}
21.       with open('第 4 章/高阶示例/数据集/chinese_unicode_table.txt', 'r', encoding='UTF-8') as f:
22.           lines = f.readlines()
23.           for line in lines[6:]: # 前 6 行是表头，去掉
24.               line_info = line.strip().split()
25.               # 处理后的数组第一个是文字，第 7 个是笔画数量
26.               self.chinese_char_map[line_info[0]] = self.strokes_dict[line_info[6]]
```

这段代码是一个类的初始方法，主要用于创建一个实例时进行初始化操作。self.structure_dict 是一个字典，用于存储汉字对应的结构信息。self.strokes_dict 也是一个字典，用于存储笔画数的映射关系(因为有些汉字的笔画数是一个两位数，需要将其映射成一位字符)。通过打开文件"第 4 章/高阶示例/数据集/hanzijiegou_2w.txt"，将汉字和对应的结构信息加载到 self.structure_dict 中，再通过打开文件"第 4 章/高阶示例/数据集/chinese_unicode_table.txt"，将汉字和对应的笔画数加载到 self.strokes_dict 中。

```
1.    def split_pinyin(self, chinese_character):
2.        # 将汉字转换为拼音(带声调)
3.        pinyin_result = pinyin(chinese_character, style=Style.TONE3, heteronym=True)
4.
5.        # 多音字的话，选择第一个拼音
6.        if pinyin_result:
7.            py = pinyin_result[0][0]
8.
9.        initials = ""        # 声母
10.       finals = ""          # 韵母
11.       codas = ""           # 补码
12.       tone = ""            # 声调
13.
14.       # 声母列表
15.       initials_list = ["b", "p", "m", "f", "d", "t", "n", "l", "g", "k", "h", "j", "q", "x", "zh", "ch", "sh", "r", "z", "c", "s", "y", "w"]
16.
17.       # 韵母列表
18.       finals_list = ["a", "o", "e", "i", "u", "ü", "ai", "ei", "ui", "ao", "ou", "iu", "ie", "üe", "er", "an", "en", "in", "un", "ün", "ang", "eng", "ing", "ong"]
19.
20.       # 获取声调
21.       if py[-1].isdigit():
22.           tone = py[-1]
23.           py = py[:-1]
24.
25.       # 获取声母
26.       for initial in initials_list:
27.           if py.startswith(initial):
28.               initials = initial
29.               py = py[len(initial):]
30.               break
31.
32.       # 获取韵母
33.       for final in finals_list:
34.           if py.endswith(final):
35.               finals = final
36.               py = py[:-len(final)]
```

| | |
|---|---|
| 37. | **break** |
| 38. | |
| 39. | # 获取补码 |
| 40. | codas = py |
| 41. | |
| 42. | **return** initials, finals, codas, tone |
| 43. | |
| 44. | **return** None |

该函数用于将汉字转换为拼音，并提取拼音中的声母、韵母、补码和声调信息。pinyin 函数用于将汉字转换为拼音，Style.TONE3 表示带声调的拼音，heteronym=True 表示考虑多音字。例如，"你"字经 pinyin 函数的处理后返回的结果是"ni3"。提取拼音结果的第一个拼音后，根据声母列表和韵母列表提取声母和韵母，声调信息在拼音的最后一个字符中，如果存在，则提取；如果不存在，说明为轻声词，声调的编码位设为 0。函数返回汉字的声母、韵母、补码和声调信息。

| | |
|---|---|
| 1. | **def** generate_pronunciation_code(self, hanzi): |
| 2. | initial, final, coda, tone = self.split_pinyin(hanzi) |
| 3. | |
| 4. | # 轻声字，例如'了' |
| 5. | **if** tone == '': |
| 6. | tone = '0' |
| 7. | |
| 8. | # 声母映射 |
| 9. | initials_mapping = {'b': '1', 'p': '2', 'm': '3', 'f': '4', 'd': '5', 't': '6', 'n': '7', 'l': '8', |
| 10. | 'g': '9', 'k': 'a', 'h': 'b', 'j': 'c', 'q': 'd', 'x': 'e', 'zh': 'f', 'ch': 'g', |
| 11. | 'sh': 'h', 'r': 'i', 'z': 'j', 'c': 'k', 's': 'l', 'y': 'm', 'w': 'n'} |
| 12. | |
| 13. | # 韵母映射 |
| 14. | finals_mapping = {'a': '1', 'o': '2', 'e': '3', 'i': '4', 'u': '5', 'ü': '6', 'ai': '7', 'ei': '8', |
| 15. | 'ui': '9', 'ao': 'a', 'ou': 'b', 'iu': 'c', 'ie': 'd', 'üe': 'e', 'er': 'f', |
| 16. | 'an': 'g', 'en': 'h', 'in': 'i', 'un': 'j', 'ün': 'k', 'ang': 'l', 'eng': 'm', |
| 17. | 'ing': 'n', 'ong': 'o'} |
| 18. | |
| 19. | # 补码映射 |
| 20. | coda_mapping = {'': '0', 'u':'1', 'i':'1'} |
| 21. | |
| 22. | # 获取映射值 |
| 23. | initial_code = initials_mapping.get(initial, '0') |
| 24. | final_code = finals_mapping.get(final, '0') |
| 25. | coda_code = coda_mapping.get(coda, '0') |
| 26. | |
| 27. | # 组合生成四位数的字音编码 |
| 28. | pronunciation_code = initial_code + final_code + coda_code + tone |
| 29. | |
| 30. | **return** pronunciation_code |

这是一个用于生成字音编码的方法。split_pinyin 方法用于将汉字转换为拼音，并提取声

母、韵母、补码和声调信息。使用映射表将声母、韵母、补码映射为对应的数字，组合生成四位数的字音编码，包括声母、韵母、补码和声调。

```
1.  def generate_glyph_code(self, hanzi):
2.      # 获取汉字的结构
3.      structure_code = self.structure_dict[hanzi]
4.
5.      # 获取汉字的四角编码
6.      fcc = FourCornerMethod().query(hanzi)
7.
8.      # 获取汉字的笔画数
9.      stroke = self.chinese_char_map[hanzi]
10.
11.     # 组合生成的字形编码
12.     glyph_code = structure_code + fcc + stroke
13.
14.     return glyph_code
```

该方法用于生成一个汉字的字形编码。通过 self.structure_dict 字典，根据给定汉字 hanzi 获取其结构编码。通过 FourCornerMethod 类的 query 方法，获取给定汉字 hanzi 的 5 位四角编码。通过 self.chinese_char_map 字典，根据给定汉字 hanzi 获取其笔画数。最后，将上述三个部分的编码按照一定的顺序组合成最终的字形编码。这样的设计可以使得每个汉字都有一个独特的编码，包含结构、四角编码、笔画数等信息。

```
1.  def generate_character_code(self, hanzi):
2.      return self.generate_glyph_code(hanzi) + self.generate_pronunciation_code(hanzi)
```

该方法用于生成一个汉字的字符编码。首先，它调用 generate_pronunciation_code 方法生成汉字的字音编码。然后，调用 generate_glyph_code 方法生成汉字的字形编码。最后，将字音编码和字形编码拼接在一起，形成最终的字符编码。

3. 构建字符相似性网络

```
1.  # 构建字符相似性网络(用矩阵形式表示)
2.  def compute_sim_mat(chinese_characters, chinese_characters_count, chinese_characters_code):
3.      sim_mat = [[0] * len(chinese_characters) for _ in range(len(chinese_characters))]
4.      for i in tqdm(range(len(chinese_characters)), desc='Constructing Similarity Matrix', unit='i'):
5.          for j in range(i, len(chinese_characters)):
6.              similarity = computeSSCSimilarity(chinese_characters_code[chinese_characters[i]], chinese_characters_code[chinese_characters[j]])
7.              sim_mat[i][j] = similarity
8.              sim_mat[j][i] = similarity
9.
10.     # 将结果写入文件
11.     output_file = 'similarity_matrix.txt'
12.     with open(output_file, 'w', encoding='utf-8') as f:
13.         for row in sim_mat:
```

```
14.            f.write('\t'.join(map(str, row)) + '\n')
15.
16.    return sim_mat
```

该方法是构建字符相似性网络的过程，主要通过计算字符之间的相似性矩阵来表示网络关系。chinese_characters 是一个包含数据集中所有汉字的列表。chinese_characters_count 是一个统计了每个汉字出现次数（频率）的字典。chinese_characters_code 是一个包含每个汉字对应字符编码的字典。sim_mat 是一个二维矩阵，用于存储每两个汉字之间的相似性。使用两层循环遍历所有汉字对，调用 computeSSCSimilarity 方法计算它们之间的相似性，并将结果填充到 sim_mat 矩阵中。最后，将相似性矩阵写入一个文件中，以便后续的分析和使用。

4. 利用字符相似性网络进行字符嵌入学习

大多数基于 NLP 的模型的有效性在于词嵌入，这种嵌入隐含了单词的语义、情感等特征。然而，如前面所述，词嵌入是从预定义的分词库中学习的，这导致它无法识别垃圾邮件发送者生成的新变形词汇。一个自然的方法是利用字符相似性网络，根据库中的字符枚举所有变形词及其相似性，但考虑到变形词的数量可能过大，这种方法在现实世界的垃圾邮件检测任务中可能难以应用。

如果两个字符具有相似的字形或字音，那么无论它们是否存在于存储库中，我们如何确保它们具有相似的嵌入呢？ASD-CSN 模型中字符嵌入的设计灵感来自聚类中的代表节点概念。通常，代表节点的嵌入被认为能够反映整个集群的特性。将这一思路应用于字符相似性网络，具有相似字形和字音的汉字可以用其代表汉字的嵌入来表示。换言之，相似字形和字音的汉字的嵌入可以通过其代表汉字的嵌入来间接表示。为了进一步增强 ASD-CSN 模型的鲁棒性，采用一组汉字而不仅仅是单个汉字来形成代表性嵌入。

给定一个汉字 $c_i$，其嵌入向量定义如下：

$$\text{emb}(c_i) = \frac{\sum_{c_k \in N(c_i)} \text{freq}(c_k) \cdot \text{w2v}(c_k)}{\sum_{c_k \in N(c_i)} \text{freq}(c_k)} \tag{4-15}$$

其中，$N(c_i) = \{c_k \mid c_k \in C, \text{sim}(c_i, c_j) \geq \rho\}$，表示在字符相似性网络中与汉字 $c_i$ 相似度大于阈值 $\rho(\rho \in [0,1])$ 的一组汉字；$\text{freq}(c_k) \in [0,1)$，表示汉字 $c_k$ 在语料库中的频率（即出现次数）；$\text{w2v}(c_k) \in R^d$，表示由 Word2Vec 模型生成的汉字 $c_k$ 的嵌入向量。汉字 $c_k$ 的嵌入是将汉字的出现频率作为权重，由一组相似汉字的集群通过加权求和运算所得。这种方法确保了无论变形字符和正确字符是否存在于语料库中，它们都能够具有相似的嵌入。值得注意的是，在式 (4-15) 中的 Word2Vec（即 $\text{w2v}(c_k)$）可以更换为其他嵌入模型。在 ASD-CSN 模型中，之所以选择使用 Word2Vec，是因为它能够通过捕获字符的上下文信息来稳定且高效地学习语义特征。

进行字符嵌入学习的示例代码如下。

```
1.  # 根据字符相似性网络生成最终的字嵌入向量
2.  def generate_char_vectors(chinese_characters, w2v_vectors, sim_mat, text, chinese_characters_count, threshold=0.6):
```

```
3.     char_vectors = {}
4.     for i in tqdm(range(len(chinese_characters)), desc='Generating char vectors'):
5.         character = chinese_characters[i]
6.         similar_group = []
7.         for j in range(len(sim_mat[i])):
8.             if sim_mat[i][j] >= threshold:
9.                 similar_group.append(chinese_characters[j])
10.        sum_count = 0
11.        emb = np.zeros_like(w2v_vectors[list(w2v_vectors.keys())[0]])  # 初始化一个全零向量
12.        for c in similar_group:
13.            if c not in w2v_vectors.keys():
14.                update(w2v_vectors, text, c)
15.            emb += chinese_characters_count[c] * w2v_vectors[c]
16.            sum_count += chinese_characters_count[c]
17.        emb /= sum_count if sum_count else 1                    # 避免除以 0
18.        char_vectors[character] = emb
19.
20.    return char_vectors
```

### 5. 生成句子嵌入

对于给定的一条文本 $s =$ "$s_1 s_2 \cdots s_n$",该文本中每个汉字的字符嵌入能通过式(4-15)得到。然后,文本 $s$ 的句子嵌入 $\mathrm{emb}(s) \in \mathbf{R}^d$,由自注意力层生成如下:

$$\alpha_{i,j} = \mathrm{emb}(s_i) \otimes \mathrm{emb}(s_j) / \sqrt{d}$$

$$\hat{\alpha}_{i,j} = \frac{e^{\alpha_{i,j}}}{\sum_{k=1}^{n} e^{\alpha_{i,k}}}$$

$$m_i = \sum_{j=1}^{n} \hat{\alpha}_{i,j} \cdot \mathrm{emb}(s_j)$$

$$\mathrm{emb}(s) = \frac{1}{|s|} \sum_{s_i \in s} m_i$$

(4-16)

自注意力层能够捕捉句子中字符之间的关联,并生成对应的句子嵌入。句子嵌入 $\mathrm{emb}(s)$ 反映了用户发送消息的语义和主题。随后,将这个句子嵌入输入分类器中,以预测该消息为垃圾邮件的概率。

生成句子嵌入的示例代码如下。

```
1. # 根据字嵌入向量生成句子嵌入向量
2. def generate_sentence_vectors(texts, char_vectors, d=100):
3.     sentence_vectors = []
4.     for text in tqdm(texts, desc='Generating sentence vectors'):
5.         alpha = np.zeros((len(text), len(text)))
6.         for i in range(len(text)):
7.             for j in range(len(text)):
8.                 alpha[i][j] = alpha[j][i] = np.dot(char_vectors[text[i]], char_vectors[text[j]]) / np.sqrt(d)
```

```
9.
10.     alpha_hat = np.zeros_like(alpha)
11.     for i in range(len(text)):
12.       for j in range(len(text)):
13.         alpha_hat[i][j] = alpha_hat[j][i] = np.exp(alpha[i][j]) / np.sum(alpha[i])
14.
15.     m = np.zeros((d,))  # 初始化一个全零向量
16.     for i in range(len(text)):
17.       mi = np.zeros((d,))
18.       for j in range(len(text)):
19.         mi += alpha_hat[i][j] * char_vectors[text[j]]
20.       m += mi
21.     sentence_vectors.append(m / d)
22.
23.     return sentence_vectors
```

6. 构建模型

对比逻辑回归模型和支持向量机模型，逻辑回归是一种简单而高效的二分类算法，特别适用于线性可分问题，对于线性可分的数据，效果通常较好；在相对较小的数据集上，逻辑回归往往不容易过拟合，而且对于噪声的鲁棒性较高。而支持向量机的性能高度依赖于选择的核函数和相关的参数，不当的选择可能导致性能下降，且支持向量机生成的模型相对复杂，不太容易解释其内部机制，因此在这个实验中采用的是逻辑回归模型。

```
1.  # 垃圾文本分类
2.  def spam_classification(train_tags, train_word_vectors, test_tags, test_word_vectors):
3.
4.    # 使用逻辑回归模型
5.    logistic_repression = LogisticRegression()
6.    logistic_repression.fit(np.array(train_word_vectors), np.array(train_tags))
7.    predictions = logistic_repression.predict(test_word_vectors)
8.
9.    # 输出混淆矩阵和分类报告
10.   cm = confusion_matrix(np.array(test_tags), np.array(predictions))
11.   print("混淆矩阵:")
12.   print(cm)
13.
14.   report = classification_report(np.array(test_tags), np.array(predictions))
15.   print("分类报告:")
16.   print(report)
```

这是一个垃圾文本分类的函数。采用逻辑回归模型进行垃圾文本分类的训练。逻辑回归适用于处理二分类问题。在这里，使用 LogisticRegression 创建一个逻辑回归分类器，并通过 fit 方法将其与训练数据拟合。然后，使用训练好的逻辑回归模型对测试数据进行预测，得到分类结果。

### 4.3.2 系统评测与验证

1. 模型对比分析

1) 未使用字符相似性网络的模型分类结果

```
1.  混淆矩阵:
2.  [[2498    0]
3.   [4717  789]]
4.  分类报告:
5.                precision  recall  f1-score  support
6.
7.         0        0.35      1.00     0.51     2498
8.         1        1.00      0.14     0.25     5506
9.
10.    accuracy                         0.41     8004
11.   macro avg     0.67      0.57     0.38     8004
12. weighted avg    0.80      0.41     0.33     8004
```

在这个混淆矩阵和分类报告的分析中，我们得知模型的性能相对较低，尤其是在类别 1 的识别上。具体来说，模型在正确分类负例(类别 0)方面表现良好，但在正例(类别 1)的识别上存在问题，尤其是召回率较低，主要原因可能是模型无法有效地捕捉垃圾文本的关键特征，导致模型无法对垃圾文本做出有效的识别。

2) 使用字符相似性网络的模型分类结果

```
1.  混淆矩阵:
2.  [[2183  315]
3.   [ 157 5349]]
4.  分类报告:
5.                precision  recall  f1-score  support
6.
7.         0        0.93      0.87     0.90     2498
8.         1        0.94      0.97     0.96     5506
9.
10.    accuracy                         0.94     8004
11.   macro avg     0.94      0.92     0.93     8004
12. weighted avg    0.94      0.94     0.94     8004
```

3) 对比分析

通过对比分析使用字符相似性网络之前和之后的分类性能，可以得到以下结论。

(1) 改进模型效果显著。

在改进后，混淆矩阵和分类报告显示模型在正例(类别 1)和负例(类别 0)上的性能都有了显著的提升。正例的精准度、召回率和 F1 分数都有了明显的改善。

(2) 提高了正例的识别率。

改进前的模型在正例的识别上存在问题，而改进后的模型在正例上表现更为出色。这表明采取的改进措施有效地提高了对垃圾文本的识别能力。

(3) 保持了负例的高准确度。

即使改进了对正例的识别，模型在负例上的性能也并未受到明显影响。负例的准确度仍然较高，表明模型在保持负例的正确分类方面表现较好。

(4) 总体性能提升。

模型的准确度、宏平均和加权平均 F1 分数都有所提高，说明改进后的模型在整体上更有效地进行了分类。

综合而言，通过使用字符相似性网络，成功地提高了垃圾文本分类模型的性能。这种改进有助于提高模型的实用性和可靠性，使其更适用于实际应用场景。

2. 超参分析

本小节只有阈值(threshold)这一个参数，仅对它进行超参分析，具体的结果如图 4-8 所示。

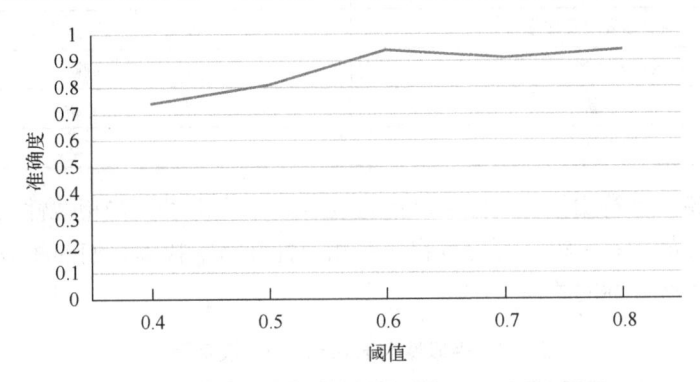

图 4-8　模型准确度与超参数(阈值)的关系折线图

通过观察图 4-8 可以得出以下结论。

(1) 准确度变化趋势。

首先，从所提供的数据来看，阈值的变化对准确度的影响并没有呈现出清晰的趋势。这可能暗示在相似性阈值的选择上，模型的性能变化并不是线性的。也许在这个特定的数据集和任务中，阈值的微小变化对模型性能的影响不太明显。

(2) 不同阈值下的准确度差异。

尽管没有明显的整体趋势，但可以观察到在某些相似性阈值下，准确度显著变化。例如，当阈值为 0.4~0.6 时，准确度从 0.74 上升到 0.94。这表示在这个范围内，相似性阈值的微小调整可能对模型的性能产生显著影响。

(3) 波动性。

在阈值大于 0.6 之后，准确度有轻微的波动，但整体趋势并不明显。这可能表明在一些相似性阈值范围内，模型对相似性的要求变化对准确度的影响较大，而在其他范围内影响较小。

3. 样例分析

本节对所提出的字符相似性网络进行了案例研究。为了直观地展示字符相似性网络的有效性，表 4-5 显示了使用字符相似性网络的模型检测到的对抗垃圾文本的示例。垃圾文本发送者试图用许多字形和发音相似的变形汉字代替关键词"微信"，这些变形词不存在于现有的语料库（corpus）中，但可以被模型检测出来，这证实了字符相似性网络在解决对抗行为方面上的有效性。

表 4-5  检测到的对抗垃圾文本示例

| 文本 | 变形文字 |
| --- | --- |
| 加我违心聊吧我不经常用这个软件的 | 违心 |
| 薇信：××××× | 薇信 |
| 加个胃星聊，方便联系吧 | 胃星 |
| 你有维信吗？我们可以加个好友 | 维信 |
| 佳V说？ | 佳、V |
| 有兴趣家维 | 家、维 |
| 你的卫星给我吧我加你 | 卫星 |
| 我魏××××× | 魏 |
| 加你喂新 | 喂新 |
| 我的韦欣 | 韦欣 |

为了进一步说明字符相似性网络的功能，表 4-6 中列出了一些相似性大于 0.8 的典型字符。对于汉字库中的所有字符，都可以在字符相似性网络中找到它们的相似字符，这是模型检测对抗垃圾文本有效性的关键。

表 4-6  相似性大于 0.8 的相似汉字示例

| 汉字 | 相似汉字的示例 |
| --- | --- |
| 微 | 薇：1.0，威：1.0，巍：1.0，为：0.9，维：0.9 |
| 加 | 家：1.0，嘉：1.0，珈：1.0，咖：0.8 |
| 扣 | 筘：1.0，寇：1.0，口：0.9，抠：0.9 |

### 4. 与基准算法的对比分析

垃圾文本检测领域的经典基准算法有以下五种。

（1）GAS：只专注于用 GCN 学习历史垃圾文本中单词之间的关系，不能真正处理未来未知的对抗行为。

（2）Word2Vec-w+LR：使用基于分词库的 Word2Vec，并使用 LR 模型作为分类器。句子嵌入是由自注意力层生成的。

（3）Word2Vec-c+LR：使用基于字符分割库的 Word2Vec，并使用 LR 模型作为分类器。句子嵌入是由自注意力层生成的。

拓展：基于分词库和基于字符分割库的 Word2Vec 之间的区别主要在于如何处理输入文本数据。在 Word2Vec-w 中，输入文本首先会经过分词器进行分词，将文本分割成单词或短语，分词后的文本会被输入 Word2Vec 模型进行训练，模型将学习单词或短语之间的关系，生成词向量。在 Word2Vec-c 中，输入文本不会经过分词器进行分词，而是直接将文本中的字符作为模型输入，模型将学习字符之间的关系，生成字符级别的词向量，这种方法的优点是不需要依赖外部的分词库，可以处理任意语言的文本，包括没有明确分词规则的语言。

(4) Word2Vec-c+GBDT：使用基于字符分割库的Word2Vec，并使用GBDT作为分类器。句子嵌入是由自注意力层生成的。

(5) Doc2Vec-c+GBDT：使用基于字符分割库的Doc2Vec来学习句子嵌入，并使用GBDT作为分类器。

上述基准方法是现实世界中垃圾文本检测最常用的方法。ASD-CSN与这些方法的主要区别在于，ASD-CSN利用字符相似性网络，设计了一种适当的方法来生成字符嵌入，这是检测对抗垃圾文本的关键。

ASD-CSN与基准方法的比较结果如表4-7所示。实验在两个数据集上进行，即标记数据集和对抗数据集。在标记数据集上，报告精准度、召回率和F1分数方面的结果。在对抗数据集上，由于所有样本都是垃圾文本，因此报告召回率方面的结果。

表4-7　ASD-CSN与基准方法的对比实验结果

| 方法 | 精准度@90% | 召回率@90% | F1分数@90% | 精准度@95% | 召回率@95% | F1分数@95% | 召回率@90% | 召回率@95% |
|---|---|---|---|---|---|---|---|---|
| GAS | 0.9734 | 0.8435 | 0.9038 | 0.9901 | 0.8042 | 0.8875 | 0.6621 | 0.6234 |
| Word2Vec-w+LR | 0.9734 | 0.8509 | 0.9080 | 0.9823 | 0.8214 | 0.8947 | 0.7432 | 0.7218 |
| Word2Vec-c+LR | 0.9619 | 0.8486 | 0.9017 | 0.9767 | 0.8189 | 0.8909 | 0.7687 | 0.7466 |
| Word2Vec-c+GBDT | 0.9694 | 0.8701 | 0.9170 | 0.9799 | 0.8338 | 0.9010 | 0.7993 | 0.7762 |
| Doc2Vec-c+GBDT | 0.7753 | 0.5614 | 0.6512 | 0.7889 | 0.5032 | 0.6145 | 0.4779 | 0.4219 |
| ASD-CSN | 0.9770 | 0.8774 | 0.9245 | 0.9929 | 0.8550 | 0.9188 | 0.8990 | 0.8769 |

如表4-7所示，GAS在标记数据集上的性能非常好，但在对抗数据集上性能退化，这表明它只专注于学习历史垃圾文本，而无法处理未知的广告行为。Word2Vec-w+LR在标记数据集上的表现略好于Word2Vec-c+LR，而在对抗数据集上表现较差。因此，字符分割库验证了该模型在对抗环境中的鲁棒性。Word2Vec-c+GBDT在一定程度上优于Word2Vec-c+LR，这表明简单的分类器模型可能会限制有效性，但仍然可以提供有保证的性能。Doc2Vec-c+GBDT的性能落后了很多，这意味着深度句子嵌入模型可能过于复杂，无法很好地处理短文本。ASD-CSN方法优于所有其他方法，尤其是在对抗数据集上。ASD-CSN在对抗数据集上获得的召回率远高于Word2Vec-c+GBDT获得的召回率。

根据实验结果，许多方法很容易在已有的数据集上表现良好。然而，当出现新的对抗措施时，它们的性能会严重退化。ASD-CSN方法在面对垃圾文本发送者采取的新的对抗行为时，提供了其他方法无法做到的突出性能，这证明了ASD-CSN方法的有效性。

### 4.3.3　演示系统

为了更好地展示垃圾文本检测模型，本节开发了一个演示系统，该系统允许用户体验和观察文本检测的结果。

具体地，我们的演示系统具有对用户友好的界面，用户可以使用该界面进行以下操作。

1. 输入文本

用户输入一条文本(建议文本长度为 15~40 字,以获得较高的分类准确度),如图 4-9 所示。

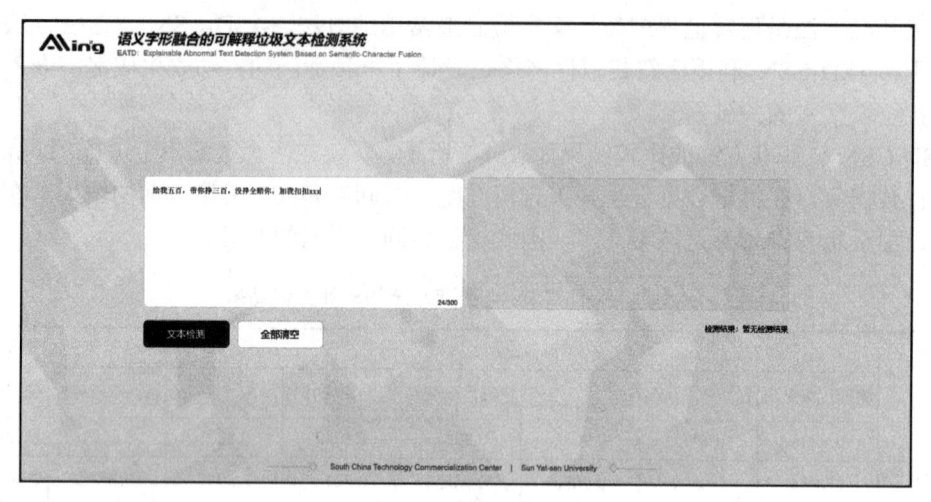

图 4-9　输入待检测文本示例页面

2. 获得检测结果

用户输入文本后,单击"文本检测"按钮,将待检测文本输入预训练的分类模型中,获得分类结果,另外模型还会标注出可能的违禁词或敏感词,如图 4-10 所示。

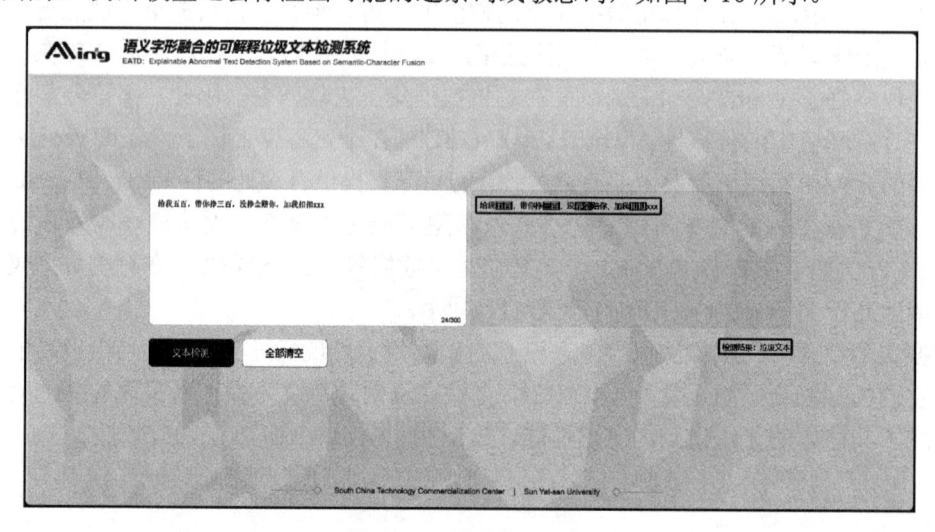

图 4-10　预测结果展示

通过这个演示系统,我们希望向读者展示文本检测模型的实际应用和效果。用户可以通过实际操作和可视化结果,深入了解本书提出的方法和工程实践的价值,并在自己的领域中考虑文本检测的潜在应用。

## 小 结

文本检测作为自然语言处理领域的核心任务之一，对于从文本数据中提取有用信息具有重要意义。在实际应用中，文本检测通常涉及识别和定位特定类型的文本实体，如命名实体、日期、时间、货币等。这些信息对于信息提取、文本分类、搜索引擎优化等任务至关重要。

传统的文本检测方法往往基于手工设计的特征和规则，其性能受限于特征的质量和表达能力。随着深度学习技术的兴起，基于深度学习的文本检测方法已成为主流。深度学习模型能够自动学习文本中的特征和模式，从而在准确性和泛化能力上取得显著进展。例如，卷积神经网络(CNN)和循环神经网络(RNN)等模型已被成功应用于文本检测任务，并在多个基准数据集上取得了优异的性能。然而，文本检测仍然面临着一些挑战。首先，文本的多样性和复杂性导致了文本检测算法的泛化能力不足，特别是在处理不同语言、不同领域或特殊文本格式时。其次，文本在图像、视频等多模态数据中的检测也是一个具有挑战性的问题，需要克服图像噪声、光照变化等因素的干扰。此外，一些文本检测任务可能面临标注数据不足、语料库不均衡等问题，影响了模型的训练和性能。

为了应对这些挑战，未来的研究方向可能包括多模态信息融合、跨语言学习、迁移学习等方法的探索，以提高文本检测算法的鲁棒性和泛化能力。此外，对文本检测任务的评估指标和基准数据集的进一步完善也是必要的，以促进该领域的发展和应用。通过持续的研究和创新，文本检测技术将为各种自然语言处理应用带来更加准确和可靠的支持，推动智能化文本处理系统的发展和应用。

## 习 题

1. 基于提供的数据集和算法代码，复现 ASD-CSN 算法实验结果。
2. 构建新的汉字结构表(已有的汉字结构表分类准确度不高)，并基于该汉字结构表复现 ASD-CSN 算法，再与本书中的实验结果进行对比分析。
3. 思考题：有没有更加高效的方法将汉字的字形和字音信息嵌入到模型中？请构思一种可行的方法并尝试实现，以证明其有效性。

# 第 5 章　多模态数据分析实践

## 5.1　多模态数据分析背景知识

多模态数据分析是一个涉及综合利用不同数据源信息的领域，旨在通过整合多种类型（模态）的数据来提供更加全面的分析结果。每种模态代表了一种不同的信息渠道或数据类型。

### 5.1.1　常见数据模态及其特征

下面将分别介绍常见数据模态及其特征。

1. 文本

结构：可以是结构化的（如数据库文本）或非结构化的（如社交媒体帖子）。
分析工具：自然语言处理（NLP），涉及分词、情感分析等技术。
特征：文本通常是非结构化的，需要通过分词、命名实体识别、情感分析等技术来提取信息。

2. 图像

结构：由像素矩阵组成，可包含二维或三维数据、彩色或黑白图像。
分析工具：计算机视觉，使用图像识别、物体检测等技术。
特征：图像通常需要进行特征提取以识别形状、颜色和纹理等视觉元素。

3. 音频

结构：声波的时间序列，可转换为波形或频谱表示。
分析工具：信号处理方法，如语音识别、音频分类等。
特征：音频需要处理时间序列数据，常用的特征包括频率、节奏和音高。

4. 视频

结构：图像帧的时间序列，结合视觉和动态信息。
分析工具：视频处理技术，如动作识别、场景分析等。
特征：视频数据分析需要结合图像处理和时间序列分析，以识别动态场景和活动。

5. 传感器数据

结构：来自物理传感器的读数，如温度、湿度、压力等。
分析工具：数据挖掘技术，如时间序列分析、异常检测等。
特征：传感器数据通常是时间序列数据，可能需要滤波、正规化和特征提取。

## 5.1.2 不同模态数据分析方法异同

不同模态数据在分析方法上也有异同，主要体现在以下步骤。

1. 数据表达和预处理差异

每种模态数据需要不同的预处理技术来转换成适合分析的形式。例如，图像通常需要进行归一化、尺寸调整和增强；文本需要分词、去停用词和向量化。

2. 特征提取方法

各模态数据有专门的特征提取技术，例如，音频数据可能用梅尔频率倒谱系数（Mel-frequency cepstral coefficient，MFCC）；图像数据可能用卷积神经网络(CNN)。

3. 模型适配性

不同模态的数据可能更适合不同的机器学习模型。例如，循环神经网络(RNN)和其变体适合序列数据，如文本和音频，而 CNN 适合图像数据。

4. 融合技术

融合多模态数据的技术挑战在于如何整合不同模态的信息。这可能涉及早期融合，即将不同模态的特征在输入层合并；晚期融合，即在决策层合并不同模态的结果；中间融合，即在中间某些阶段融合特征。

5. 语义理解

在多模态分析中，理解不同模态数据之间的关系和上下文至关重要。例如，在自然语言和图像的结合使用(如图像字幕生成)中，模型需要理解图像内容和相应的语言。多模态数据分析是一个跨学科领域，它涵盖了如何处理和分析来自不同数据源的多种类型(模态)的数据。多模态分析的核心优势在于它能够结合不同类型数据的优势，提供更为丰富和全面的信息。多模态数据分析通过结合不同模态的数据来揭示信息的多维度特征，它要求对每种模态数据的处理技术有深入的理解，并能够巧妙地将这些信息融合在一起，以实现更加准确和深入的分析结果。

## 5.2 医疗大数据分析背景知识

本节将从医学场景介绍、医疗大数据特点及建模、医学数据分析算法，以及数据预处理工具等四个角度介绍医疗大数据分析背景知识。

### 5.2.1 医学场景介绍

1. 智慧医疗的国家战略意义

智慧医疗通过整合人工智能、大数据、物联网等先进技术，可以显著提升医疗诊断的准确性和治疗的个性化水平，同时使预防性健康管理和实时健康监测成为可能，从而提高整体的人民健康水平。此外，智慧医疗通过远程医疗服务和优化资源配置，能够有效减少医疗资源在地域间的差异，使偏远地区也能享受到优质医疗服务。智慧医疗不仅可以降低医疗成本，促进医疗技术创新，还能增强对公共健康事件的应急响应能力，对于提升国民健康和实现医疗服务的可持续性发展具有深远的社会价值。

关于推进健康中国建设，党的二十大报告指出："人民健康是民族昌盛和国家强盛的重要标志。把保障人民健康放在优先发展的战略位置，完善人民健康促进政策""促进优质医疗资源扩容和区域均衡布局，坚持预防为主，加强重大慢性病健康管理，提高基层防病治病和健康管理能力。深化以公益性为导向的公立医院改革，规范民营医院发展。发展壮大医疗卫生队伍，把工作重点放在农村和社区。重视心理健康和精神卫生。促进中医药传承创新发展。创新医防协同、医防融合机制，健全公共卫生体系，提高重大疫情早发现能力，加强重大疫情防控救治体系和应急能力建设，有效遏制重大传染性疾病传播。深入开展健康中国行动和爱国卫生运动，倡导文明健康生活方式。"

2. 当前医疗卫生问题与挑战

1）医疗资源差异

不均匀的医疗资源分配和城乡差异是全球性的问题，影响着医疗服务的可及性、质量和公平性。智慧医疗可以通过远程会诊、远程监测等方式，将优质医疗资源扩散到偏远地区，减少地域差异对医疗资源获取的影响。

（1）医疗服务的可及性：城市地区通常拥有更多的医疗资源，包括医院、诊所、专业医生和高端医疗设备。相比之下，乡村和偏远地区的医疗资源相对匮乏，这导致乡村居民在获取基本医疗服务方面面临更多困难。他们可能需要长途跋涉才能到达最近的医疗中心，这不仅增加了时间和经济负担，还可能延误疾病的及时诊断和治疗。

（2）医疗人员的分布：优质医疗人才往往集中在城市医疗机构，其中包括经验丰富的医生、专家和研究人员，而乡村地区面临严重的医疗人才短缺，这影响到当地居民接受高质量医疗服务的机会。由于缺乏足够的专业指导和先进的治疗方法，这些地区的医疗服务质量很难得到保证。

（3）医疗服务质量和范围：城市医院能够提供更广泛的医疗服务，包括各种专业手术和治疗程序。相反，乡村的医疗设施可能无法提供同样的服务范围，影响病人的治疗选择。此外，偏远地区的医院在紧急医疗、重症监护和高风险手术方面的能力可能也受到限制。

（4）疾病预防和早期诊断：由于基础医疗设施的缺乏，乡村地区的疾病预防和早期诊断服务力度可能不足。这可能导致疾病在未被及时发现和治疗时就已经发展到更严重的阶段。早期诊断是提高治疗效果和降低疾病死亡率的关键，资源的不均衡分布在这方面产生了显著的影响。

（5）应急医疗响应：在急性事件或灾难情况下，医疗资源的不均匀分布会影响应急医疗响应的速度和效率。城市地区可能拥有更快的响应能力和更完善的救援设施，而乡村地区则可能因为资源不足而无法及时提供必要的医疗援助。

（6）患者预后：医疗资源的不均匀分配影响患者的预后。城市居民通常能够获得更加先进和多样化的治疗选项，从而有更高的治愈率和生活质量，而乡村地区的居民由于受限于可获得的医疗服务，可能不会有同样的治疗结果。

2）精准医疗与预防性健康管理的技术限制

尽管医疗技术取得了长足的进步，但在处理一些复杂疾病时，仍面临着诸多挑战和限制。

(1) 个体生物学差异性：每个人的遗传背景和生活方式都不同，导致疾病表现和治疗响应个体差异大。现有的一些治疗方案往往是基于"平均"患者的反应，而不是个性化的治疗。

(2) 复杂疾病的多因素性：如癌症、心血管疾病和糖尿病等疾病涉及多种基因和环境因素。现有医疗技术在揭示和处理这些复杂相互作用方面还存在限制。

(3) 数据解读和集成：虽然临床数据的数量在增加，但医生和研究人员在整合和解释这些信息以做出诊断和治疗决策时，仍然面临困难。

(4) 治疗方法的局限性：现有的治疗方法可能在安全性、效率或可承受性方面有所不足，尤其是一些高度个性化的治疗方法，如基因疗法或细胞疗法。

3）智慧医疗解决方案

智慧医疗通过利用人工智能（AI）、大数据分析和其他先进技术，有可能解决现有医疗技术的一些限制。

(1) 精准诊断：AI 可以分析大量的病历数据、影像和实验室测试结果，帮助医生识别疾病模式，进行更精准的诊断。例如，深度学习方法已经在影像诊断上展现出与专家医生相当或更优的性能。

(2) 个性化治疗：机器学习方法可以预测患者对特定治疗的反应，从而为每个人提供量身定制的治疗方案。这种方法可以在临床决策中考虑个人的遗传信息、生活方式和疾病历史。

(3) 健康风险预测：利用大数据分析，AI 可以在庞大的患者群体中识别健康风险和疾病早期信号，为高风险人群提供预防性健康建议。

(4) 持续健康监测：可穿戴设备和远程监测技术可以收集关于患者健康状况的实时数据，这些数据经 AI 分析后，可以及时调整治疗方案或预防性干预。

(5) 促进医疗决策：AI 系统可以提供基于证据的治疗建议，辅助医生做出更好的临床决策，并减少医疗错误。

智慧医疗的发展和应用将继续推动医疗行业的变革，具有提高医疗服务质量、增加医疗效率和改进患者预后的潜力。然而，这也伴随着诸如数据隐私、算法透明度、医疗不平等及技术与法规之间的差距等新挑战。因此，智慧医疗的发展必须与伦理和法律框架同步进行，确保技术的安全、公平和有效性。

3. 多模态数据在医学领域的应用概况

医学领域中的多模态数据是指集合各种不同来源的医学信息，包括但不限于医学影像、基因组数据、电子健康记录、实验室检测结果和患者自报的健康信息。随着技术的进步，这些数据可以被整合和分析，以提高诊断的准确性、优化治疗规划，并对疾病进行有效预防。以下是多模态数据在提高诊疗能力和实现治疗个性化方面的应用概况。

1）提高诊疗能力

(1) 诊断准确性的提升：多模态数据的综合分析能够提供更全面的疾病全貌。例如，结合病理学影像和患者的基因组数据可以提高肿瘤的诊断精度。医学影像（如 CT、MRI 和 PET 扫描）提供疾病的结构信息，而基因组数据提供分子层面的变化。通过对这些数据的集成分析，医生能够更准确地识别肿瘤的类型和阶段。

(2) 治疗效果的优化：多模态数据不仅能够精确诊断，还可以监测治疗过程中的生物标志物变化，从而评估治疗效果。例如，在化疗过程中，通过分析影像数据和血液检测结果，医生能够实时调整治疗方案，以应对肿瘤的变化和患者的反应。

2) 实现治疗个性化

(1) 精准医疗的实现：多模态数据的分析为精准医疗的实现提供了科学基础。通过对患者的遗传信息、生活方式和环境因素的综合考量，医生能够为患者设计个性化的治疗方案。例如，基于患者特定的基因突变，可以选择最适合的靶向疗法，而不是传统的"一刀切"治疗方法。

(2) 医疗服务的精准化：利用多模态数据，医疗服务可以更精准地满足患者的个体化需求。例如，患者的电子健康记录中包含的历史医疗信息，结合实时的生理监测数据，可以帮助医生判断患者对特定药物的反应性，从而定制个人化的药物剂量和给药计划。

总之，多模态数据的应用在医学领域正变得越来越重要，它通过提供更深层次和更广范围的洞察，使得医生能够更精确地诊断和治疗疾病，并为每位患者量身定制治疗方案。随着AI和机器学习技术的不断发展，多模态数据分析的潜力将进一步得到挖掘，为医疗领域带来革命性的变化。

## 5.2.2 医疗大数据特点及建模

### 1. 医疗数据的特性

医疗数据具有高维度、多样性和时效性等特点，这些特性为精准医疗提供了可能；同时也具有不完整性、冗余性、时间性等特点，对数据的处理和分析造成一定的难度。医疗数据的特点非常丰富，以下是主要的几个特点及其对精准医疗的影响和挑战。

(1) 体量大：医疗数据的体量巨大，因为它包含了从患者的电子健康记录(EHR)到影像数据，再到基因组数据等各种信息。每个患者的数据都非常庞大，尤其是随着个体化治疗的兴起，数据量还在持续增加。这为医疗研究提供了大量的原材料，有助于发现疾病模式和治疗效果，但同时也需要强大的数据处理能力来存储、管理和分析这些数据。

(2) 速度快：随着医疗设备和监测技术的进步，数据生成的速度非常快。实时监控患者的生命体征、实验室测试结果的即时生成和电子处方的即时传输等都需要即时处理和分析。这种快速的数据流动性要求医疗系统具备高效的数据处理能力，以便能够及时响应和利用这些信息。

(3) 种类多：医疗数据包含结构化数据，如患者的年龄、性别、体检结果，以及非结构化数据，如医生的笔记、病理报告和医学影像。这些数据的格式多样、来源广泛，处理起来相对复杂，但这种多样性也为了解疾病的全貌提供了多维度的视角。

(4) 真实性：医疗数据必须具有高度的真实性和准确性，因为任何错误的数据都可能导致错误的诊断和治疗。然而，在实际情况中，医疗数据可能受到各种因素的干扰，如设备故障、人为错误或数据传输中的失真，因此保证医疗数据的质量是一个重要的挑战。

(5) 价值密度：尽管医疗数据量大，但其真正有用的信息却可能只占很小一部分。这就需要通过数据挖掘和分析技术来提取有价值的信息，用于临床决策支持和医学研究。这种价值密度的低特性要求有高效的数据分析工具和算法来识别与利用这些数据中的价值。

(6) 高维度和多样性：医疗数据的高维度和多样性意味着它能够为病人的健康状况提供一个全面的视图。例如，基因数据、生化指标、生理参数、医学影像等多个维度的数据可以综合分析，以得到更全面的疾病洞察。

(7) 时效性：医疗数据的时效性对于临床决策至关重要。即时获取和处理数据能够确保医疗服务提供者能够及时做出诊断和治疗决策，这对于紧急医疗情况尤为重要。

(8) 不完整性：医疗记录可能因为各种因素而不完整，例如，信息未能及时更新或者某些数据在收集过程中丢失。这种不完整性会对数据分析造成影响，因为它可能导致错误的推断或遗漏重要的健康信息。

(9) 冗余性：医疗数据中存在大量冗余信息，这可能是因为多个系统之间的数据未能有效整合，或者是多次收集同一类型的信息而没有标准化。处理这些冗余信息需要复杂的清洗和整合流程，以确保数据集的高效和精确。

(10) 时间性：医疗数据通常与时间轴紧密相关，病情的发展、治疗的反应等都是随时间变化的动态过程。理解这种时间性对于追踪疾病进展、评估治疗效果等方面至关重要。同时，这也要求数据分析方法能够处理时间序列数据，识别出时间相关的模式和趋势。

医疗数据的这些特点共同构成了精准医疗的基础，使得可以个性化地了解病人的健康状况，并针对性地做出治疗决策。然而，这些特点也带来了一系列数据处理和分析的挑战，需要高级的技术和方法来克服。

2. 数据异构性与融合需求

异构医疗数据的集成和分析对于提高预测效果至关重要，同时也需要匹配临床医生的决策方式。

1) 数据异构性

医疗数据的异构性指的是数据来源多样、格式不一致、尺度不同以及数据解释方式的差异。这些数据可能包括结构化的电子病历、实验室结果、药物处方记录，以及非结构化的医生笔记、医学影像和基因测序数据等。为了充分利用这些数据，在临床决策、疾病预防和治疗效果评估中，需要将这些异构数据融合，以便构建一个全面、综合的患者健康画像。

2) 数据融合

融合这些异构医疗数据对于提高疾病预测模型的准确性和效果至关重要。通过结合不同来源的数据，可以更精确地识别疾病模式、预测患者风险和治疗反应。此外，医疗数据的融合还需考虑临床医生的决策方式，确保所提供的信息能够直观、易于理解，且能够无缝整合进医生的诊疗流程中。这就要求数据集成解决方案不仅要技术先进，还要对用户友好，以便于医生们能够依据综合数据做出最佳的临床决策。

3. 医疗数据建模方法论

针对医疗数据的特点，建模方法论需要考虑数据的整合、处理以及模型的可解释性。

1) 数据预处理

数据预处理涉及数据清洗、归一化和转换方法，以及如何处理缺失值和异常值。对于异常值，推荐采用临床医生指导下的异常值处理方法，因为有时不服从正态分布的异常值实际是真实的临床症状的反应。具体应该进行矫正还是保留，还是将整个病例剔除，应该由临床医生具体问题具体分析。这可能会增加许多工作量，但从研究质量的角度出发，手动处理异常值的工作是必要的。

2) 常见建模方法

在医疗大数据分析中，不同的建模方法适用于解决不同的任务，这些任务可包括诊断、预测、治疗建议、患者管理等。下面是一些常见任务及适用的建模方法。

(1) 诊断任务。

诊断相关任务通常涉及对医学影像、基因数据等进行分析，以识别疾病的存在与类型。

机器学习方法：传统机器学习方法，如随机森林、支持向量机(SVM)和 $k$ 最近邻($k$-NN)，可以在特征提取后用于分类任务及诊断疾病。

深度学习方法：卷积神经网络(CNN)特别适合处理医学影像数据，如 MRI、CT 或 X 光图像，无须手动特征提取，可以直接从原始数据中学习识别疾病的模式。

(2) 预测任务。

预测任务旨在评估疾病的发展、患者的预后或药物的反应。

回归方法：如逻辑回归、决策树和集成方法(如梯度提升树、随机森林)，可以用于风险评分和预后预测。

循环神经网络方法：循环神经网络(RNN)及其变体，适合处理时间序列数据，如患者的生理信号或随时间变化的实验室检测结果。

(3) 治疗建议任务。

治疗建议任务旨在为患者提供个性化的治疗方案。

强化学习方法：可以模拟临床决策过程，在虚拟环境中学习最优治疗策略。

机器学习方法：基于特定患者特征的治疗效果数据，可以使用监督学习算法来推荐治疗方案。

(4) 患者管理任务。

患者分群旨在将患者根据某些特征或行为模式进行分组，以便于提供更个性化的服务。

无监督学习方法：如 $k$-means 聚类、层次聚类或谱聚类，可以用来识别患者子群体，便于进行针对性的患者管理和跟踪。

半监督学习方法：在有限的标签数据情况下，可以用来提高患者分群的准确性。

(5) 组学分析任务。

基因组学和转录组学分析，涉及了解遗传因素如何影响疾病的风险和药物反应。

统计学习方法：如广义线性模型(GLM)和多变量分析，常用于基因关联研究。

深度学习方法：如 CNN 和图神经网络(GNN)，可以用于从复杂的基因组数据中学习模式，识别疾病相关的基因变异。

(6) 自然语言处理任务。

自然语言处理任务是从非结构化的医疗文本中提取有用信息，如临床笔记、医学文献或电子健康记录等。

传统机器学习模型：如 BOW、TF-IDF 等。

深度学习模型：如 BERT、Transformer 等。

3)建模方法选择的相关因素

在选择适合的建模方法时，需要考虑以下因素。

(1)数据类型和质量。

结构化数据(如表格数据)可能更适合传统机器学习方法，而非结构化数据(如文本或图像)可能需要深度学习方法。

(2)任务的复杂性。

简单任务可能只需要简单的算法，而复杂任务(如图像分割或自然语言理解)可能需要复杂的深度学习模型。

(3)数据量。

深度学习通常需要大量数据来训练，而在数据量较少的情况下，传统机器学习方法可能表现更好。

(4)计算资源。

深度学习模型通常需要较多的计算资源进行训练和推理。

(5)解释性要求。

在某些临床应用中，模型的可解释性是非常重要的，传统机器学习模型在这方面可能比深度学习模型更有优势。

医疗大数据分析是一个交叉学科研究领域，涉及医学、统计学、计算机科学等多个领域的知识。因此，选择合适的建模方法需要多学科团队的合作，以确保模型既能达到高性能，又符合临床实践的需求。

## 5.2.3 医学数据分析算法

本节介绍常见的医学数据分析算法，以及算法的选择标准与局限性。

1. 常见的医学数据分析算法

常见的医学数据分析算法，包括医学统计学方法、传统机器学习方法、深度学习方法等。

1)医学统计学方法

(1)线性回归。

线性回归是一种预测连续变量的方法，它通过拟合一条最佳直线(或一个超平面，取决于变量的数量)来描述自变量和因变量之间的线性关系。在医学领域，线性回归可以用来预测患者的健康指标，如血压、血糖水平等。

(2)逻辑回归。

逻辑回归用于处理二分类问题，即预测某个事件发生与否的概率。在医学数据分析中，逻辑回归常用于预测疾病的发生风险或治疗的响应情况。

(3)生存分析。

生存分析是一种统计方法，用来预测和分析事件(如死亡或疾病复发)发生的时间。它通常涉及危险函数和生存函数，其中著名的 Cox 比例风险模型可以评估不同因素对生存时间的影响。

2)传统机器学习方法

(1)决策树。

决策树是一种分类和回归算法，它通过学习简单的决策规则从数据特征中推断出目标变量的值。在医学领域，决策树可以帮助医生根据病人的临床变量做出诊断决策。

(2) 随机森林。

随机森林是一种集成学习方法，通过构建多个决策树并结合它们的预测结果来提高整体的预测准确性。这种方法在处理复杂的医学数据时特别有效，因为它可以捕捉到数据中的复杂结构和关系。

(3) 支持向量机。

支持向量机是一种强大的分类方法，通过找到最优的超平面来区分不同的类别。它在医学图像分析和生物标记物的识别上有广泛的应用。

(4) K最近邻。

K最近邻算法通过查找测试数据点在特征空间中的最近邻居来进行分类或回归。在医学领域，它可以用于基于相似病例的诊断和治疗建议。

(5) 主成分分析。

主成分分析是一种降维技术，它可以通过提取数据中的主要成分来简化数据集，同时保留最多的变异信息。在医学数据分析中，主成分分析常用于发现生物标记物和降低高维数据的复杂性。

这些传统机器学习方法与深度学习的主要区别在于，深度学习依赖于多层神经网络来学习数据的复杂表示，而传统机器学习方法通常更依赖于手工特征工程和模型的简化假设。深度学习在处理非结构化数据时作用显著（如医学图像和基因序列数据），因为它能自动提取和学习特征。然而，对于结构化数据，传统机器学习方法仍然非常有效，并且在解释性方面通常优于深度学习方法。

3) 深度学习方法

深度学习已经在医疗诊断与预后的多个领域中得到应用，以下是三个具体的应用例子。

(1) 图像模态：乳腺癌检测。

在乳腺癌检测中，深度学习，尤其是卷积神经网络被用来分析乳腺组织的X光成像（哺乳动物摄影术，或称为乳房X线摄影）图像。这些模型通过从成千上万的带标签的图像中学习，可以识别图像中的微钙化、肿块和其他异常结构，这些往往是乳腺癌的早期迹象。深度学习模型的准确性在某些情况下已经达到或超过了放射科医师的水平，有潜力作为辅助诊断工具使用，以减少漏诊和误诊。

(2) 序列数值：心脏疾病预测。

利用深度学习分析心脏疾病患者的电子健康记录数据。循环神经网络，特别是长短期记忆网络，对于处理时间序列数据，如心脏监测数据或患者的临床访问记录，非常有效。这些网络能够从患者的历史医疗记录中学习并预测未来的心脏疾病风险。例如，通过分析患者的血压、胆固醇水平、体重和其他相关的临床指标的变化，模型可以预测患者未来心脏疾病的风险，从而帮助医生制定预防策略。

(3) 电信号模态：脑电波分析与癫痫预测。

深度学习，特别是卷积神经网络和循环神经网络的结合，被用于处理和分析脑电图（EEG）信号以识别癫痫发作。这些模型可以训练识别与癫痫发作相关的脑电波模式。通过实时监测EEG信号，深度学习模型可以在癫痫发作前预警，从而允许患者采取预防措施，如寻找安全的地方或及时服药。这种预测系统对于改善癫痫患者的生活质量具有重要意义。

以上这些例子展示了深度学习如何帮助医疗专业人员在诊断和预后方面做出更准确的决策。然而，需要注意的是，尽管这些模型在研究中表现出色，但它们在实际临床环境中的应用还需克服包括数据隐私、模型解释性、监管批准和集成到医疗实践中的挑战。

2. 算法的选择标准与局限性

本小节讨论每种算法最适用的场合以及必须考虑的局限性或注意事项。

1）算法选择标准

（1）数据的性质。

算法的选择首先取决于数据类型（结构化数据、非结构化文本、影像等）和数据的质量（完整性、准确性、一致性）。

（2）问题的复杂性。

算法需要能够处理问题的复杂性，如简单的分类问题可能适合应用逻辑回归，而复杂的模式识别或时间序列预测可能需要更高级的算法，如随机森林或深度学习。

（3）解释性需求。

在医疗领域，模型的解释性至关重要。例如，决策树和线性回归模型可提供较好的可解释性，而深度学习模型则可能难以解释。

（4）算力和资源。

算法的选择也受限于可用的计算资源。深度学习模型可能需要高性能的硬件支持，而其他模型，如 SVM 或 KNN，可能对资源的要求较低。

（5）实时性需求。

如果应用场景需要实时分析，算法的选择应考虑到推理速度。轻量级模型或已经经过优化的模型可能更适合。

2）算法局限性

在使用算法时，必须意识到以下局限性，并采取相应的措施。

（1）偏差。

算法可能会继承训练数据中的偏见，导致结果对某些群体不公平。这要求在数据收集和预处理阶段就要进行偏差识别和缓解措施。

（2）过拟合。

算法可能对训练数据过度拟合，而不能泛化到新的、未见过的数据上。为了避免过拟合，需要使用适当的正则化技术，以及在不同的数据集上进行交叉验证。

（3）可解释性。

特别是在深度学习中，模型的黑箱特性可能导致医生和患者难以信任其决策。开发可解释的 AI 模型或使用模型解释工具可以帮助缓解这个问题。

（4）数据隐私。

在医疗领域，数据隐私尤为重要。算法在处理患者数据时必须遵守严格的数据保护法律和规则，如 GDPR。

（5）数据质量和代表性。

算法的性能很大程度上取决于训练数据的质量和代表性。数据的不足或偏差都会影响算法的准确性和可靠性。

(6)临床验证。

在算法应用于实际医疗决策之前,必须经过严格的临床验证,以确保其安全性和有效性。

(7)更新和维护。

随着时间的推移,算法可能需要更新以适应新的数据或医疗实践,这要求定期的模型维护和更新。

### 5.2.4 数据预处理工具介绍

下面将分别以医学数字成像和通信(digital imaging and communications in medicine,DICOM)图像预处理和 EEG 脑电数据预处理为例,介绍数据预处理工具。

1. DICOM 图像预处理

RadiAnt 是一款医学图像查看器,支持包括 DICOM 在内的多种格式,用于浏览和处理 CT 和 MRI 等医学成像数据,通常包括序列选择、图像导出等操作。

1)序列选择

在 RadiAnt 中查看 CT 或 MRI 图像时,序列选择是选择感兴趣的特定图像组或扫描序列的过程。

(1)打开图像。

首先,打开包含所需图像序列的 DICOM 文件夹。如图 5-1 所示,通常可以通过单击软件中的"打开文件"(Open DICOM file)或"打开文件夹"(Open DICOM folder)按钮完成。

(2)浏览序列。

加载完 DICOM 文件夹后,RadiAnt 会显示所有可用的序列。每个序列将显示一张代表性的缩略图和一些基本信息。通过单击这些缩略图,可以选择一个特定的序列来查看。

图 5-1 RadiAnt 软件打开文件夹

(3)查看细节。

选择一个序列后,可以使用软件的工具来放大、缩小、平移和调整图像的亮度与对比度。通常,还可以进行窗宽/窗位的调整,这在查看 CT 和 MRI 图像时特别重要,如图 5-2 所示。

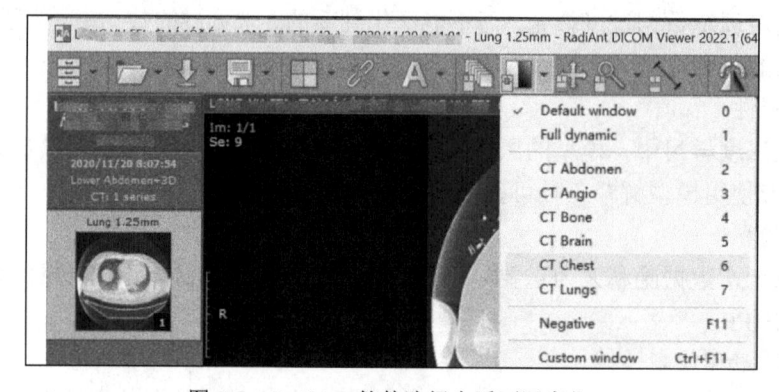

图 5-2 RadiAnt 软件选择合适不同窗位

2）图像导出

将图像从 RadiAnt 导出以用于报告、演示或进一步分析，通常涉及以下步骤。

（1）选择图像。

在浏览并找到想要导出的图像或序列后，可能需要使用软件提供的选择工具来指定特定的图像或整个序列。

（2）导出选项。

通过访问软件的导出菜单，可以选择不同的导出选项。这些通常包括图像的文件格式（如 DICOM、JPEG、BMP 等）、当前图像序列或当前单张图像等，如图 5-3 所示。

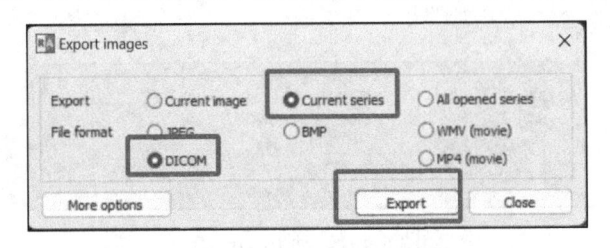

图 5-3　RadiAnt 软件导出图像序列

（3）保存图像。

选择了所有导出选项后，可以选择保存位置并导出图像。导出的图像将被保存在指定的文件夹中。

除此之外，RadiAnt 等软件可能还提供其他高级功能，如多平面重建（MPR）、体积渲染、图像注释和测量工具等。这些工具可以进一步帮助医疗专业人员分析和解释医学图像数据。需要注意，由于软件版本的更新可能导致操作方法有所变化，因此建议参考最新的官方用户手册或教程，以获取详细且针对特定版本的操作指导。

2. EEG 脑电数据预处理

EEG 脑电数据预处理包括导入文件、定位通道位置、删除无用通道、滤波、插值坏导、独立成分分析及剔除坏段等。

EEGLAB 是一个开源的 MATLAB 工具箱，用于处理、分析和可视化 EEG 数据。它提供了一套强大的工具，使研究人员能够对 EEG 数据进行各种操作，包括预处理、时频分析、事件相关电位（ERP）分析和空间源分析等。EEGLAB 还支持与其他工具和软件的集成，如 FieldTrip 和 BCILAB 等。通过 EEGLAB，用户可以进行复杂的 EEG 数据分析，以研究大脑的神经活动模式，从而帮助理解认知过程、神经疾病和其他与大脑功能相关的问题。这里采用 EEGLAB 对脑电数据进行预处理。

1）导入文件

打开 MATLAB，输入 EEGLAB，按下回车键启动 EEGLAB，如图 5-4 所示。

得到初始 EEGLAB 界面，选择 File、import data，根据具体脑电数据格式导入数据。部分数据格式会弹出一个对话框：是否要对数据进行选择性导入，一般都是全部导入，直接单击 Ok 即可，接下来会再弹出一个对话框：是否要对数据进行命名。基本上在 EEGLAB 的每一步操作之后都会弹出这样的对话框，询问是否需要对新产生的数据进行命名，根据自己需要选择即可，如图 5-5 所示。

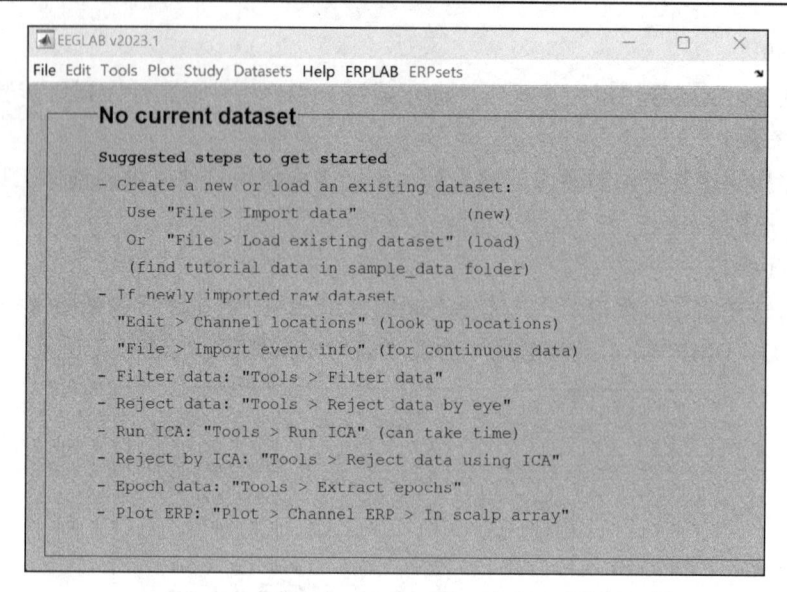

图 5-4　启动 EEGLAB

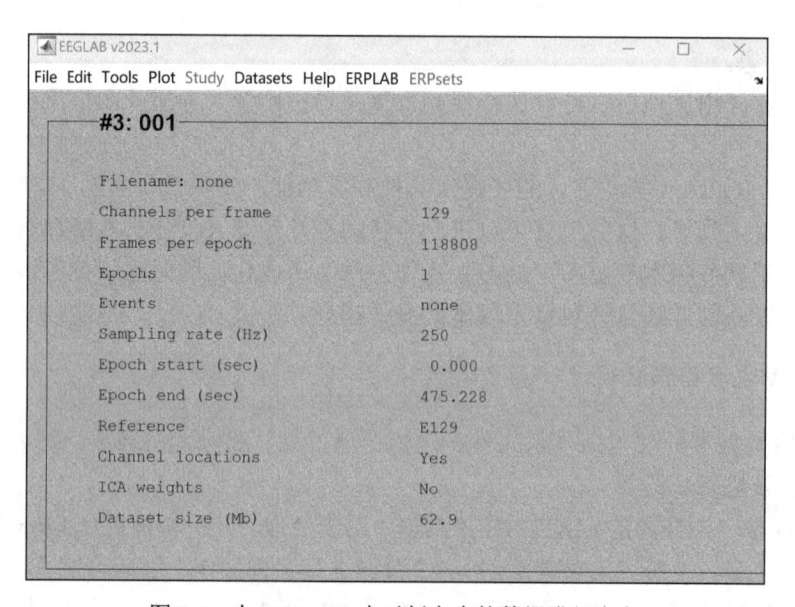

图 5-5　在 EEGLAB 中对新产生的数据进行命名

对数据进行初步认识。

**Channels per frame**：129 是指导入的数据有 129 个通道。

**Frames per epoch**：一段数据的总长度，是 118808 采样点。

**Epochs**：当前数据的段数，此时为 1 段。一般原始数据没有分段，只有一段，需要后续操作分割。

**Events**：检测到当前数据无 events。

**Sampling rate（Hz）**：数据的采样率为 250Hz。

**Epoch start（sec）和 epoch end（sec）**：这个的分段是从 0s 开始，到 475.228s 结束。

**Reference**：数据的参考点，重参考后会显示重参考的电极点或者 average，如果目前还没有进行重参考，则为 unknown。

Channel locations：是否有对通道进行定位，定位后会显示为 yes，这里是已经定位后的。

ICA weights：是否对数据进行了独立成分分析（ICA），分析后会显示 yes。

Dataset size（Mb）：数据的大小。

2) 定位通道位置

选择 Edit，打开 Channel locations，出现提示框选择单击模板，默认文件是 standard-10-5-cap385.elp，单击确定，可以查看数据电极位置，如图 5-6 所示。

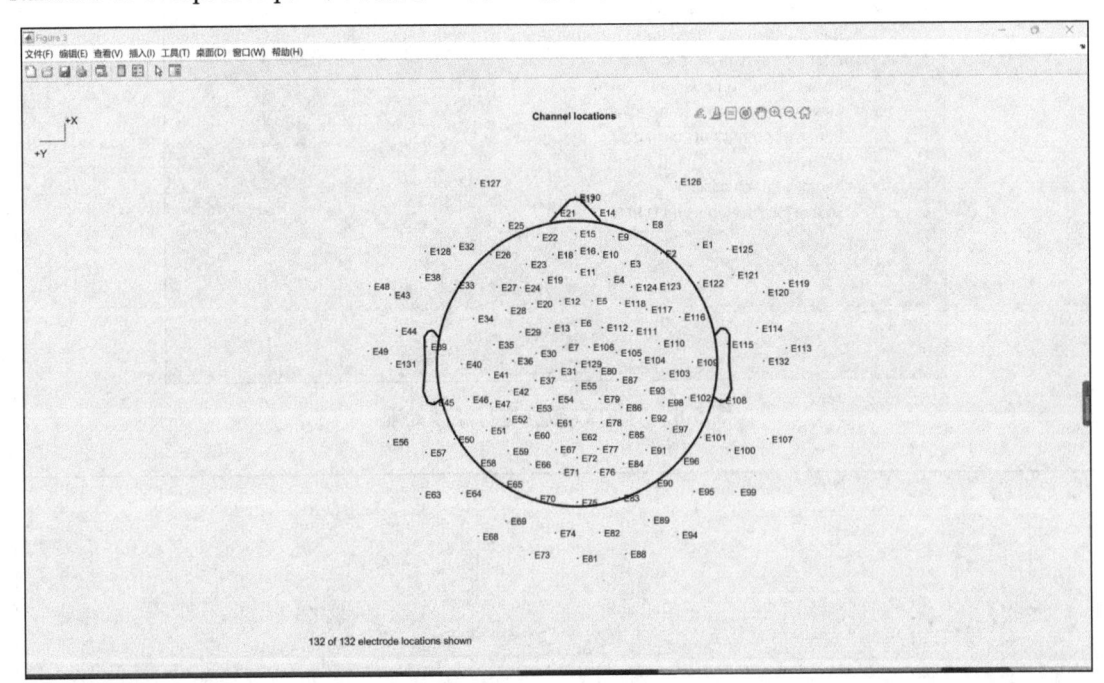

图 5-6　电极位置

3) 删除无用通道

选择 Edit，打开 Select data，根据电极定位以及具体需要，删除无用数据，如图 5-7 所示。

图 5-7　删除无用电极通道

这个步骤在原始数据中有坏电极或者本研究不包含的电极时，可以用于清理数据集中的冗余和错误信息，为后续分析奠定基础。

4）滤波

此处选择默认的滤波器进行 0～29Hz 的滤波，如图 5-8、图 5-9 所示。

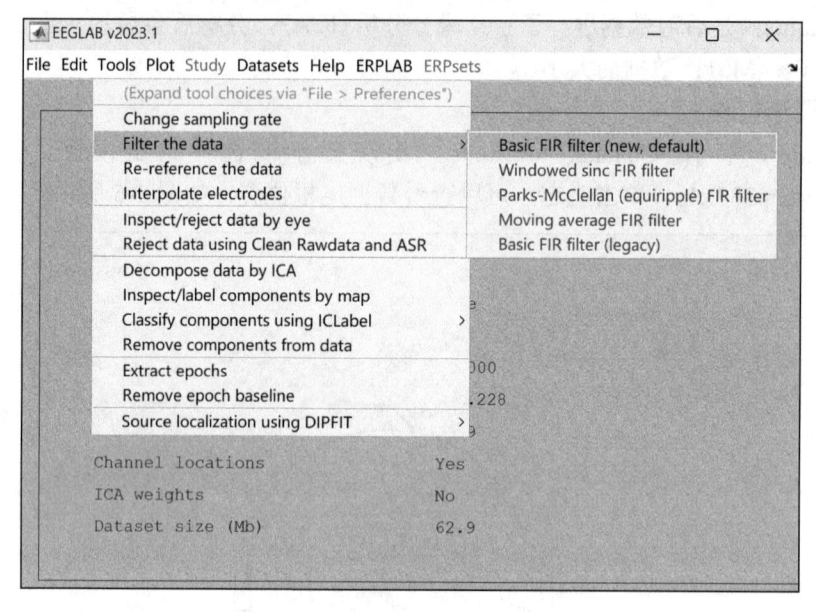

图 5-8　对 EEG 数据进行滤波处理

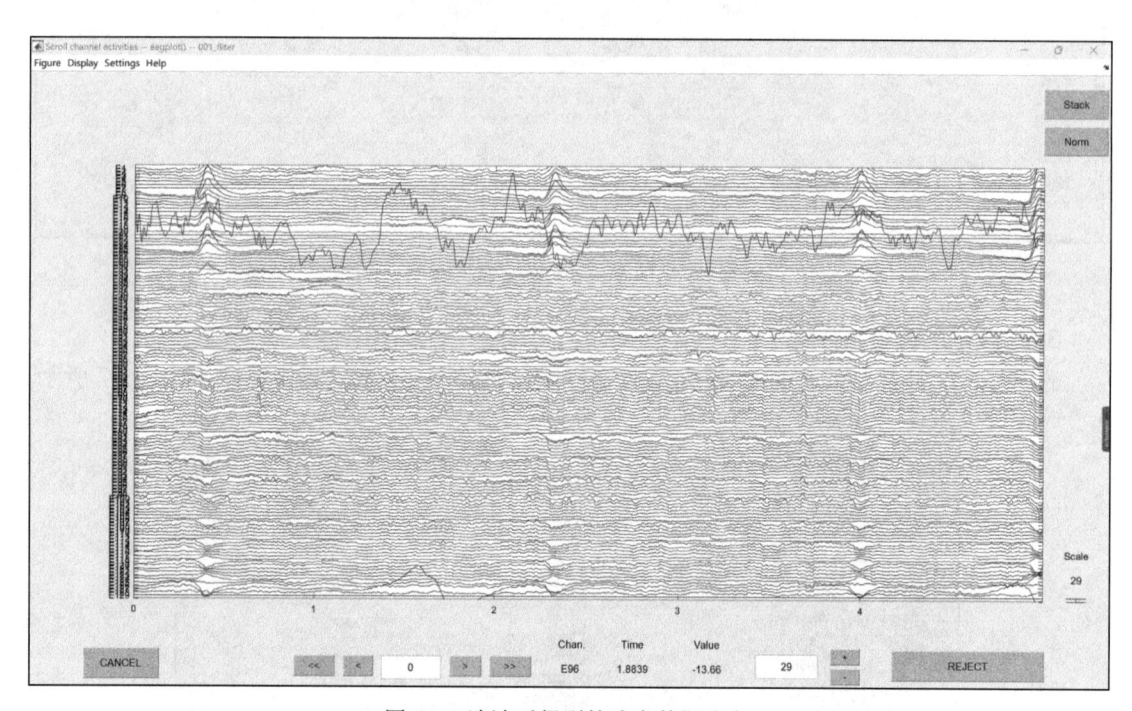

图 5-9　滤波后得到的脑电数据分布

5）插值坏导

对数据进行检查，如果发现某个通道的数据已损坏，可以用插值的方式来进行校正，如图 5-10 所示。

第 5 章　多模态数据分析实践

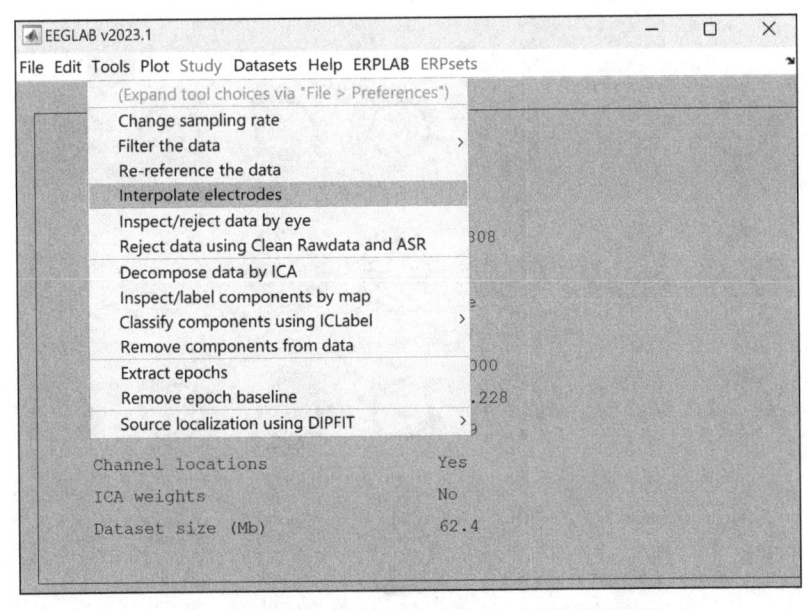

图 5-10　使用 EEGLAB 的默认算法对坏导联进行矫正

单击 Select from data channels，选择需要插值的通道，采用默认设置，单击 OK 即可，如图 5-11 所示。

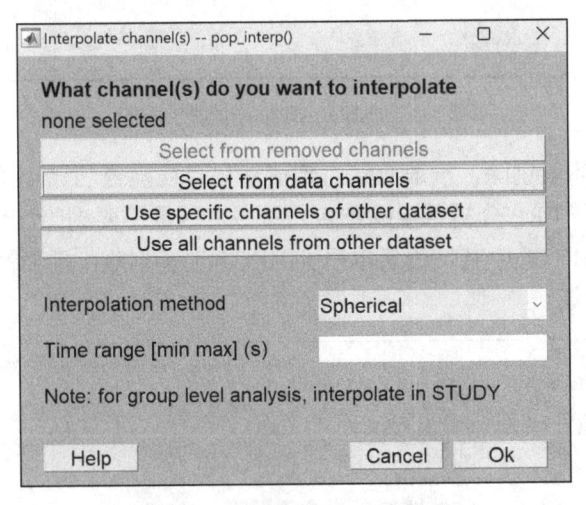

图 5-11　选择需要插值的通道

6）独立成分分析及剔除坏段

使用 ICA 算法剔除伪迹，此步操作需要对每一个成分进行判断，耗时较长。EEGLAB 提示一张画布只能画下 35 个图，剩下的会在第二张画布中画出，如图 5-12 所示。

此时，可以对所有的 ICA 成分进行查看和标记，单击成分数字，会出现该成分的详细情况。如果认为该成分代表伪迹成分，想要剔除的话，可以先将它标记起来。标记的方式是单击下方绿色的 ACCEPT，单击之后会变成红色的 REJECT。这一步需要对每一个成分进行查看和判断，然后将想要剔除的成分先标记起来。如图 5-13 和图 5-14 所示，ICA 可以辨识和剔除眼电伪迹、肌电伪迹、坏导伪迹以及心电伪迹等。

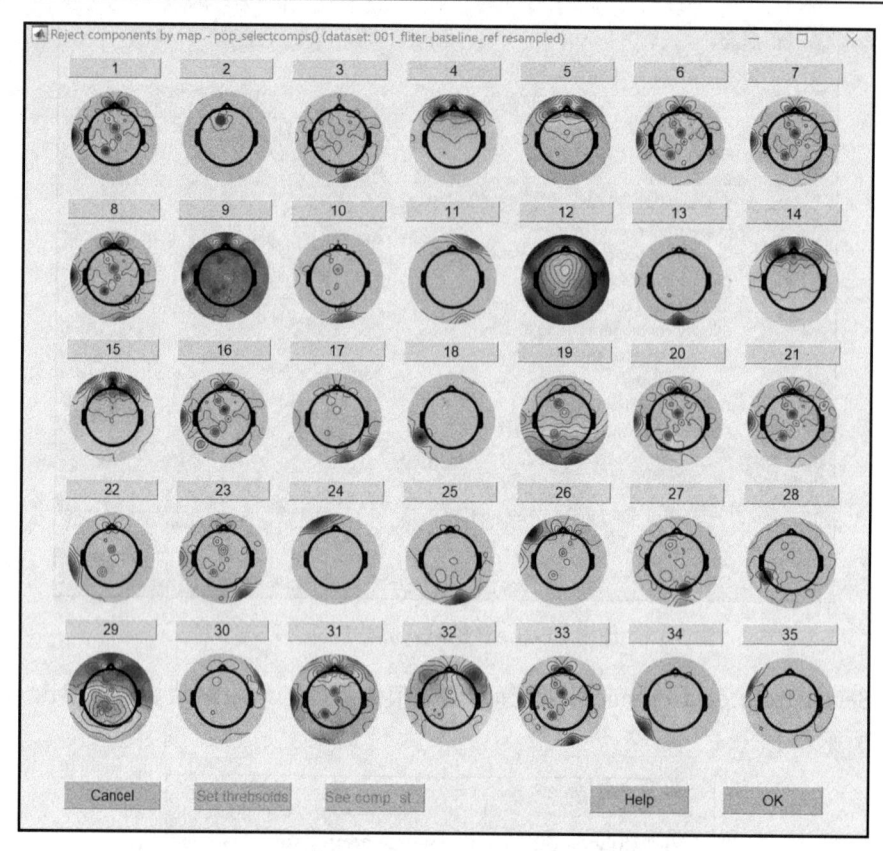

图 5-12　EEGLAB 生成的独立成分

去除伪迹后进行坏段剔除，一般有绝对阈值法与目视检查法。剔除坏段就是把表现不好的踪迹直接去掉，但是 ERP 分析希望踪迹多一些好，尽量不要剔除坏段。单击 Plot，然后选择 Channel data(scroll)，选中某坏段后单击 REJECT 进行剔除，需要注意剔除的坏段数量不得超过总踪迹数的 10%。

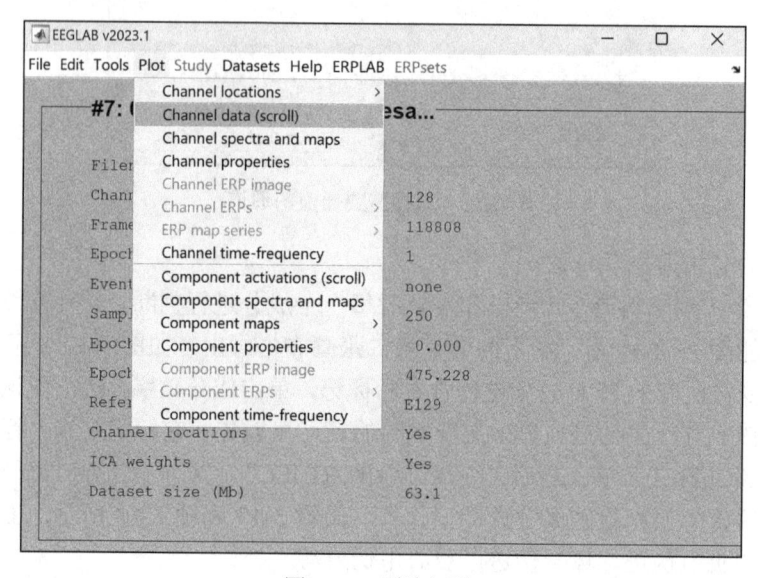

图 5-13　剔除坏段

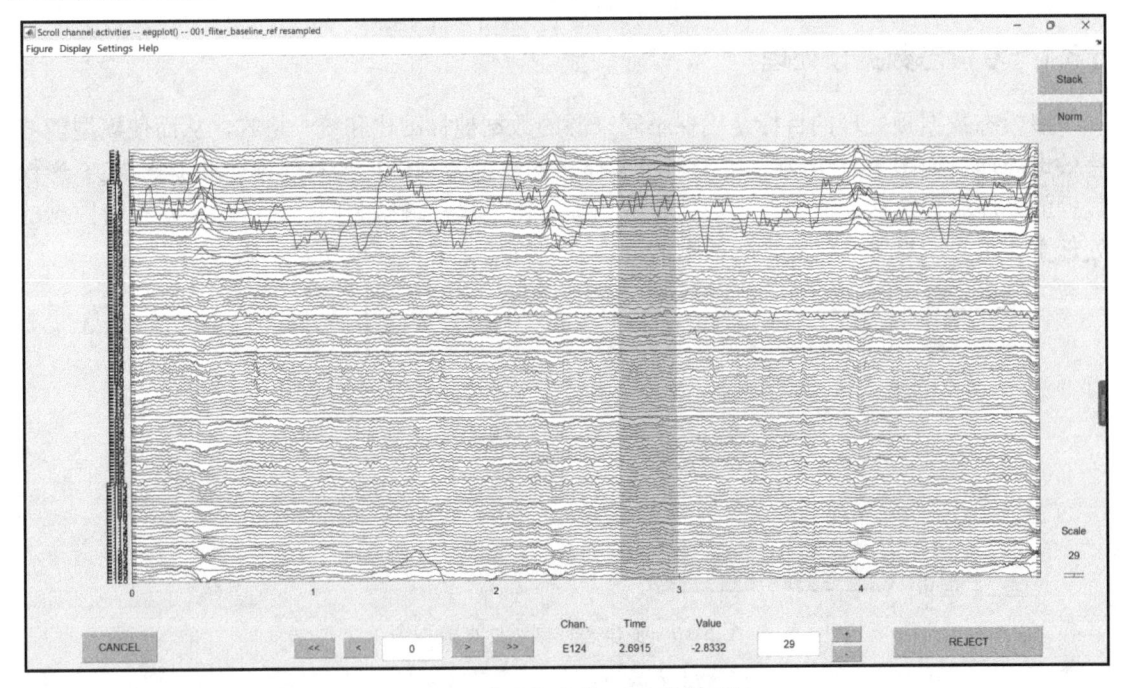

图 5-14 含有坏段的 EEG 数据示例

至此，EEG 数据的预处理就基本完成了，可以再次将这个数据保存起来，以供下一步操作。

## 5.3 基于多模态数据融合的智慧医疗诊断模型开发

本节将以脓毒症引发的急性呼吸窘迫综合征（sepsis-induced ARDS，SI-ARDS）为例，介绍基于多模态数据融合的智慧医疗诊断模型开发。SI-ARDS 是一种由严重感染引起的急性呼吸窘迫综合征，表现为患者的急性呼吸困难、低氧血症和双侧肺部渗透性改变。SI-ARDS 的快速诊断和有效治疗至关重要，因为其具有较高的死亡率。本研究中采用了 KM3T 模型，这是一种结合了知识图谱和深度学习技术的多模态数据融合模型，专门用于处理复杂的医疗诊断问题。

KM3T 模型通过融合 CT 影像、文本报告和化验指标的数据，能够深入分析和理解病理信息，提供关于疾病状态和进程的全面视图。这种模型利用其强大的数据处理能力，从各种医疗数据中提取关键生物标志物和病理特征，这些特征对于早期诊断和治疗策略的制定至关重要。

本节将详细探讨 KM3T 模型的完整开发流程，如图 5-15 所示，包括多模态数据预处理、多模态数据融合模型设计与开发、系统评测与分析。

图 5-15 模型开发流程图

### 5.3.1 多模态数据预处理

多模态数据预处理的目标是确保不同来源的数据被标准化和统一格式,从而使模型能够有效地处理。如图 5-16 所示,需要对不同模态的数据分别进行一系列预处理步骤:CT 影像数据的处理流程包括读取文件、数据脱敏、标准化、尺寸调整和归一化等;文本报告数据的处理主要是文本提取;化验指标数据的处理流程包括缺失值处理和归一化等。

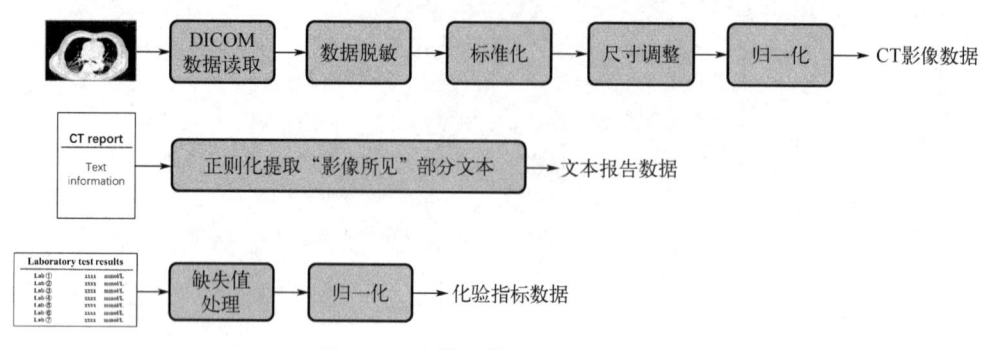

图 5-16 多模态数据预处理流程图

#### 1. CT 影像数据

本小节介绍 CT 影像数据预处理,包括读取文件、数据脱敏、标准化、尺寸调整、归一化。

1)读取文件

DICOM 是一种用于存储、传输、处理和显示医学成像信息的标准。DICOM 标准不仅定义了医学图像数据的文件格式,还包括一套用于确保这些文件能在不同制造商的设备和系统之间互操作的通信协议。

DICOM 格式是医疗行业广泛使用的图像格式,特别是在放射学领域。它支持多种类型的医学成像,包括 CT、MRI、X 光、超声和放射治疗数据等。因此,本项目中也选用 DICOM 格式的 CT 影像数据作为输入。CT 影像数据预处理的第一步即为读取 DICOM 格式文件。以下是一个简单的示例代码。

```
1.  import pydicom
2.
3.  # 读取 DICOM 文件
4.  def load_dicom(path):
5.      dicom_file = pydicom.dcmread(path)
6.      return dicom_file
7.
8.  dicom = load_dicom('path_to_dicom_file.dcm')
9.  image = dicom.pixel_array
```

在这个示例中,load_dicom() 函数用于读取所输入路径的 DICOM 文件,此时得到的返回值 dicom 是 FileDataset 类型的数据,接着通过 pixel_array 的操作便可以得到 NumPy 数组形式的图像数据。

2) 数据脱敏

由于 DICOM 文件是标准化的文件结构，其包含了成像数据以及与之相关的患者信息、成像参数和报告信息等元数据。常见的数据元素包括：患者信息，如姓名、ID、出生日期等；医疗图像数据，即实际的成像数据，如图像像素值；成像信息，如成像日期、时间、设备、操作参数等。

因而，在正式使用这些数据之前，需要清洗这些信息以保护患者隐私。以下是一个简单的示例代码。

```
1.  def anonymize_dicom(dicom_file):
2.      tags_to_anonymize = ['PatientID', 'PatientName', 'PatientBirthDate']
3.      for tag in tags_to_anonymize:
4.          if tag in dicom_file:
5.              dicom_file.data_element(tag).value = ''
6.      return dicom_file
7.
8.  dicom = anonymize_dicom(dicom)
```

在这个示例中，通过将 dicom 中"PatientID""PatientName""PatientBirthDate"属性赋值为空，从而实现数据脱敏。在实际使用中，可以根据需要自由设定 tags_to_anonymize 中需要脱敏的属性。

3) 标准化

CT 影像的窗位(window level)和窗宽(window width)是调整图像显示的重要参数，主要用于更好地观察不同组织。这两个概念在放射学中非常关键，因为它们能帮助医生识别和评估体内的各种结构。

窗位定义了 CT 图像中人们感兴趣的解剖区域所在的灰度或像素强度的中心值。

窗宽是指在图像中显示的灰度级别的范围，它决定了图像的对比度。窗宽越窄，展示的灰度变化就越小，对比度越高，能够更清晰地区分接近的灰度值；相反，窗宽越宽，对比度越低，但可以显示更宽范围的灰度值，有助于观察更广泛的组织。

表 5-1 提供了几种常用部位的典型窗位和窗宽值。请注意，这些值可能根据个别情况和特定的诊断需求略有不同，医生或影像技师可能会微调这些值以获得最佳的图像质量。

表 5-1 常用部位的典型窗位和窗宽值

| 应用部位 | 窗位 | 窗宽 |
| --- | --- | --- |
| 脑窗 | 30～50 | 80～120 |
| 软组织窗 | 20～60 | 350～400 |
| 肺窗 | −700～−600 | 1500～2000 |
| 骨窗 | 250～500 | 1800～3000 |
| 腹部窗 | 40～60 | 350～400 |
| 脊柱窗 | 50～70 | 250～300 |
| 血管窗 | 100～300 | 600～800 |

因此，CT 影像的像素值可以通过窗口化处理来标准化，从而使得人们感兴趣的区域更加突出。以下是一个简单的示例代码。

```
1.  def window_image(image, window_level, window_width):
2.      img_min = window_level - window_width // 2
3.      img_max = window_level + window_width // 2
4.      window_image = image.copy()
5.      window_image[window_image < img_min] = img_min
6.      window_image[window_image > img_max] = img_max
7.      return window_image
8.
9.  image_windowed = window_image(image_denoised, window_level=50, window_width=350)
```

在这个示例中，定义了一个名为 window_image 的函数，接收输入 image、window_level、window_width 分别是图像、窗位值和窗宽值。接着，计算出窗口的最小和最大灰度值，将图像中超出此范围的灰度值分别设为最小或最大灰度值，以便在指定的灰度窗内显示图像。通过这种方法，可以将图像的相应细节更清晰地突出。

4）尺寸调整

利用 Python 的 sciPy 库中的 ndimage 模块方法 ndimage.zoom 函数对 CT 图像数据进行缩放，以实现图像尺寸的统一，方便模型使用。

以下是一个简单的示例代码。

```
1.  from scipy import ndimage
2.
3.  def resize_image(image):
4.      # 设置目标尺寸
5.      desired_depth = 256
6.      desired_width = 512
7.      desired_height = 512
8.      # 获取现有尺寸
9.      current_depth = image.shape[-1]
10.     current_width = image.shape[0]
11.     current_height = image.shape[1]
12.     # 计算缩放倍数
13.     depth = current_depth / desired_depth
14.     width = current_width / desired_width
15.     height = current_height / desired_height
16.     depth_factor = 1 / depth
17.     width_factor = 1 / width
18.     height_factor = 1 / height
19.     # 调整尺寸
20.     image = ndimage.zoom(image, (width_factor, height_factor, depth_factor), order=1)
21.     return image
22.
23. image_resized = resize_image(image)
```

在这个示例中，使用了 ndimage.zoom 方法来调整图像尺寸。ndimage.zoom 方法通过插值算法对输入数组进行重采样，这意味着它会根据指定的缩放因子来创建新的数据点。在图像的上下文中，这些数据点代表像素值。如果将图像放大，ndimage.zoom 将插入额外的像素，并使用插值方法来估计这些像素的值。如果缩小图像，则某些像素将被合并或丢弃，并且新像素的值将由周围的像素决定。

5) 归一化

将像素值转换到标准范围内，使模型训练更为稳定。以下给出示例代码。

```
1.  def normalize_image(image):
2.      image = (image - np.min(image)) / (np.max(image) - np.min(image))
3.      return image
4.
5.  image_normalized = normalize_image(image_augmented)
```

示例中定义了一个名为 normalize_image 的函数，接收输入 image 为图像。接着，计算其像素值的最大值和最小值，然后使用这些值将图像的像素值线性缩放到 0 和 1 之间。

2. 文本报告数据

本小节介绍文本报告数据预处理，即从 pdf 文件中提取影像所见部分的文本。

```
1.  import pdfplumber
2.  import re
3.
4.  def extract_reports():
5.      # 读取 CT 报告 pdf 首页文本
6.      path = "/your_path/report.pdf"
7.      with pdfplumber.open(path) as pdf:
8.          page = pdf.pages[0]
9.          pdf_text = page.extract_text()
10.     # 去除空格与换行符
11.     pdf_text=pdf_text.replace(' ', '')
12.     pdf_text=pdf_text.replace('\n', '')
13.     # 使用正则表达式提取样本影像号与报告文本
14.     pattern=re.compile('影像号：(.+)姓名')
15.     patientID=pattern.findall(pdf_text)
16.     pattern=re.compile('影像所见：(.+)影像诊断')
17.     CTcontent=pattern.findall(pdf_text)
```

这段代码中使用了正则表达式来匹配 CT 报告文件中对应的文本。"影像号：(.+)姓名"表示匹配处在"影像号"与"姓名"之间的所有字符，"影像所见：(.+)影像诊断"则表示匹配处在"影像所见"与"影像诊断"之间的所有字符。

3. 化验指标数据

本小节介绍化验指标数据预处理，包括缺失值处理、归一化。

1) 缺失值处理

对缺失的数值型数据以均值填充。这种处理方法常用于数据预处理阶段，以解决数据集中的缺失值问题，从而改善后续分析或模型训练的质量和效果。以下是示例代码。

```
1.  def fill_missing_data(data):
```

```
2.    column_names = ["含有缺失值的列名"]
3.    data.loc[:,column_names]=data.loc[:,column_names].fillna(data.loc[:,column_names].mean())
```

示例中定义了一个名为 fill_missing_data 的函数,接收输入是类型为 DataFrame 的数据 data。首先指定一个包含列名的列表 column_names,然后使用 fillna 方法将这些列的缺失值替换为相应列的平均值。

2) 归一化

将指标值转换到一个共同的规模,以便模型使用。这种标准化处理有助于消除不同量纲的影响,常用于数据预处理阶段,以优化机器学习模型的性能。以下是示例代码。

```
1.    from sklearn import preprocessing
2.
3.    def norm(data):
4.        column_names = ["需要进行归一化的列名"]
5.        scaler = preprocessing.StandardScaler().fit(data.loc[:,column_names])
6.        data.loc[:,column_names] = scaler.transform(data.loc[:,column_names])
```

示例中定义了一个名为 norm 的函数,接收输入是类型为 DataFrame 的数据 data。首先,通过列表 column_names 指定需要进行归一化的列名。随后,使用 sklearn 库中的 StandardScaler 类创建一个标准化器对象,并通过 fit 方法计算这些列的均值和标准差。接着,利用 Transform 方法将这些统计值应用于相同的列,以实现数据的标准化,即将数据转换为均值为 0、标准差为 1 的分布。

## 5.3.2　多模态数据融合模型设计与开发

多模态数据融合的流程始于多渠道(如图像、文本和化验指标)的数据收集。接着,这些数据经过预处理,以确保它们达到一致的质量和格式标准。随后,从每种模态中提取关键特征,并对它们进行规范化。这些特征通过早期、中期或晚期的融合策略综合在一起,形成一个统一的数据表示,以供深度学习模型进行训练。最后,这一训练过程旨在提高模型的预测精度和决策能力,以适应实际应用中的复杂需求。

### 1. CT 影像特征提取

CT 影像特征提取的目的是将原始图像数据转换为深度学习模型能够理解的特征表示,利用深度学习的自动化能力来识别和学习图像中的复杂模式,从而提高疾病诊断的准确性和效率,辅助医生在治疗决策中做出更精确的判断。进行 CT 影像特征提取的常用方法为使用卷积神经网络(CNN)。

1) CNN 简介

CNN 是一种深度学习算法,主要应用于图像处理、分类、识别等计算机视觉领域。CNN 通过模拟人类视觉系统处理信息的方式,能够自动并有效地学习图像的层次特征。

CNN 的基本原理是利用卷积层来提取图像中的局部特征。每个卷积层包含多个卷积核,这些卷积核在图像上滑动并进行点乘操作,提取出图像的特征图(feature map)。通过堆叠多个卷积层,CNN 能够学习到从低级到高级的特征。

一个典型的 CNN 架构包含以下几种类型的层。

(1) 卷积层：CNN 的核心，通过卷积操作提取输入数据的特征。它通过滤波器在输入图像上滑动并计算滤波器与图像的点乘，生成特征图。

(2) 激活函数：通常位于卷积层后面，引入非线性因素，使得网络可以学习更复杂的特征。ReLU 是常用的激活函数。

(3) 池化层：也称为下采样层，用于减少特征图的维度，提高计算效率，减少过拟合。最常用的池化操作是最大池化。

(4) 全连接层：在网络的末端，将学习到的"分布式特征表示"映射到样本标记空间。

(5) 归一化层(normalization layer)：如批归一化(batch normalization)，用于加速训练过程，提高模型的稳定性。

(6) 丢弃层(dropout layer)：用于正则化，随机丢弃网络中的一些神经元，以防止过拟合。

2) 设计 CNN 架构

考虑到本项目中使用的 CT 影像数据以大小为[512, 512, 256]的三维形式存在，因此应将 CNN 由二维扩展至三维。

与二维 CNN 中的滤波器在图像上滑动只有两个维度（宽和高）不同，三维 CNN 中的滤波器会有三个维度（宽、高和深度），能够捕捉到数据的深度信息。在三维 CNN 中有以下特点。

(1) 每个三维卷积核都会在三个维度上滑动（宽、高、时间/深度）。

(2) 特征图也是三维的，能够表示随时间变化的特征或体积数据的特征。

(3) 池化层同样会在三个维度上执行，以减小特征图的尺寸。

在 Python 中，可以使用深度学习框架，如 TensorFlow 或 PyTorch，以构建三维 CNN。以下是使用 PyTorch 构建一个三维 CNN 的示例代码。

```
1.  import torch.nn as nn
2.
3.  # 定义一个三维 CNN 网络
4.  class CNN_3d(nn.Module):
5.      def __init__(self, in_c=1, indim=2048, outdim=768):
6.          super(CNN_3d, self).__init__()
7.
8.          # 第一层卷积
9.          self.cnn1 = nn.Conv3d(in_c, out_channels=32, kernel_size=3, stride=(2,2,1))
10.         self.relu = nn.ReLU()
11.         self.maxpool1 = nn.MaxPool3d(kernel_size=2)
12.         self.bn1 = nn.BatchNorm3d(num_features=32)
13.
14.         # 第二层卷积
15.         self.cnn2 = nn.Conv3d(in_channels=32, out_channels=64, kernel_size=3, stride=2)
16.         self.maxpool2 = nn.MaxPool3d(kernel_size=2)
17.         self.bn2 = nn.BatchNorm3d(num_features=64)
18.
19.         # 第三层卷积
20.         self.cnn3 = nn.Conv3d(in_channels=64, out_channels=128, kernel_size=3, stride=1)
21.         self.maxpool3 = nn.MaxPool3d(kernel_size=2)
22.         self.bn3 = nn.BatchNorm3d(num_features=128)
```

```
23.
24.        # 第四层卷积
25.        self.cnn4 = nn.Conv3d(in_channels=128, out_channels=256, kernel_size=3, stride=1)
26.        self.maxpool4 = nn.MaxPool3d(kernel_size=2)
27.        self.bn4 = nn.BatchNorm3d(num_features=256)
28.
29.        # 第五层卷积
30.        self.cnn5 = nn.Conv3d(in_channels=256, out_channels=256, kernel_size=3, stride=1)
31.        self.maxpool5 = nn.MaxPool3d(kernel_size=2)
32.        self.bn5 = nn.BatchNorm3d(num_features=256)
33.
34.    def forward(self, x):
35.        x = self.cnn1(x)
36.        x = self.relu(x)
37.        x = self.maxpool1(x)
38.        x = self.bn1(x)
39.
40.        x = self.cnn2(x)
41.        x = self.relu(x)
42.        x = self.maxpool2(x)
43.        x = self.bn2(x)
44.
45.        x = self.cnn3(x)
46.        x = self.relu(x)
47.        x = self.maxpool3(x)
48.        x = self.bn3(x)
49.
50.        x = self.cnn4(x)
51.        x = self.relu(x)
52.        x = self.maxpool4(x)
53.        x = self.bn4(x)
54.
55.        x = self.cnn5(x)
56.        x = self.relu(x)
57.        x = self.maxpool5(x)
58.        x = self.bn5(x)
59.
60.        x = x.flatten(1)
61.
62.        return x
```

在上述代码中，定义了一个名为 CNN_3d 的类，该类继承自 nn.Module。在这个类中，定义了五个卷积层，每层后面都跟着一个 ReLU 激活函数、一个最大池化层和一个归一化层。在 forward 方法中，定义了数据通过网络的路径。

该示例演示了一个非常简单的三维 CNN 架构，实际应用中可能要复杂得多，并需根据具体任务调整网络结构和参数。

## 2. 文本报告特征提取

文本报告特征提取的目的是将原始文本数据转换为深度学习模型能够理解的特征表示，以便进行分类、聚类或其他任务。有效的特征提取有助于捕捉文本中的关键信息，提高模型性能。

本小节采用的文本报告特征提取的方法为 BERT(bidirectional encoder representations from Transformers)，它是一种常见的用于文本报告特征提取的方法。

1) BERT 简介

BERT 是由谷歌在 2018 年提出的一种预训练语言表示模型。它的创新之处在于使用了 Transformer 的编码器架构，并通过双向训练的方式来学习语言的深层次表示。BERT 模型在多项自然语言处理(NLP)任务中取得了显著的效果，如文本分类、问答系统、命名实体识别等。

(1) Transformer 编码器：BERT 模型基于 Transformer 模型的编码器部分，使用自注意力机制来捕获输入数据的全局依赖关系。

(2) 预训练任务：BERT 模型在预训练阶段使用了两个任务。

①掩码语言模型(masked language model，MLM)，即随机遮蔽(mask)输入句子中的一些单词，然后尝试预测这些遮蔽单词。这允许模型更好地理解双向上下文。

②下一句预测(next sentence prediction，NSP)，即给定两个句子 A 和 B，模型预测 B 是否是 A 的下一个句子。这帮助模型学习句子间的关系。

(3) 双向上下文：传统的语言模型通常是单向的，而 BERT 模型能够整合左右两侧的上下文信息，从而获得更丰富的语言表示。

2) 模型选择与加载

(1) BERT 模型变体。

常用的 BERT 模型变体有如下三种。

①RoBERTa (robustly optimized BERT approach)：一个改进的 BERT 版本，通过移除 NSP 任务、训练更大的数据集、使用更长的序列和更彻底的超参数调整来提高性能。

②ALBERT(a lite BERT)：为了减小模型尺寸而设计，它使用了参数共享和因子分解技术，提供了与 BERT 相似的性能，但参数量却大大减少。

③DistilBERT：一个更小、更快、更轻量的 BERT 模型，通过知识蒸馏技术从 BERT 中蒸馏出最重要的信息，保持了大部分性能。

(2) BERT 模型选择因素。

选择合适的 BERT 模型变体通常取决于以下因素。

①任务复杂性：一些复杂任务可能需要更大的模型来捕获更细微的语言特征。

②资源可用性：较大的模型需要更多的计算资源和内存。如果资源有限，可以选择 ALBERT、DistilBERT 这样的轻量级模型。

③推理速度：如果对推理时间有严格要求，应选择推理时间更短的模型。

④数据量大小：有时较小模型在数据量有限的情况下更易于训练。

要加载和使用 BERT 模型，可以使用 Hugging Face 的 transformers 库，它提供了预训练的 BERT 模型及其变体，并且能够很方便地用于不同的 NLP 任务。本项目选择了更适用于中文文本解析的 bert-base-chinese 版本。以下是使用 BERT 模型的基本步骤。

首先，确保已经安装了 transformers 库。如果没有安装，可以通过 pip 安装。

```
1.  pip install transformers
```

接下来，可以使用 transformers 库中的 BertModel 和 BertTokenizer 来加载预训练的 BERT 模型和相应的分词器(tokenizer)。

```
1.  from transformers import BertModel, BertTokenizer
2.
3.  # 加载预训练的模型和分词器
4.  model_name = 'your_path/bert-base-chinese'
5.  tokenizer = BertTokenizer.from_pretrained(model_name)
6.  model = BertModel.from_pretrained(model_name)
```

然后，使用分词器将文本转换为模型能够理解的格式，包括将单词转换为 ID、添加必要的特殊标记(如[CLS]和[SEP])以及对输入进行填充或截断，以匹配模型的输入长度要求。

```
1.  input = tokenizer.batch_encode_plus(batch_text_or_text_pairs=text,
2.                      truncation=True,
3.                      padding='max_length',
4.                      max_length=512,
5.                      return_tensors='pt',
6.                      return_length=True)
```

其中，return_tensors='pt'表示返回的是 PyTorch 张量形式的数据。padding='max_length' 确保所有序列都会填充到所设定的最大长度，truncation=True 则确保序列不会超过该长度。

最后，使用模型进行推理，将处理好的输入数据传递给模型，进行前向传播，获取模型的输出。

```
1.  # 将输入数据传递给模型
2.  outputs = model(**inputs)
3.
4.  # BERT 模型的最后隐藏状态
5.  last_hidden_states = outputs.last_hidden_state
```

last_hidden_state 是模型的主要输出，它是每个令牌的最后一层隐藏状态的表示。根据实际任务，可以使用 last_hidden_states 进行各种后续处理。

3. 基于知识图谱的化验指标特征提取

1)知识图谱构建

参见第 2 章 2.2 节，其中详细说明了知识图谱的基本概念、分类和常见的技术。知识图谱是一种结构化的语义知识库，实体和关系这两种元素共同构成了知识图谱的基础架构。

(1)医疗知识图谱实体。

在医疗知识图谱中，实体通常指可以明确识别的、构成医疗领域知识体系的基本元素。医疗领域中的实体种类繁多，包括但不限于以下几种。

①疾病和症状：如"糖尿病""头痛"等，这些是医疗知识图谱中最核心的实体。

②药物：包括各种药品名称、药物类别等，如"阿司匹林""抗生素"。

③医疗设备：如"CT 扫描仪""心电监护仪"等。
④医疗程序：如"血液透析""开颅手术"等。
⑤生物标志物：如"血糖""血压"等生理指标。
⑥医疗机构和专业人员：如"医院""医生"等。
这些实体在图谱中通常以节点的形式存在，每个节点代表一个实体。

(2) 医疗知识图谱关系。

在医疗知识图谱中，关系表达实体间的相关性或互动，对于理解实体间的相互作用及其在医疗领域的功能至关重要。医疗知识图谱中的关系可以包括以下几点。

①治疗关系：例如，"阿司匹林"治疗"头痛"。
②症状关联：例如，"糖尿病"可能导致"视力模糊"。
③替代关系：例如，"药物 A"可以替代"药物 B"。
④隶属关系：例如，"心脏病科"是"某医院"的部门。
⑤诊断过程：例如，"血糖测试"用于诊断"糖尿病"。

在知识图谱中，关系通常以边的形式表示，连接两个或多个实体节点，每种类型的边代表一种特定的语义关系。

根据本项目作为小样本研究以及针对专科专病的特点，更加适合构建小型的专业领域知识图谱，因此我们请临床医生根据经验筛选出了和该疾病最相关的 104 个实体。接着，我们请专业医师根据筛选指南、文献等资料，确定各实体间是否存在关联。最后，将这些实体与关系以邻接矩阵的方式存储，如果实体之间相关联，则在矩阵中标记为存在连边。

2) 知识图谱可视化

可视化可以帮助用户从知识图谱中获取有用的信息并以直观的方式呈现。在第 3 章中已介绍过利用 neo4j 进行查询与可视化查询的方法，而在本章中将使用 gephi 进行知识图谱可视化。首先，需要将知识图谱数据整理成实体和关系的 csv 文件。实体文件中列出每个实体的编号和名称，关系文件中列出每个关系的编号、起始实体编号和目标实体编号。实体和关系 csv 文件示例数据如图 5-17 所示。

| | id | label |
|---|---|---|
| 2 | e0 | 年龄 |
| 3 | e1 | 体温 |
| 4 | e2 | 收缩压 |

(a) 实体

| | id | source | target |
|---|---|---|---|
| 2 | 0 | e19 | e8 |
| 3 | 1 | e20 | e8 |
| 4 | 2 | e21 | e19 |

(b) 关系

图 5-17 实体和关系 csv 文件示例数据

接着，将上述两个文件导入到 gephi 中进行可视化，得到结果如图 5-18 所示。

3) 图嵌入技术

知识图谱的图嵌入技术是指将知识图谱中的实体和关系映射到一个连续的低维空间中，同时保留其原有的拓扑结构、语义信息和属性特征。通过这种映射，可以将复杂的图结构转换成稠密向量形式，这些向量可以作为机器学习模型的输入，用于各种下游任务，如链接预测、实体分类、关系分类和知识图谱补全等。

图嵌入技术主要解决知识图谱中的信息处理和表示学习问题。它使得计算机可以更高效地处理和分析图谱中的知识，尤其是在大规模数据集上。

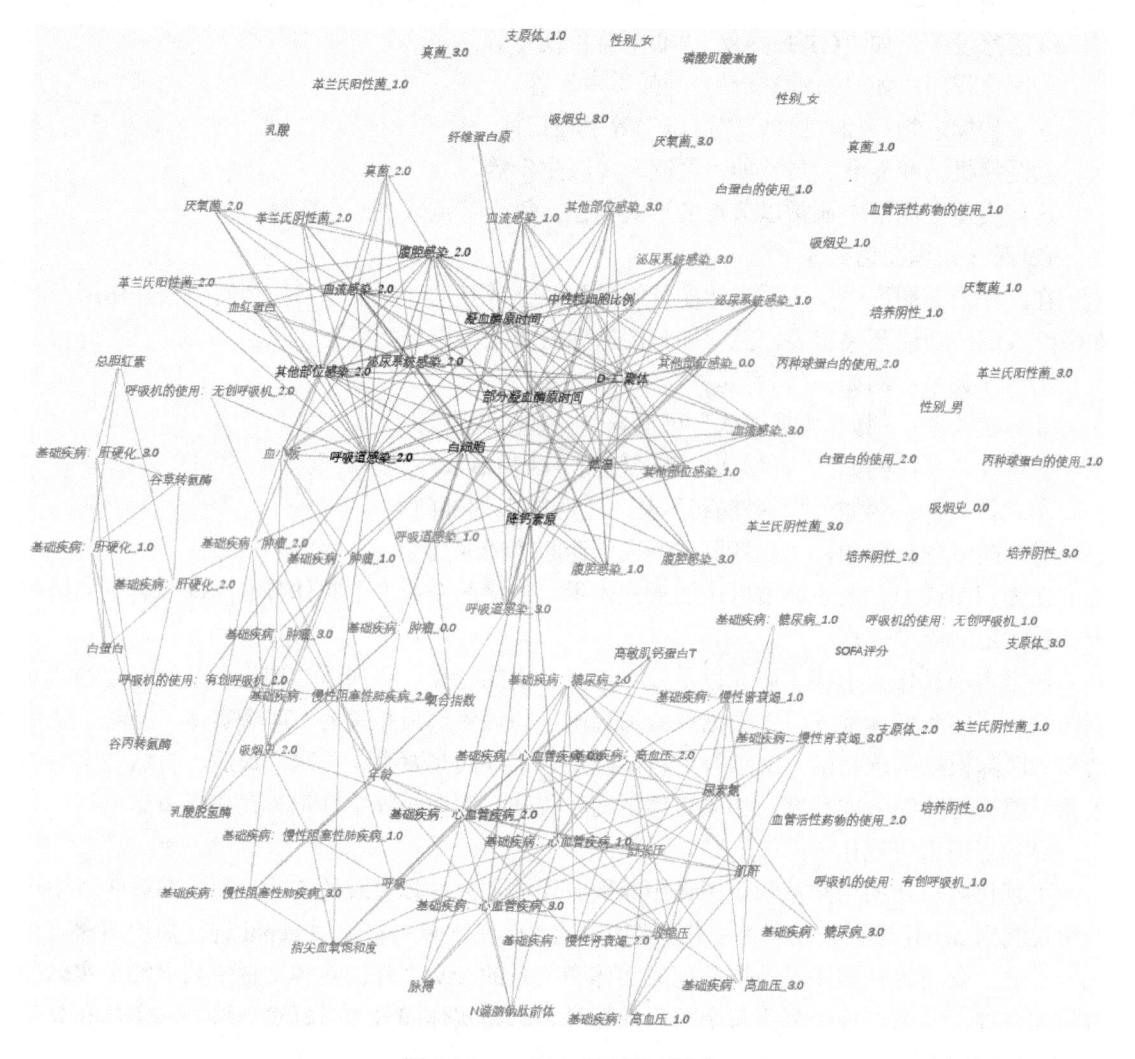

图 5-18 gephi 知识图谱可视化

(1) 常见的图嵌入技术。

①TransE：将关系视作实体间的平移操作。如果 $\langle h, r, t \rangle$ 是图谱中的一个事实（头实体、关系、尾实体），那么 TransE 嵌入的目标是使得 $h + r \approx t$。

②RESCAL：一种基于张量分解的方法，它将每个关系视为一个矩阵，能够捕捉实体间复杂的交互效应。

③DistMult：简化了 RESCAL 的张量分解，将关系表示为对角矩阵，有效地捕捉对称关系。

④ComplEx：扩展了 DistMult，引入复数嵌入，以更好地处理对称和反对称关系。

⑤Node2Vec：一种基于随机游走的算法，它探索了网络的邻域结构，并将节点嵌入低维空间中。

⑥GCN：使用图卷积操作来学习节点的嵌入表示，可以有效地捕捉节点的局部图结构。

⑦GAT：引入注意力机制的图神经网络，它允许模型为每个节点的邻居分配不同的重要性。

(2)图嵌入的实现步骤。

①随机初始化：实体和关系的嵌入向量通常是随机初始化的。

②损失函数定义：定义一个损失函数来量化嵌入向量与真实图结构之间的差异。

③优化：使用梯度下降或其他优化算法调整嵌入向量，以最小化损失函数。

④评估：通过链接预测、实体分类或其他下游任务来评估嵌入的质量。

本项目中采用 GAT 方法来进行知识图谱信息处理。在构建 GAT 网络之前，首先定义一个用作 GAT 网络层的类(GATLayer)，示例代码如下。

```
1.  class GATLayer(nn.Module):
2.      def __init__(self, in_features, out_features, dropout, alpha, concat=True):
3.          super(GATLayer, self).__init__()
4.          self.in_features = in_features          # 节点向量的特征维度
5.          self.out_features = out_features        # 经过 GAT 之后的特征维度
6.          self.dropout = dropout                  # dropout 参数
7.          self.alpha = alpha                      # leakyReLU 的参数
8.          self.concat = concat
9.
10.         # 定义可训练参数
11.         self.W = nn.Parameter(torch.zeros(size=(in_features, out_features)))
12.         nn.init.xavier_uniform_(self.W.data, gain=1.414)    # xavier 初始化
13.         self.a = nn.Parameter(torch.zeros(size=(2 * out_features, 1)))
14.         nn.init.xavier_uniform_(self.a.data, gain=1.414)    # xavier 初始化
15.
16.         # 定义 LeakyReLU 激活函数
17.         self.leakyrelu = nn.LeakyReLU(self.alpha)
18.
19.     def forward(self, input_h, adj):
20.         h = torch.mm(input_h, self.W)    # [N, out_features]
21.
22.         N = h.size()[0]                  # N 图的节点数
23.         input_concat = torch.cat([h.repeat(1, N).view(N * N, -1), h.repeat(N, 1)], dim=1).\
24.             view(N, -1, 2 * self.out_features)
25.
26.         # [N, N, 2*out_features]
27.         e = self.leakyrelu(torch.matmul(input_concat, self.a).squeeze(2))
28.         # [N, N, 1] => [N, N] 图注意力的相关系数(未归一化)
29.
30.         # 将没有连接的边置为负无穷
31.         zero_vec = -1e12 * torch.ones_like(e)
32.         # 如果邻接矩阵元素大于 0，则两个节点有连接，该位置的注意力系数保留
33.         # 否则需要 mask 并置为非常小的值，原因是在执行 softmax 时，这个最小值会不予考虑
34.         attention = torch.where(adj > 0, e, zero_vec)
35.         # softmax 形状保持不变 [N, N]，得到归一化的注意力权重
36.         attention = F.softmax(attention, dim=1)
37.         # dropout，防止过拟合
38.         attention = F.dropout(attention, self.dropout, training=self.training)
```

```
39.        # [N, N].[N, out_features] => [N, out_features]
40.        output_h = torch.matmul(attention, h)
41.        # 得到由周围节点通过注意力权重进行更新的表示
42.        if self.concat:
43.            return F.elu(output_h)
44.        else:
45.            return output_h
```

在以上示例中，定义了一个名为 GATLayer 的类，该类继承自 nn.Module，是用于实现 GAT 中的一个层。该层的主要功能是通过注意力机制来更新图中节点的特征表示。

(1) 初始化(__init__ 方法)：接收输入特征维度 in_features、输出特征维度 out_features、dropout 概率 dropout、激活函数 LeakyReLU 的负斜率参数 alpha，以及一个布尔值 concat，决定进行连接操作或者替换特征。初始化过程中，定义了权重矩阵 $W$ 和注意力系数向量 $a$，并使用 xavier 初始化方法进行初始化。此外，定义了一个 LeakyReLU 激活函数。

(2) 前向传播(forward 方法)：输入包含节点特征矩阵 input_h 和邻接矩阵 adj。使用权重矩阵 $W$ 对节点特征进行线性变换。然后，通过重复和拼接操作生成每对节点的特征组合，并计算未归一化的注意力系数 $e$。使用 LeakyReLU 激活函数处理这些系数。对于邻接矩阵中不相连的节点，将相关的注意力系数设置为非常小的值(负无穷大)，以确保在 softmax 操作中这些值接近于零。接着，对注意力系数应用 softmax 函数进行归一化，得到归一化的注意力权重。在此基础上，应用 dropout 防止过拟合，并使用归一化的注意力权重通过加权求和的方式更新节点特征。

(3) 输出：根据 concat 参数的值，输出通过指数线性单元(ELU)激活函数处理后的节点特征或者直接输出更新后的节点特征。

整体而言，GATLayer 类通过注意力机制有效地集成了节点及其邻居的信息，增强了模型对图结构的捕捉能力。

以下是构建一个 GAT 网络的示例代码。

```
1.  class MyGAT(nn.Module):
2.      def __init__(self, input_feature_size, output_size, nclass, dropout, alpha, nheads, n_indim, n_outdim):
3.          super(MyGAT, self).__init__()
4.          self.dropout = dropout
5.
6.          self.attentions1 = [GATLayer(input_feature_size, output_size, dropout=dropout, alpha=alpha, concat=True)
7.                              for _ in range(nheads)]
8.          for i, attention in enumerate(self.attentions1):
9.              self.add_module('attentions1_{}'.format(i), attention)
10.         self.out_att = GATLayer(output_size * nheads, nclass, dropout=dropout, alpha=alpha, concat=False)
11.         self.dim_change = nn.Linear(n_indim, n_outdim)
12.
13.     def forward(self, x, adj, batchpLabs):
14.         x = F.dropout(x, self.dropout, training=self.training)
15.         x = torch.cat([att(x, adj) for att in self.attentions1], dim=1)
16.         x = F.dropout(x, self.dropout, training=self.training)
17.         x = F.elu(self.out_att(x, adj))
```

```
18.        x = torch.flatten(x)
19.        x = x.repeat(batchpLabs.size(0),1)
20.        x = torch.cat((x, batchpLabs), 1)
21.        x = self.dim_change(x)
22.
23.        return x
```

这个类是一个完整的图注意力网络模型的实现，它可以用于处理图结构数据，并且能够通过学习节点之间的权重来捕捉节点特征和图结构之间的复杂关系。在前向传播中，模型进行如下工作。

(1) 应用 dropout 到输入特征 x。

(2) 通过所有的 GATLayer(在 self.attentions1 列表中)传递输入特征 x 和邻接矩阵 adj，然后将结果在特征维度上拼接。

(3) 再次应用 dropout(注意，注释掉的代码部分表示可能有多个注意力层堆叠，但在这里未使用)。

(4) 应用最终的注意力层 self.out_att 并使用 ELU 激活函数。

(5) 将结果张量压平，然后复制以匹配 batchpLabs 的大小，并与 batchpLabs 拼接。

(6) 通过 self.dim_change 线性层进行维度变换以获取最终输出。

4. 自适应特征融合

多模态数据融合的主要目的是整合不同来源的数据，利用它们之间的互补信息，提供一个更为全面和准确的数据表示，以增强模型在执行各种任务时的性能(如识别、分类、预测)。通过融合，模型能够捕捉到单一模态数据中难以表达的细微特征和复杂关系，从而提高决策、分析和理解的质量。

1) 常用的多模态数据融合方法

(1) 早期融合或特征级融合。

在这种方法中，不同模态的特征在输入模型之前就被结合在一起。这通常涉及特征向量的拼接，这样模型可以在一个统一的框架内从所有可用的数据中学习。

(2) 晚期融合或决策级融合。

在这种方法中，每种模态都独立地被处理，且各自形成预测或决策。这些独立的预测随后被结合起来，以形成最终的输出。这种方法可以采用投票机制、平均预测、加权平均等策略。

(3) 中间融合或联合特征融合。

在这种方法中，模型在处理过程中的某个点将不同模态的信息结合起来。例如，在一个深层网络中，来自两个不同模态的特征可能在经过几个层之后被融合。

2) 基于注意力机制的自适应特征融合

本项目所采用的融合方法为基于注意力机制的自适应特征融合。该方法利用了先进的注意力机制，通过对不同模态的特征进行智能加权和集成，实现了信息的有效融合。

(1) 注意力机制。

注意力机制是一种让模型动态地聚焦于最重要部分的信息处理策略，从而提高模型的性能。在多模态学习中，注意力机制可以使模型在不同模态之间分配不同的重要性权重。

①自注意力：也被称为内部注意力，使模型能够对同一序列中不同位置的数据点分配不同的注意力权重。

②交叉注意力：使模型能够在处理一种模态时，考虑到另一种模态的上下文信息，进而在两种模态之间建立联系。

(2) 基于注意力机制的融合步骤。

如图 5-19 所示，这种策略的具体实施步骤和原理如下。

①特征提取：从每种模态中提取特征。这一步已在 5.3.2 节完成，得到各模态的特征向量表示 $u_1, u_2, u_3$。

②注意力权重学习：对于每种模态提取的特征，通过一个注意力机制模块计算其权重。具体来说，模块首先对每个特征向量执行一个线性变换，生成查询（$q$）、键（$k$）和值（$v$）向量。然后，通过计算查询向量和键向量之间的内积，应用 softmax 函数来获得每个特征的注意力权重，这个过程可以公式化表示为

$$\theta_{ij} = \text{softmax}\left(\frac{\boldsymbol{q}_i^\text{T} \boldsymbol{k}_j}{\sqrt{d_k}}\right), \quad i, j \in 1, 2, 3 \tag{5-1}$$

其中，$d_k$ 是键向量的维度。

③特征加权与融合：使用上述计算得到的注意力权重对值向量进行加权，以此强调更重要的特征。每个加权后的特征向量 $z_i$ 是其对应值向量的线性组合：

$$\boldsymbol{z}_i = \sum_{j=1}^{3} \theta_{ij} \boldsymbol{v}_j, \quad i \in 1, 2, 3 \tag{5-2}$$

然后，将这些加权后的特征向量串联起来，形成一个综合的特征表示 $z$。

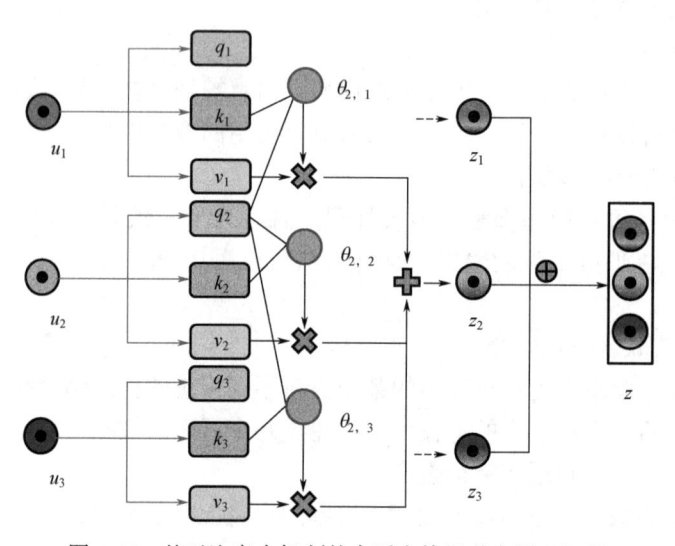

图 5-19 基于注意力机制的自适应特征融合原理阐释

在前面 3 小节中已经完成了各模态的特征提取，以下是构建注意力权重学习网络的示例代码。

```
1.   class Attention(nn.Module):
2.      def __init__(self,
3.                   dim,
4.                   num_heads=8,
5.                   qkv_bias=False,
6.                   qk_scale=None,
7.                   attn_drop_ratio=0.,
8.                   proj_drop_ratio=0.):
9.          super(Attention, self).__init__()
10.         self.num_heads = num_heads
11.         head_dim = dim // num_heads
12.         self.scale = qk_scale or head_dim ** -0.5
13.         self.qkv = nn.Linear(dim, dim * 3, bias=qkv_bias)
14.         self.attn_drop = nn.Dropout(attn_drop_ratio)
15.         self.proj = nn.Linear(dim, dim)
16.         self.proj_drop = nn.Dropout(proj_drop_ratio)
17.
18.     def forward(self, x):
19.         B, N, C = x.shape
20.         qkv = self.qkv(x).reshape(B, N, 3, self.num_heads, C // self.num_heads).permute(2, 0, 3, 1, 4)
21.         q, k, v = qkv[0], qkv[1], qkv[2]  # make torchscript happy (cannot use tensor as tuple)
22.
23.         attn = (q @ k.transpose(-2, -1)) * self.scale
24.         attn = attn.softmax(dim=-1)
25.         attn = self.attn_drop(attn)
26.
27.         x = (attn @ v).transpose(1, 2).reshape(B, N, C)
28.         x = self.proj(x)
29.         x = self.proj_drop(x)
30.         return x
```

在这个示例中，定义了一个名为 Attention 的类，该类继承自 nn.Module，用于实现多头注意力机制，这是在各种变换器（transformer）模型中常见的一种结构。以下是该类的主要组成部分和工作流程。

（1）初始化（__init__方法）：类的初始化接收几个参数，其中 dim 表示输入特征的维度，num_heads 表示注意力机制的头数，默认为 8。qkv_bias 控制是否为查询（$q$）、键（$k$）和值（$v$）向量添加偏置。qk_scale 提供查询和键的缩放因子，如果未提供，则默认为头维度的倒数的平方根。

（2）attn_drop_ratio 和 proj_drop_ratio 分别为注意力权重和最终投影的 dropout 比率。类中还包括用于生成查询、键、值的全连接层（qkv），以及输出前的投影层（proj）。

（3）前向传播（forward 方法）：输入 x 是形状为（B, N, C）的张量，其中 B 是批大小，N 是序列长度，C 是特征维度。首先通过 qkv 层生成查询、键和值的表示，然后调整维度并进行重排以适应多头处理。接着，使用查询和键的矩阵乘法得到原始的注意力分数，乘以缩放因子 self.scale 进行调节，再通过 softmax 函数进行归一化，得到归一化的注意力权重。应用 dropout 减少过拟合。

(4) 计算输出：使用注意力权重对值向量进行加权求和，然后进行维度重排和形状调整以匹配原始输入的维度。通过一个额外的全连接层 proj 进行输出转换，最后再次应用 dropout。

总体来说，Attention 类通过多头注意力机制允许模型在处理序列数据时，同时考虑来自不同子空间的信息，这种机制对于提高模型处理复杂序列任务的能力非常有效。

5. 医疗诊断与预测算法及优化

1) 分类与回归模型

深度学习中的分类与回归是两种常见的监督学习任务，它们在网络架构和损失函数设计上各有特点。

(1) 分类任务。

在分类任务中，模型的目标是将输入数据分配给预定义的类别。分类可以是二分类，也可以是多分类。

①分类网络：通常以一定深度的堆叠层（如卷积层、全连接层等）结束于一个输出层，输出层的神经元数量与类别数量相等。在多分类问题中，输出层通常使用 softmax 激活函数来将输出转化为概率分布。

②分类损失函数：分类问题常用的损失函数是交叉熵损失（cross-entropy loss）。对于二分类问题，通常使用二元交叉熵损失（binary cross-entropy loss），而对于多分类问题，则使用多类别交叉熵损失（categorical cross-entropy loss）。

二元交叉熵损失：

$$L = -\frac{1}{N}\sum_{i=1}^{N}[y_i \log(\hat{y}_i) + (1-y_i)\log(1-\hat{y}_i)] \qquad (5\text{-}3)$$

多类别交叉熵损失：

$$L = -\frac{1}{N}\sum_{i=1}^{N}\sum_{c=1}^{M} y_{ic} \log(\hat{y}_{ic}) \qquad (5\text{-}4)$$

其中，$N$ 是样本数量；$M$ 是类别数量；$y_i$ 是真实标签；$\hat{y}_i$ 是预测概率。

以下是一个简单的分类网络示例代码。

```
1.      class Classification(nn.Module):
2.         def __init__(self, num_inputs=3*768, num_hiddens=768, num_outputs=2):
3.             super(Classification, self).__init__()
4.             self.hidden = nn.Linear(num_inputs, num_hiddens)
5.             self.bn = nn.BatchNorm1d(num_hiddens)
6.             self.tanh = nn.Tanh()
7.             self.output = nn.Linear(num_hiddens, num_outputs)
8.
9.         def forward(self, x):
10.            x = self.hidden(x)
11.            x = self.bn(x)
12.            x = self.tanh(x)
13.            x = self.output(x)
14.            return x
```

在这个示例中，定义了一个名为 Classification 的类，这是一个继承自 nn.Module 的神经网络模型，用于执行分类任务。类的构造函数接收三个可选参数：输入特征的数量 num_inputs（默认为 3*768）、隐藏层的神经元数量 num_hiddens（默认为 768），以及输出层的神经元数量 num_outputs（默认为 2）。模型包括一个全连接层 hidden 用于从输入层到隐藏层的转换，一个批量归一化层 bn 用于标准化隐藏层的激活值，一个双曲正切激活函数 Tanh 以及一个全连接层 output 用于从隐藏层到输出层的转换。在模型的前向传播 forward 中，输入数据 x 依次通过这些层进行处理，最终输出用于分类的分数。这种结构常见于处理具有多个输入特征的简单分类问题。

(2) 回归任务。

在回归任务中，模型的目标是预测一个连续值，而不是选择类别。

① 回归网络：回归的架构与分类网络相似，但最终输出层的设计不同。输出层通常只有一个神经元（对于单目标回归），并且不使用激活函数或者线性激活函数，直接输出预测值。

② 回归损失函数：回归问题常用的损失函数是均方误差（mean squared error，MSE）或均方根误差（root mean squared error，RMSE），以及平均绝对误差（mean absolute error，MAE）。

$$L_{\mathrm{MSE}} = \frac{1}{N} \sum_{i=1}^{N} (\hat{y}_i - y_i)^2 \tag{5-5}$$

$$L_{\mathrm{RMSE}} = \sqrt{\frac{1}{N} \sum_{i=1}^{N} (\hat{y}_i - y_i)^2} \tag{5-6}$$

$$L_{\mathrm{MAE}} = \frac{1}{N} \sum_{i=1}^{N} |\hat{y}_i - y_i| \tag{5-7}$$

其中，$N$ 是样本数量；$y_i$ 是真实值；$\hat{y}_i$ 是预测值。

以下是一个简单的回归网络示例代码。

```
1.      class Regression(torch.nn.Module):
2.      # n_feature 为特征数目，此数目不能随便取值，n_output 为特征对应的输出数目，也不能随便取值
3.      def __init__(self, n_feature = 3*768, n_output=1, n_neuron1=768, n_neuron2=64, n_layer = 1):
4.          self.n_feature = n_feature
5.          self.n_output = n_output
6.          self.n_neuron1 = n_neuron1
7.          self.n_neuron2 = n_neuron2
8.          self.n_layer = n_layer
9.          super(Regression, self).__init__()
10.         # 输入层
11.         self.input_layer = torch.nn.Linear(self.n_feature, self.n_neuron1)
12.         self.input_bn = nn.BatchNorm1d(self.n_neuron1)
13.         # 1 类隐藏层
14.         self.hidden1 = torch.nn.Linear(self.n_neuron1, self.n_neuron2)
15.         self.bn1 = nn.BatchNorm1d(self.n_neuron2)
16.         # 2 类隐藏层
17.         self.hidden2 = torch.nn.Linear(self.n_neuron2, self.n_neuron2)
18.         self.bn2 = nn.BatchNorm1d(self.n_neuron2)
```

```
19.     # 输出层
20.     self.predict = torch.nn.Linear(self.n_neuron2, self.n_output)
21.
22. def forward(self, x):
23.     """定义前向传递过程"""
24.     out = self.input_layer(x)
25.     out = self.input_bn(out)
26.     # 使用 ReLU 函数非线性激活
27.     out = torch.relu(out)
28.     out = self.hidden1(out)
29.     out = self.bn1(out)
30.     out = torch.relu(out)
31.     for i in range(self.n_layer):
32.         out = self.hidden2(out)
33.         out = self.bn2(out)
34.         out = torch.relu(out)
35.     # 回归问题最后一层不需要激活函数，除去 feature_number 与 out_prediction 不能随便取值，隐藏层数与其他神经元数目均可以适当调整以得到最佳预测效果
36.     out = self.predict(out)
37.
38.     return out
```

在这个示例中，定义了一个名为 Regression 的类，这是一个继承自 torch.nn.Module 的神经网络模型，专门设计用于处理回归问题。此类在构造函数中初始化了多个网络层，包括一个输入层、多个隐藏层以及一个输出层。n_feature 参数定义了输入特征的数量，n_output 是模型输出的维度，而 n_neuron1 和 n_neuron2 分别是第一层和后续层的神经元数量。此外，n_layer 参数控制了重复使用第二类隐藏层的次数。在网络结构中，输入层由一个线性变换和一个批量归一化层组成，后面跟随激活函数 ReLU。第一类隐藏层同样由线性变换、批量归一化和 ReLU 激活函数构成。然后，根据 n_layer 参数指定的次数，重复应用第二类隐藏层，每次都包括线性变换、批量归一化和 ReLU 激活函数。最后，最终的预测值是通过输出层产生的，需要特别注意的是，在处理回归问题时，输出层通常不会使用激活函数。整个前向传播过程中，数据从输入层开始，逐层经过线性变换、批量归一化和非线性激活，最终在输出层生成连续值的预测，这种结构使模型能够处理复杂的非线性关系，适用于多种回归任务。

2）整体损失函数设计

为了训练同时进行分类和回归预测任务的模型，需要一个能同时考虑分类损失和回归损失的整体损失函数。下面展示如何设计这样的损失函数。

对于分类任务，常用的损失函数是交叉熵损失，适用于二分类或多分类问题。这种损失函数衡量的是模型预测的概率分布和真实标签的概率分布之间的差异，其公式表示为

$$L_{\text{cls}} = -\frac{1}{N} \sum_{i=1}^{N} [y_i \log(\hat{y}_i) + (1-y_i) \log(1-\hat{y}_i)] \tag{5-8}$$

对于回归任务，常见的损失函数是均方误差，它衡量的是预测值与真实值之差的平方的平均值。这种损失函数对于异常值非常敏感，适用于那些预测精度要求较高的任务，其公式表示为

$$L_{\text{reg}} = \frac{1}{N} \sum_{i=1}^{N} (\hat{y}_i - y_i)^2 \tag{5-9}$$

为了同时优化分类和回归任务，可以将上述两种损失函数结合起来，形成一个综合的损失函数。这通常通过简单地将两个损失相加实现，可能还需要对每个损失项加上一个权重因子来平衡它们的贡献：

$$L = \alpha L_{\text{cls}} + \beta L_{\text{reg}} \tag{5-10}$$

其中，$\alpha$ 和 $\beta$ 是权重因子，用于控制分类损失和回归损失对整体损失的贡献比重。选择这些权重的值可能需要基于具体任务的性质和数据集的特点进行调整。这里认为分类任务与回归任务同等重要，故选取 $\alpha = \beta = 0.5$。经验上，可以通过交叉验证等方法进行优化。

这种整体损失函数的设计允许模型在训练过程中同时考虑分类和回归两个目标，使得模型在进行特征学习时能够更加全面，从而提高其在实际应用中的性能和鲁棒性。

### 5.3.3 系统评测与分析

1. 评价准则

本小节介绍常用的医学数据分析模型的评价准则。

1）数值类的评价准则

（1）准确度（accuracy）：最直观的性能指标，它是正确预测的数量与总预测数量的比例，在医学数据分析中，高准确度意味着模型在预测疾病存在或不存在方面表现良好，其计算公式为

$$\text{Accuracy} = \frac{\text{TP+TN}}{\text{TP+TN+FP+FN}} \tag{5-11}$$

（2）召回率（recall）：模型识别出的正类实例占所有实际正类实例的比例。在医学领域，召回率也常被称为灵敏度（sensitivity），是检测疾病（如癌症筛查）时的一个重要指标。高召回率表明模型能够识别出大部分实际患病的病例，这在确保病人得到及时治疗方面非常重要，其计算公式为

$$\text{Recall} = \frac{\text{TP}}{\text{TP+FN}} \tag{5-12}$$

（3）特异性（specificity）：实际上没有这种情况但测试呈阴性的人的比例，其计算公式为

$$\text{Specificity} = \frac{\text{TN}}{\text{TN+FP}} \tag{5-13}$$

（4）阳性预测值（PPV）：也被称为精准度（precision），衡量的是模型预测为阳性的结果中实际为阳性的比例。PPV 可以帮助了解在所有被标记为阳性的案例中，有多少是真正的阳性。这在医疗测试中尤为重要，例如，在癌症筛查中，高 PPV 意味着较少的假阳性结果，其计算公式为

$$\text{PPV} = \frac{\text{TP}}{\text{TP+FP}} \tag{5-14}$$

(5)阴性预测值(NPV)：衡量的是模型预测为阴性的结果中实际为阴性的比例。这在某些情况下与 PPV 同样重要，例如，在疾病筛查中，高 NPV 意味着在所有被标记为阴性的个体中，绝大多数确实没有疾病，从而减少了假阴性的可能性，其计算公式为

$$NPV=\frac{TN}{TN+FN} \tag{5-15}$$

(6)F2 分数(F2-score)：F-score 是一种综合考虑精准度和召回率的度量，它是这两个值的调和平均。F2-score 是 F-score 的一个特定变体，特别适用于需要更多关注召回率而非精准度的场景。这个指标在精准度和召回率之间提供了一个加权平衡，其中召回率的权重更高，其计算公式为

$$\text{F2-Score}=\frac{(1+2^2)\times\text{Precision}\times\text{Recall}}{2^2\times\text{Precision}+\text{Recall}} \tag{5-16}$$

2) 曲线类的评价准则

(1)ROC 曲线：ROC 曲线是一种图形化工具，用于展示在不同阈值设置下模型性能的变化。ROC 曲线横轴为"特异性(假正率 FPR)"，纵轴为"灵敏度(真正率 TPR)"，其计算公式为

$$FPR=\frac{FP}{FP+TN} \tag{5-17}$$

$$TPR=\frac{TP}{TP+FN} \tag{5-18}$$

(2)AUC 值：AUC 值衡量的是 ROC 曲线下的面积，范围为 0~1。AUC 值越高，模型的分类性能越好。AUC 值为 0.5 意味着模型没有区分能力，等同于随机猜测；而 AUC 值为 1 则意味着模型在所有阈值下都能完美区分正类和负类。

2. 模型对比分析

为了阐明多模态模型的基本机制并理解不同模态对于模型预测能力的贡献，以下是以 KM3T 作为基线模型而设计的模型对比实验过程，如图 5-20 所示。

1)模态组合实验设置

(1)完整模型性能评估。

评估基线模型在使用所有三种数据模态时的性能。对于每个独立模态的模型，在 10 次迭代中计算性能指标(如 AUC、敏感性、特异性等)，并求得这些指标的均值和 95%置信区间。这些统计分析有助于评估模型性能的稳定性和不确定性。

(2)单模态消融。

分别移除(消融)三种模态中的两种，仅保留其中一种模态进行模型训练和评估。例如，只使用文本报告数据进行训练。首先修改模型代码，关闭多模态数据融合部件，并相应调整分类与回归网络的接口参数。这样可以利用文本报告特征提取网络得到的特征向量作为分类与回归网络的输入，进而评估模型在仅使用文本报告数据模态下的性能。其他两种模态的单模态消融工作与此类似。需注意此时的化验指标数据并不使用知识图谱信息。

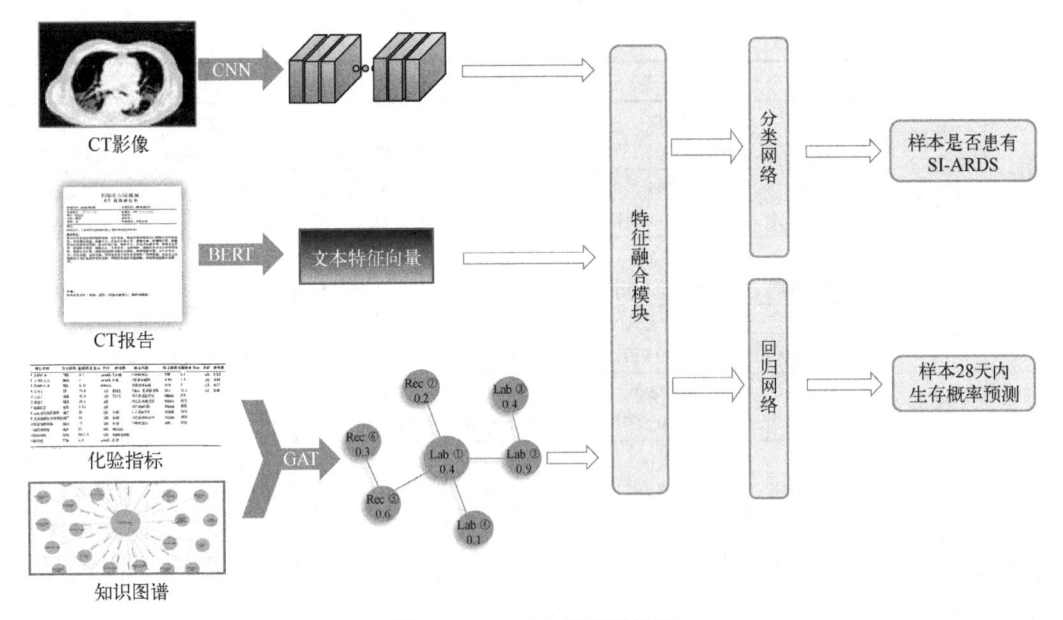

图 5-20  KM3T 模型架构图

(3) 双模态组合实验。

组合不同的双模态数据进行训练，如图像+报告和报告+指标，分别评估它们的 AUC 和 c-index 指标。例如，使用 CT 影像数据+文本报告数据进行训练。首先对模型代码进行修改，将多模态数据融合部件调整为仅处理两个模态的数据，接着调整分类与回归网络的接口参数，以便使用两个模态的融合特征向量作为输入，最后评估 CT 影像数据与文本报告数据双模态下的模型性能。其他两种双模态模型的工作与此类似。需注意此时的化验指标数据并不使用知识图谱信息。

(4) 不加知识图谱的多模态实验。

仍组合三种模态进行模型训练和评估，但不引入知识图谱信息。此过程中，需要修改化验指标特征提取网络及相关网络接口参数，完成这些调整后，再进行模型性能的评估。

2) 实验结果分析

(1) 性能对比和统计分析。

将上述消融实验的结果和完整模型的性能进行对比，以确定每种模态的贡献和组合模态的效果。这里给出示例结果对比，如表 5-2 所示。

表 5-2  模型对比分析实验表

| 模态 | 分组 | AUC | 召回率 | 特异性 | 阳性预测值 | 阴性预测值 | F2 分数 |
|---|---|---|---|---|---|---|---|
| 图像 | 训练集 | 0.714 [0.605, 0.734] | 0.560 [0.520, 0.600] | 0.756 [0.734, 0.779] | 0.407 [0.370, 0.444] | 0.853 [0.836, 0.869] | 0.518 [0.486, 0.551] |
| 图像 | 验证集 | 0.763 [0.703, 0.824] | 0.579 [0.472, 0.686] | 0.888 [0.858, 0.917] | 0.450 [0.363, 0.537] | 0.930 [0.908, 0.952] | 0.538 [0.446, 0.629] |
| 报告 | 训练集 | 0.700 [0.683, 0.717] | 0.198 [0.162, 0.235] | 0.952 [0.943, 0.960] | 0.528 [0.450, 0.606] | 0.812 [0.802, 0.822] | 0.226 [0.186, 0.267] |
| 报告 | 验证集 | 0.546 [0.487, 0.606] | 0.582 [0.498, 0.606] | 0.608 [0.552, 0.605] | 0.242 [0.180, 0.304] | 0.865 [0.824, 0.907] | 0.439 [0.373, 0.506] |

续表

| 模态 | 分组 | AUC | 召回率 | 特异性 | 阳性预测值 | 阴性预测值 | F2 分数 |
|---|---|---|---|---|---|---|---|
| 指标 | 训练集 | 0.865 [0.851, 0.878] | 0.282 [0.246, 0.318] | 0.981 [0.975, 0.986] | 0.805 [0.747, 0.863] | 0.828 [0.813, 0.843] | 0.324 [0.285, 0.362] |
| | 验证集 | 0.793 [0.763, 0.824] | 0.796 [0.734, 0.858] | 0.841 [0.808, 0.874] | 0.431 [0.347, 0.515] | 0.966 [0.954, 0.978] | 0.665 [0.614, 0.715] |
| 图像+报告 | 训练集 | 0.785 [0.766, 0.803] | 0.576 [0.535, 0.616] | 0.817 [0.801, 0..833] | 0.483 [0.454, 0.512] | 0.865 [0.847, 0.883] | 0.553 [0.518, 0.588] |
| | 验证集 | 0.741 [0.682, 0.800] | 0.824 [0.732, 0.917] | 0.416 [0.385, 0.446] | 0.163 [0.124, 0.202] | 0.948 [0.925, 0.972] | 0.442 [0.362, 0.522] |
| 报告+指标 | 训练集 | 0.900 [0.892, 0.909] | 0.522 [0.476, 0.569] | 0.984 [0.978, 0.990] | 0.890 [0.850, 0.929] | 0.888 [0.875, 0.900] | 0.568 [0.523, 0.613] |
| | 验证集 | 0.815 [0.778, 0.851] | 0.464 [0.346, 0.581] | 0.854 [0.820, 0.889] | 0.350 [0.231, 0.470] | 0.906 [0.876, 0.935] | 0.425 [0.310, 0.540] |
| 图像+指标 | 训练集 | 0.814 [0.792, 0.837] | 0.780 [0.755, 0.805] | 0.819 [0.803, 0.834] | 0.577 [0.543, 0.610] | 0.921 [0.909, 0.932] | 0.728 [0.704, 0.751] |
| | 验证集 | 0.795 [0.768, 0.822] | 0.903 [0.838, 0.968] | 0.430 [0.401, 0.459] | 0.221 [0.185, 0.257] | 0.963 [0.937, 0.989] | 0.550 [0.496, 0.605] |
| 图像+报告+指标 | 训练集 | 0.858 [0.839, 0.877] | 0.237 [0.222, 0.251] | 0.987 [0.983, 0.990] | 0.853 [0.822, 0.885] | 0.797 [0.785, 0.809] | 0.277 [0.260, 0.293] |
| | 验证集 | 0.775 [0.733, 0.817] | 0.890 [0.836, 0.944] | 0.545 [0.512, 0.579] | 0.256 [0.203, 0.309] | 0.969 [0.954, 0.984] | 0.583 [0.512, 0.654] |
| KM3T | 训练集 | 0.848 [0.837, 0.859] | 0.865 [0.842, 0.888] | 0.585 [0.567, 0.604] | 0.378 [0.356, 0.401] | 0.937 [0.925, 0.948] | 0.686 [0.671, 0.700] |
| | 验证集 | 0.843 [0.809, 0.899] | 0.892 [0.853, 0.931] | 0.749 [0.706, 0.793] | 0.435 [0.356, 0.515] | 0.972 [0.961, 0.983] | 0.724 [0.671, 0.777] |

(2) 结果分析和结论。

通过消融实验分析，可以得出以下结论：不同模态的数据对模型性能有不同程度的影响。在这项研究中，图像数据对 SI-ARDS 诊断的分类任务影响较大，而报告和指标数据对生存天数预测的回归任务影响较大。双模态组合可以提高预测性能，但没有任何一种双模态组合能够达到三种模态结合模型的性能水平。这强调了不同数据模态之间存在互补信息，这些信息在融合后可以提高模型的整体性能。KM3T 模型性能超过三种模态结合模型的性能，从而也证明了使用模型引入知识图谱信息的有效性。

3. 超参分析

超参分析是指评估和调整机器学习模型的超参数（即模型训练之前设定的参数）以优化模型性能的过程。超参数可能包括学习率、迭代次数、隐藏层的数量和大小、正则化强度等。进行超参数分析可以帮助我们了解哪些超参数对模型性能有显著影响，以及如何调整它们来提高模型的准确性和泛化能力。

1) 学习率

学习率决定了模型在每次迭代中更新权重的程度。太高的学习率可能导致模型无法收敛，而太低的学习率会导致训练过程缓慢，并可能陷入局部最优解。调整学习率时，关键是找到一个既不会导致模型权重更新过大从而无法收敛，也不会太小以至于学习过程过慢的平衡点。实践中通常从一个较小的值开始，可以通过经验或者使用预定义的范围，并逐渐调整。可以利用学习率衰减或者自适应学习率算法（如 Adam）在训练过程中动态地调整学习率，并采用交叉验证来选择最佳学习率。

2）迭代次数

迭代次数决定了模型训练时完整数据集被遍历的次数。设置太少的迭代次数可能导致模型欠拟合，而设置太多可能导致过拟合。早停法是一种常用技术，可以当模型在验证集上的性能不再提高时停止训练，以此来防止过拟合。此外，可以使用交叉验证来评估不同迭代次数的影响，找到一个合适的平衡点。

3）隐藏层的数量和大小

隐藏层的数量和大小直接影响模型的能力和复杂度。一般而言，过少的隐藏层可能导致模型容量不足，而过多的隐藏层可能增加过拟合的风险。通常从较小的网络开始，逐步增加层数和神经元数量，同时监控验证集上的性能。正则化技术，如 L1、L2 或 dropout，可以帮助控制模型复杂度并防止过拟合。

4）正则化强度

正则化技术通过在损失函数中添加惩罚项来约束模型的复杂度，是防止过拟合的有效手段。调整正则化强度时，目标是找到既能防止过拟合又不会导致欠拟合的最佳值，这通常涉及使用交叉验证来测试不同的正则化系数，结合使用不同类型的正则化（如 L1 和 L2），以及评估是否使用 dropout 及其丢弃率。

4. 医学发现与讨论

1）模型发现的医学新知

人工智能模型不仅可以帮助医生给出更加准确的诊断和预后预测，还可以揭示医学上的一些潜在发现。深度学习模型特别擅长识别复杂数据中的模式，有些模式可能超出了人类专家的认知能力。这意味着它们可以揭示疾病进展、患者反应和治疗结果之间未知的关联。

（1）新生物标志物的发现。

本章介绍的 KM3T 模型不仅能够诊断 SI-ARDS 患者，还能进一步对诊断相关的数据模态及不同实验室检查指标的权重进行展示。例如，通过分析 SI-ARDS 患者的实验室检查指标与基础信息，模型可以解释与 ARDS 发病相关的由多个指标组合成的生物标志物。

（2）对疾病的新理解。

深度学习模型可能会识别出 ARDS 患者 CT 图像中的特定病变特征，这些特征与 ARDS 的严重程度、类型或患者的预后密切相关。这可能包括肺部的渗出特征、肺组织的纤维化程度或其他尚未充分理解的图像特征。同时，通过深入分析模型识别的图像特征和它们与临床数据的关联，可能会揭示 ARDS 发展的病理生理机制。

2）潜在的临床应用与前景讨论

（1）早期识别和预警。

多模态深度学习模型在 ARDS 的早期识别和预警方面表现出巨大潜力，通过整合和分析来自不同渠道的数据，如 CT 图像、临床报告和实验室指标，模型可以识别出复杂的疾病模式和高风险指标。这种数据整合和模式识别的能力使得模型可以在疾病的早期阶段，甚至在临床症状显著之前预警医生，从而使医疗团队能够快速做出反应，实施及时的干预措施，对于提高治疗成功率和降低患者死亡率至关重要。

(2) 个性化治疗。

在个性化治疗方面，多模态深度学习模型运用其对大量患者数据的分析能力来识别个体间的差异，并预测不同患者对各种治疗方法的反应。这样的模型可以为每个 ARDS 患者量身定制治疗方案，同时监控治疗效果和潜在的副作用，确保每一步治疗都是基于患者当前状态的最佳决策。个性化治疗的推进有望显著提高治疗效率，减少不必要的医疗干预，同时优化医疗资源的使用。

## 小　　结

本章专注于多模态数据分析在医疗大数据中的应用。多模态数据分析通过整合来自不同数据源的信息，旨在提供更全面的分析结果。文中详细介绍了文本、图像、数值和传感器数据等多种数据模态的特征和处理方法。每种模态都需要特定的预处理和特征提取技术。此外，本书探讨了不同模态数据的融合技术，如早期融合和晚期融合，并讨论了多模态数据分析在实际医疗场景中的应用，如智慧医疗和疾病预防。

在医疗大数据的背景下，文中强调了智慧医疗的重要性，特别是在提高诊断准确性、治疗个性化以及健康监测方面的潜力。智慧医疗不仅提高了医疗服务的效率，还有助于缩小城乡之间的医疗资源差异。国家层面对智慧医疗的推动被视为提升国民健康水平的关键策略之一。本章还讨论了当前医疗卫生面临的挑战，如资源分布不均和可及性问题，并指出了通过高科技手段的融合和创新，可以有效地解决这些问题，推动健康中国建设的进程。

## 习　　题

1. 多模态数据融合的主要挑战是什么？
2. 基于公开数据样例和算法代码，复现 KM3T 算法。
3. 如何更好地理解和挖掘多模态数据之间的关联？思考并完成相关消融实验。
4. 思考题：结合当前技术趋势，分析未来多模态医疗大数据可能的发展方向和潜在挑战。

# 第 6 章　推荐系统实践

## 6.1　推荐系统的背景知识

在数字化时代，推荐系统已经成为连接用户与信息、产品的重要桥梁。通过深入分析用户的行为、偏好和环境信息，推荐系统能够在海量的数据中筛选出用户可能感兴趣的信息或产品，实现供需之间的精准匹配，有效缓解信息过载问题。

推荐系统的应用已深入到娱乐、电商、教育和招聘等多个领域，为用户提供高度个性化的服务。这些服务不仅显著提升了用户体验，也为服务提供商提供了精确触达潜在客户的有效渠道，体现了推荐系统具有巨大的商业价值和社会价值。以在线招聘场景为例，推荐系统通过分析求职者的技能和岗位需求，实现精准高效的人岗智能匹配，避免因信息错配导致的就业机会错失和招聘效率低下，促进了高质量充分就业。就业是民生之本，国务院印发的《"十四五"就业促进规划》以及 2023 年中央经济工作会议均强调了实施就业优先战略的重要性，推荐系统在人岗智能匹配中的应用响应了国家政策导向，体现了其在重大社会议题中的积极作用。

### 6.1.1　推荐系统概述

1. 推荐系统的基本概念

随着互联网数字内容的爆炸式增长，我们每天都被大量的数据和信息所包围。这种现象也被称作"信息过载"，它不仅让人们在寻找有价值信息时感到力不从心，也使得个人和组织的决策过程变得缓慢而低效。面对这一挑战，推荐系统应运而生，它通过精巧的算法，从无边的信息海洋中，为用户挑选出其最可能感兴趣的内容或产品，极大地缓解了信息过载的问题。

推荐系统作为一项集成了机器学习、数据挖掘等先进技术的工程技术解决方案，主动在用户与产品间建立连接，优化了用户的浏览与交互过程。这一系统不仅节省了用户寻找信息的时间，提升了体验，还实现了资源的高效配置。其背后的复杂体系，包括日志记录、数据处理、特征工程、模型建立等环节，展示了跨领域的综合应用，涵盖数据科学、软件工程到用户体验设计。利用机器学习技术，推荐系统能够深入挖掘用户行为数据，构建精准的兴趣预测模型，进而提供高度个性化的推荐。这种智能系统不仅能够实时捕捉用户兴趣的微妙变化，还能在满足用户当前需求的同时，不断带来新的惊喜。推荐系统能够依据用户反馈进行自我学习与优化，不断提高推荐质量。这种动态互动不仅极大丰富了用户的网络体验，还为内容创作者和商家开辟了新的商业机会，通过精准匹配，激发了用户的消费潜力，推动了经济效益的提升。推荐系统以其独特的技术优势和应用价值，正在逐步改变人们的信息消费习惯，促进数字内容和商品的有效流通，为现代数字经济的发展注入了新的动力。

## 2. 推荐系统的意义

推荐系统在现代社会扮演着至关重要的角色,其意义和价值体现在多个层面。

### 1) 用户层面

从用户层面来看,推荐系统极大丰富了用户的网络体验,它通过精准的算法为用户筛选出其可能感兴趣的信息或产品,有效解决了信息过载问题。在用户不确定具体需求时,推荐系统能提供个性化选项,帮助用户发现新兴趣和需求,增加用户对平台的依赖和满意度。

### 2) 平台和内容创作者层面

对平台和内容创作者而言,推荐系统是关键的流量增长引擎,它提高了内容的可见性和用户的参与度。推荐系统帮助内容创作者和商家将产品有效推荐给潜在用户,特别是通过挖掘长尾效应,使那些不那么流行但质量高的内容也能被用户发现。这不仅增加了内容的流通和消费,还为内容创作者与商家带来了更高的收益和市场竞争力。

### 3) 社会层面

从更宏观的社会层面来看,推荐系统的价值远远超出了其在个人体验和商业利益方面的贡献。

(1) 市场:推荐系统促进了信息的高效流通和资源的最优配置,通过激活市场的长尾效应,不仅增强了文化和产品的多样性,还为用户提供了更广泛的选择范围。这种多样性和选择的丰富性是现代社会发展的重要驱动力之一。

(2) 教育:推荐系统能够根据学生的学习习惯和兴趣点推荐个性化的学习内容,促进学习效率的提升。

(3) 医疗:通过分析患者的历史健康数据,推荐系统可以辅助医生做出更精准的诊断和治疗建议。

(4) 招聘:推荐系统通过匹配求职者的技能和职位需求,提高了人才招聘的效率和质量。

综上所述,推荐系统的出现和发展,不仅是技术进步的体现,也是对信息过载时代需求的直接响应。它通过为用户提供精准、个性化的信息服务,大幅提升了网络体验,同时也为经济和社会带来了积极的变化。随着推荐技术的不断进步和应用范围的扩大,预期它将在未来解决更多复杂的社会问题,为构建一个更加智能、高效、和谐的信息社会做出更大的贡献。

## 3. 推荐系统的应用场景

推荐系统的应用场景极其广泛,覆盖了人们日常生活的各个方面。以下是一些典型的应用场景。

### 1) 电商推荐

在电商平台中,推荐系统依据用户的购物历史、浏览习惯和偏好,智能推荐其可能感兴趣的商品。这不仅增加了用户的购买率,也显著提升了平台的整体销售额和用户满意度。

### 2) 内容推荐

针对新闻、视频、音乐等内容消费平台,推荐系统根据用户的消费习惯和个人偏好,提供个性化的内容推荐。这种推荐增强了用户的黏性,提高了平台的活跃度和内容消费量。

### 3) 社交网络推荐

在社交网络中,推荐系统帮助用户发现可能感兴趣的人、群组或内容,促进了社交网络的扩展和用户间的互动。这种推荐提高了用户的参与度和社交满意度。

4)产学研推荐

产学研推荐系统通过分析项目需求、研究方向和专家能力等信息,促进产业界、学术界和研究机构之间的合作。这种推荐有助于加速科研成果的转化和应用,推动技术创新。

5)招聘推荐

招聘推荐系统根据求职者的简历、职业兴趣和历史应聘情况,以及职位的要求和特性,进行智能匹配。这帮助求职者找到合适的工作机会,同时也为雇主找到合适的人才。

4. 推荐系统的挑战

推荐系统面临的挑战广泛而复杂,涵盖了技术、用户体验、伦理法律等多个方面。以下是一些主要的挑战。

1)冷启动问题

对于新用户或新加入系统的物品,缺乏足够的行为数据使得为它们提供准确推荐变得困难。解决冷启动问题需要推荐系统能够在有限的信息基础上做出合理的推荐策略,这可能涉及利用用户或物品的基本属性进行推荐,或者通过引导用户进行初步互动来快速收集偏好信息。

2)动态变化的用户偏好

用户的兴趣和偏好不是静态不变的,而是随时间、环境、心情等因素变化。推荐系统需要能够实时捕捉并反映这种变化,这要求系统不仅要具备快速学习用户新偏好的能力,还要能够灵活调整推荐策略,及时更新用户模型。

3)准确性与多样性的平衡

用户期望推荐内容不仅准确匹配其兴趣,而且充满新颖性。推荐系统如果过度追求用户已显示出的偏好,可能会形成信息茧房,限制用户接触到新的内容或观点。因此,推荐系统面临的挑战之一是如何在确保推荐准确性的同时,保持内容的多样性与新颖性,从而避免用户体验变得单调且封闭。

4)隐私保护

推荐系统在收集和分析用户数据以提供个性化服务的过程中,必须严格遵守用户隐私保护的法律法规。如何在利用用户数据提高推荐质量的同时,保护用户隐私不被泄露或滥用,是推荐系统必须面对的重要问题。这需要在技术和法律层面采取有效措施,确保用户数据的安全和隐私。

## 6.1.2 推荐系统架构

本节将深入探讨推荐系统的架构。图 6-1 展示了推荐系统的整体架构,涉及多个关键组成部分,包括数据收集、数据预处理、特征工程、推荐模型以及模型训练与更新。

1. 数据收集

在构建推荐系统的过程中,数据收集是基础,也是关键的一步。这一步骤决定了推荐系统能够了解用户、物品以及用户与物品之间互动的深度和广度,从而影响推荐系统的效果。数据收集涵盖了用户的个人信息、用户的行为数据、用户所处的上下文环境以及物品的属性信息等多个维度,这些数据共同构成了推荐系统的输入,是实现个性化推荐的基础。

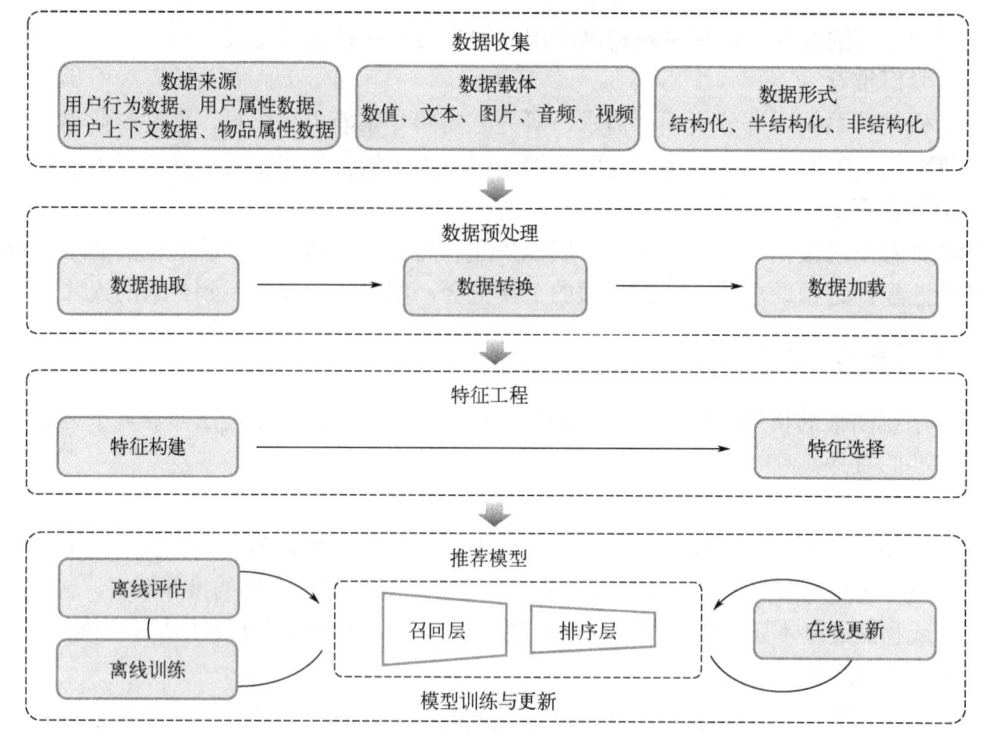

## 图 6-1 推荐系统架构图

推荐系统的数据收集可以从三个方面进行详细说明：数据来源、数据载体和数据形式。数据来源包括用户行为数据、用户属性数据、用户上下文数据和物品属性数据等，这些信息来源于用户与推荐系统的直接或间接交互。数据载体指的是承载数据的媒介，包括数值、文本、图片、音视频等，不同的载体适用于不同的数据处理技术和推荐场景。数据形式则是指数据的组织方式，分为结构化数据、半结构化数据和非结构化数据，这些形式决定了数据处理和分析的方法。接下来，我们将分别从这三个维度深入探讨推荐系统的数据收集过程，及其对推荐效果的影响。

1）数据来源

为了全面理解用户偏好和物品内容，推荐系统通常从多个维度收集数据，包括用户行为数据、用户属性数据、用户上下文数据和物品属性数据等。下面将详细探讨这些数据来源的特点及其在推荐系统中的应用。

（1）用户行为数据。

用户行为数据是推荐系统中至关重要的一部分，它包含了用户在产品或服务平台上的一系列操作活动。用户行为数据主要分为两类：显式行为和隐式行为。显式行为，如评分、点赞、评论或直接购买，直接表明用户对某个物品的兴趣或偏好；而隐式行为，如浏览历史、页面停留时间、搜索关键词等，虽然不直接表达用户兴趣，但能间接反映用户偏好。这些数据对于构建高效的推荐系统至关重要，因为它们能帮助系统精准地描绘出用户的兴趣画像，动态捕捉用户兴趣的变化，提升推荐的个性化程度，并发现用户的潜在需求。

（2）用户属性数据。

用户属性数据也称作用户人口统计学数据，主要包括年龄、性别、地域、学历、职业等关键信息。这些数据为推荐系统提供了一个稳定而详尽的用户基础信息框架，通常来源于用户在注册过程中填写的资料或通过对用户行为的深入分析而获得。用户属性数据的核心价值在于助力推荐系统更精准地把握用户的基本特征与偏好，进而构建出更为丰富和精确的用户画像，为用户提供高度个性化的推荐服务。相对于用户行为数据的动态性，用户属性数据的相对稳定性为推荐系统揭示了用户长期的兴趣偏好和潜在需求。借助于对这些基本属性的细致分析，推荐系统能够在缺乏足够行为数据支撑的情况下，为用户做出合理且个性化的推荐。以人岗智能匹配场景为例，通过对求职者的工作经验、专业技能等属性数据的分析，推荐系统能够准确评估求职者与职位之间的匹配度，推送高度相关的职位机会。此外，地域偏好的分析进一步优化了推荐的准确性，确保了推荐职位符合求职者的地理位置期望。

(3) 用户上下文数据。

用户上下文数据是指描述推荐行为发生场景的信息，对推荐系统的效果提升至关重要。这些信息不仅包括用户所处的物理环境（如时间和地点），也涵盖了季节、月份、是否为节假日、天气、空气质量、社会大事件等多维度的情境信息。引入上下文信息的目的是更准确地捕捉用户需求的变化，提供更符合当前用户情境的推荐。以人岗智能匹配场景为例，如果推荐系统能够考虑到求职者当前的地理位置，就可以优先推荐附近的职位或者在求职者偏好的工作地点附近的职位。以视频推荐场景为例，用户可能在傍晚偏好轻松浪漫的电影，而在深夜则更倾向于观看悬疑惊悚的影片。若推荐系统未能考虑到这种上下文变化，就无法有效捕捉到用户的这些细微需求变化，从而影响推荐的质量和用户满意度。

(4) 物品属性数据。

物品属性数据为推荐系统提供了对推荐物品的基本属性和特征的详尽描述。例如，在视频推荐系统中，这类数据包括但不限于电影的类型、导演、演员等信息；而在在线招聘平台中，则包含岗位的技能要求、工作地点、薪资等关键信息。物品属性数据的来源非常多样化，既可能来源于内容制作者或商家上传的详细介绍，也可能由系统管理员手动添加，或者通过自动化技术从第三方数据库中抓取。这些丰富的属性信息，为推荐系统精确把握每一项物品的独特性和归类提供了可靠依据，从而能够向用户提供更加个性化和精准的推荐。通过充分利用这些数据，推荐系统不仅能够显著提升用户体验，还能增强用户对推荐内容的满意度以及对平台的忠诚度。

2) 数据载体

在推荐系统中，数据载体是指存储与传输数据的格式和媒介。不同类型的数据载体不仅影响着数据的采集、存储和处理方式，而且在一定程度上决定了推荐系统能够实现的功能复杂度和用户体验的丰富性。以下是推荐系统中常见的数据载体类型及其处理方式。

(1) 数值数据。

数值数据是最基础也是最直接的数据类型，包括用户年龄、评分、价格、播放次数等。这类数据的处理相对简单，计算机可以直接进行算术运算和统计分析。在推荐系统中，数值数据常用于衡量用户偏好、评估物品受欢迎程度、计算用户与物品之间的相似度等。

(2) 文本数据。

文本数据是指所有用文字表述的信息，如用户评论、产品描述、新闻内容等。文本数据的处理需要借助自然语言处理技术，如分词、情感分析、主题建模等，以提取有用信息和特征。在推荐系统中，文本数据不仅可以用来理解用户的具体需求和偏好，还可以通过文本相似度分析来匹配用户和物品。

(3) 图片数据。

随着社交媒体和电商平台的发展，图片成为了重要的数据载体。处理图片数据通常需要计算机视觉技术，如图像识别、特征提取等。在推荐系统中，图片数据可以用于识别产品特征、分析用户兴趣点、增强用户界面的直观性。例如，时尚推荐系统可以通过分析服装图片来推荐风格相似的衣物。

(4) 音频数据。

音频数据包括音乐、播客、语音指令等。音频数据的处理通常涉及语音识别、音频特征提取等技术。在推荐系统中，音频数据可以用于个性化音乐推荐、智能助手服务等。通过分析用户的听歌历史和音乐特征，推荐系统可以精准匹配用户的音乐偏好。

(5) 视频数据。

视频数据是最为复杂且信息量最大的数据载体，包含了音频、图像以及时间序列信息。处理视频数据需要视频编码、帧提取、内容识别等技术。在推荐系统中，视频数据可以用于视频内容推荐、广告定位等。通过分析视频内容和用户的观看习惯，推荐系统可以提供个性化的视频推荐。

3) 数据形式

在推荐系统中，数据形式是处理和分析数据的基础。它决定了数据如何被存储、访问和利用。数据形式主要分为结构化数据、半结构化数据和非结构化数据，每种形式都有其独特的特点和处理技术。了解这些数据形式的特性和适用场景，对于设计高效的数据处理流程和推荐算法至关重要。下面将详细介绍这三种数据形式及其在推荐系统中的应用。

(1) 结构化数据。

结构化数据具有清晰的组织形式，以及易于处理和查询的特性，常被存储在关系型数据库中。这类数据通过表格的方式组织，其中每列代表一个特定的属性，而每行则代表一条记录。用户的基本信息、产品目录等，都是以结构化数据形式存储的典型例子。对推荐系统来说，结构化数据直接支持了用户特征和物品特征向量的构建，从而实现精确匹配和个性化推荐。通过数据库查询语言，可以轻松从关系型数据库中检索、分析数据，极大地增加了数据操作的效率。

(2) 半结构化数据。

半结构化数据虽不像结构化数据那样规范，但依旧保持一定的结构组织，XML 和 JSON 是最常见的格式。这种数据形态具有更高的灵活性，特别适合处理那些层次性数据或不完全标准化的信息。推荐系统中的用户行为日志、交互记录等，经常采用半结构化数据形式。利用特殊的解析工具，可以将半结构化数据转化为结构化数据或直接用于深度分析，以揭示用户的行为模式和偏好。

(3) 非结构化数据。

非结构化数据覆盖了文本、图像、视频等丰富内容，由于缺乏固定的组织格式，处理这类数据通常更加具有挑战性。然而，非结构化数据蕴含的深层信息对于捕捉用户偏好、增强推荐质量具有不可估量的价值。通过采用自然语言处理、计算机视觉等领域的前沿技术，可以有效解锁非结构化数据的潜力。例如，分析用户生成的内容文本可以发掘其兴趣所在，而图像识别技术则有助于识别商品特性，进而实现更为精细的推荐。

## 2. 数据预处理

数据预处理过程描述了从数据的生产源头到最终存储位置(如数据仓库)之间的一系列操作,涵盖了抽取(extract)、转换(transform)、加载(load)三个主要阶段,简称 ETL 过程。数据预处理过程的目标是整合分散、零乱、标准不统一的数据,将非结构化或半结构化的数据处理为结构化数据。这一过程不仅关乎数据的整合和清洗,还包括数据的标准化和质量提升。在构建推荐系统时,数据预处理是一个不可或缺的步骤,它确保了数据的准确性、一致性和可用性,为后续的特征工程和模型训练提供可靠的基础,从而使得推荐系统能够基于最新、最准确的数据生成个性化推荐,提升用户体验和满意度。

1) 数据抽取

数据抽取过程的目标是将分散于不同数据源的数据汇聚到统一的数据处理平台,为后续的统一处理做准备。推荐系统依赖于多样化的数据源,包括但不限于用户行为数据、用户属性数据、用户上下文数据以及物品属性数据,因此有效地聚合这些数据对于构建高效的推荐系统至关重要。其中,用户行为数据和用户上下文数据主要来源于客户端设备,由于其动态性和实时性的特点,这些数据通常通过客户端埋点技术收集并上传到专门的日志收集服务器,随后通过数据流处理技术(如 Apache Kafka 消息队列)实时抽取到数据处理平台。而用户属性数据和物品属性数据通常存储在关系型数据库中,这些数据的抽取则可能通过定期的数据快照或实时同步的方式来实现。此外,数据抽取不仅涉及数据的物理迁移,还包括数据格式的统一和初步的数据验证,以确保数据质量并为后续的数据转换和加载工作打下坚实基础。通过细致而高效的数据抽取策略,推荐系统可以确保拥有一个稳定、一致且时效性强的数据基础,为生成精准的个性化推荐提供支撑。

2) 数据转换

数据转换是 ETL 过程中的核心环节,负责将从不同来源抽取的数据通过一系列复杂的处理过程,转换成一致的格式,以满足后续处理的需要。这一阶段的目标是生产出一份质量高、格式统一的数据,以便于进行有效的数据分析和特征工程。以下是数据转换过程的关键步骤。

(1) 数据清洗。

这一步骤涉及从数据集中剔除脏数据、进行数据合法性校验、剔除无效字段以及检查并统一字段格式。脏数据可能包括错误的数据录入、格式不正确的数据或者是完全不符合业务规则的数据。数据合法性校验是确保数据值符合预定的业务规则和逻辑的过程,例如,日期字段中的值确实代表有效的日期。无效字段剔除是移除那些对分析和模型训练没有帮助的数据字段,以减少数据的维度并提升处理效率。检查并统一字段格式是确保所有字段的格式一致,如日期格式统一、数值单位一致等,这可以提高数据的规范性,便于后续分析和处理。

(2) 格式转换。

对数据进行标准化处理,确保即使数据来源不同,表示相同信息的数据也能有相同的格式。这包括将日期、时间、数字等数据类型统一成标准格式,以及将文本数据标准化(如统一大小写、去除前后空格等)。格式的统一化是确保数据能被正确解析和处理的基础。

(3) 缺失值处理。

在实际的数据集中,经常会遇到一些字段值缺失的情况。缺失值的处理方法包括但不限于使用字段的平均数、中位数或众数来填补,或者采用更复杂的算法(如预测模型)来预估缺失的值。正确处理缺失值对于后续的数据分析和模型训练非常关键。

(4)剔除重复数据。

由于数据收集和传输过程中可能存在重复记录的问题(如网络因素导致的数据重传),因此需要识别并删除重复的数据记录。剔除重复数据不仅可以减少存储和处理的负担,还能避免数据分析和模型训练时的偏差。

(5)隐私保护处理。

随着数据隐私法规的广泛实施,对个人数据的处理引入了新的要求。在数据转换过程中,必须确保对个人标识信息进行适当的处理,包括数据的匿名化、伪匿名化或脱敏。这旨在减小隐私泄露风险并确保符合相关法律法规的要求。隐私保护步骤可能包括从数据中移除或替换敏感信息、限制对某些数据的访问,以及确保数据在传输和存储过程中的加密。

3)数据加载

数据加载是 ETL 过程中的最后一步,它负责将经过抽取和转换处理的数据安全、高效地存储至最终的存储系统中。这一过程不仅要考虑到数据存储的选择,以满足不同类型数据的存储需求和访问速度的要求,还要着重于加载过程的优化,确保数据快速准确地加载到目标存储中。此外,保障数据的安全性和一致性也是数据加载过程中不可忽视的重要环节,以防数据泄露或损坏,确保数据的完整性和准确性。通过这些措施,推荐系统能够依赖一个稳定、可靠的数据基础,为用户提供准确的个性化推荐。

(1)目标存储的选择。

目标存储的选择对推荐系统的性能和可扩展性有着直接的影响。根据数据的类型和使用方式,可以选择不同的存储系统。例如,用户行为数据和物品属性数据因其查询频率高、更新速度快,适合存储在分布式文件系统(如 HDFS)或 NoSQL 数据库(如 HBase、Redis)中,以支持高效的数据访问和实时更新。用户属性数据和物品属性数据通常以关系型数据存放,适合使用关系型数据库(如 MySQL)进行存储,以利用其成熟的事务管理和一致性保障机制。对于需要长期存储的大量数据,数据仓库(如 Hive)提供了一个高效、经济的解决方案。

(2)加载过程的优化。

加载过程的优化是确保数据高效准确加载到目标存储的关键。这包括采用批处理或流处理技术来加快数据的加载速度,同时使用数据压缩技术减少存储空间需求和提升传输效率。在数据加载过程中,合理分配资源,如调整并发级别和优化数据分区,可以进一步提高加载性能,减少系统负载。

(3)数据安全性与一致性。

保障数据的安全性与一致性是数据加载过程中不可或缺的一环。这要求在数据传输和存储过程中采用加密技术,防止数据在传输过程中被窃取或篡改。同时,应用数据校验和错误检测机制,确保加载到存储系统中的数据完整无误。此外,实施访问控制和身份验证措施,限制对敏感数据的访问,以遵守数据保护法规并保护用户隐私。

3. 特征工程

特征工程是构建推荐系统的核心环节,它通过对收集的原始数据进行细致的分析和转换,挖掘出对模型至关重要的信息。这个过程不仅包括识别不同类型的数据并进行恰当的处理,如将数据分类、连续化或按时间序列组织,还涉及从众多变量中筛选出对预测结果影响最大的特征。这样做能够有效地提升模型的预测准确性,简化模型结构,增强其可解释性,从而直接提升推荐系统的个性化推荐质量。

1) 特征类别

掌握特征类别对于理解及优化整个特征工程体系至关重要,下面将特征分为用户特征、物品特征和上下文特征进行介绍。

(1) 用户特征。

用户特征对于提升推荐系统的个性化分发能力至关重要。这些特征可以进一步划分为用户画像特征、用户统计特征和用户行为特征。用户画像特征包括用户的基本信息,如性别、年龄、职业、教育水平、地理位置(注册城市)、消费能力(如是否为 VIP)等,这些特征有助于构建用户的全面画像,为个性化推荐提供坚实基础;用户统计特征涉及用户的行为统计数据,如近期的浏览、点击、购买行为,用户与特定类别物品的交互频率等,这些统计数据可以是绝对数值,也可以是相对比率(如点击率、转化率),有助于捕捉用户的短期兴趣和行为习惯;用户行为特征基于用户的历史行为序列,如浏览、点击、购买的物品序列,以及这些行为的时间戳,这类特征可以揭示用户的长期兴趣偏好和消费习惯,对于理解用户行为模式和预测用户未来行为具有重要价值。

(2) 物品特征。

物品特征有助于识别和推荐高质量、相关性强的物品。这些特征包括物品画像特征、物品统计特征和交叉特征。物品画像特征包括物品的基本属性,如类目、品牌、价格、规格、上架时间等,其有助于描述物品的基本情况和差异化属性;物品统计特征涉及物品的曝光、点击、购买等行为数据,以及这些数据的统计分析结果(如曝光次数、点击率、转化率等)。这类特征可以反映物品的受欢迎程度、用户偏好以及市场表现;交叉特征一般是物品特征与用户特征的交叉,如某物品在不同年龄段用户中的点击率。交叉特征有助于发现物品与用户属性之间的相互作用,为个性化推荐提供更深层次的洞察。

(3) 上下文特征。

上下文特征描述的是用户进行操作时的环境和情境,对于理解用户在特定情境下的行为意图非常重要。上下文特征通常基于时间、地理位置、设备类型和网络环境等因素进行构建。

2) 特征构建

特征构建涉及从原始数据中提取有用的信息,并将其转化为模型可以理解和学习的数值或向量形式。下面将详细介绍如何构建不同类型的特征,包括离散特征、连续特征、时空特征、文本特征和富媒体特征。

(1) 离散特征。

离散特征也称为类别型特征,主要包括类别数据,如用户的性别、学历或者物品的类型、标签等,处理离散特征的常见方法包括 one-hot 编码和哈希编码。one-hot 编码将类别特征转换为一个二进制向量,每个类别对应向量中的一个元素,向量中只有一个维度的值为 1,其余均为 0,这种方法适用于类别数量不太多的情况,当类别数量较多时,会造成"维度灾难"问题;哈希编码适合类别数量非常大的情况,这种编码方式通过使用哈希函数将原始特征映射到一个较低维度的空间中,这种方法的优点是减少内存消耗,缺点是可能出现哈希冲突,将多个原始特征映射到相同的位置上,从而影响准确度。

(2) 连续特征。

连续特征处理的目的是将数值数据转换为模型更易于处理的形式，常用方法包括直接使用、离散化和归一化。直接使用是指将数值直接与其他特征向量进行拼接，输入模型中，容易实现，但泛化能力较差，容易受异常值影响；离散化将连续特征分成若干区间，转换为类别特征，有助于模型捕捉非线性关系；归一化将数值特征缩放到特定的范围或分布，可以减小不同特征间规模差异的影响。

(3) 时空特征。

时空特征包括时间和地理位置信息，处理方法包括数值转换、离散化。通过数值转换，可以将时间转换为从某个基准点开始的持续时间或周期性度量（如一周的第几天），也可以将经纬度转换为与某个重要地点的距离；离散化是指根据时间或地理位置的特定属性（如是否为节假日）将其转换为离散特征。

(4) 文本特征。

商品标题、描述和用户评论等文本数据富含能够影响推荐效果的信息，采用的文本特征构建方法包括关键词提取、主题建模和文本嵌入。关键词提取一般通过 TF-IDF 和 TextRank 等方法实现，从文本中提取最能代表内容的关键词；主题建模利用潜在狄利克雷分配（latent Dirichlet allocation，LDA）或概率潜在语义分析（probabilistic latent semantic analysis，pLSA）等算法从文本集合中发现一组主题，这些主题可以代表文档的隐含结构；文本嵌入方法使用 Word2Vec、BERT 等预训练模型将文本转换为稠密向量，这些向量能够捕捉词汇之间的语义关系。

(5) 富媒体特征。

在推荐系统中，富媒体数据，如图片、视频和音频，提供了一个重要的信息维度，有助于增强内容的吸引力和提高推荐的准确性。对于图像数据，可以通过深度学习模型，如卷积神经网络（CNN）提取视觉特征，这些特征可以反映图像的色彩、纹理和形状等属性。视频数据不仅包含视觉信息，还蕴含时间序列信息，因此通常采用 CNN 结合循环神经网络（RNN）或长短时记忆网络（LSTM）来提取视频中的关键帧和动态变化特征。音频特征的提取则依赖于声谱图分析、梅尔频率倒谱系数（MFCC）等技术，用以捕捉音频的节奏、音调和音色。这些富媒体特征能够被推荐系统利用，通过深入理解内容的视觉和听觉特性，为用户推荐更加丰富和个性化的媒体内容。

3）特征选择

特征选择在构建高效、准确的推荐模型中扮演着至关重要的角色。通过从原始数据集中筛选出最有价值的特征，特征选择不仅可以显著提高模型的预测性能，还能降低模型复杂度，减少计算资源的消耗，增强模型的可解释性。在众多特征选择方法中，基于统计量的选择和基于模型的选择是两大主流策略，它们从不同的角度评估特征的重要性。

(1) 基于统计量的选择。

基于统计量的选择方法包括方差选择、相关系数（如皮尔逊相关系数）、假设检验（如卡方检验）以及互信息。这些方法从不同角度评估特征与目标变量之间的关系，旨在选择出既能反映数据分布特性，又与预测目标高度相关的特征。方差选择侧重于选择变异性大的特征；相关系数和假设检验主要评估特征与目标之间的相关性；而互信息则衡量特征和目标之间的相互信息量，适用于揭示线性和非线性关系。

(2) 基于模型的选择。

基于模型的选择方法，如模型权重、正则化技术、递归特征消除、基于树的特征选择以及在线 A/B 测试，通过直接在模型训练过程中评估特征的重要性来进行特征选择。模型权重方法通过分析特征在模型(如线性或树模型)中的系数或重要性评分来进行选择，直观地反映每个特征对预测结果的贡献大小。正则化技术通过惩罚过大的系数值自动实现特征的稀疏化，有效地从模型中筛选出重要特征。递归特征消除方法则通过逐步剔除最不重要的特征，迭代地构建模型，以识别对模型性能贡献最大的特征子集。进一步地，基于树的方法，如随机森林，通过评估特征在树的分裂中的作用频率和深度，提供了一种衡量特征重要性的直观方法，这对于理解特征在复杂数据关系中的作用尤为有效。最后，在线 A/B 测试作为一种实验性的特征评估方法，通过在实际的用户环境中测试不同的特征组合，提供了最直接的特征效果反馈。虽然这种方法成本较高且需要谨慎实施，但它能够提供关于特征实际效果的无可争议的证据，从而在实际应用中指导特征选择的决策。通过综合利用这些基于模型的特征选择方法，可以大大提高模型的预测准确性和解释性，同时优化计算资源的使用。

4. 推荐模型

在大规模推荐系统中，面对海量的数据和复杂的用户行为，单个模型往往无法通过端到端的训练有效地处理所有的信息和满足实时性的要求。因此，推荐系统通常采用分层的架构设计，主要包括召回层和排序层，以实现高效和精确的推荐。召回层的主要任务是从整个候选集中快速筛选出较小的、相关性较高的候选项子集。这一步骤关注于提高系统的效率和覆盖率，通常会采用较为简单的模型或策略，以减少计算量和提高处理速度。随后，排序层负责对召回层输出的候选项进行更细致和精确的排序，这一阶段会利用更复杂的模型，如深度学习模型，综合考虑多种因素(如用户偏好、内容特性、上下文信息等)来预测用户对每个候选项的偏好程度。根据业务需求，排序层可能进一步细分为粗排、精排和重排几个阶段，其中粗排阶段快速缩小候选范围，精排阶段使用更复杂的模型进行精确排序，而重排阶段则可能根据特定的业务规则或多样性、新颖性等需求，对结果进行最后的调整。这种分层的架构设计使得推荐系统能够在保证推荐质量的同时，有效管理计算资源，满足实时性的要求。

1) 召回层

推荐系统的召回层，面对着数百万至数千万级别的推荐池物料规模，候选集的规模相当庞大。召回层的主要任务是在这个庞大的候选集中快速地筛选出一个相对较小且相关性较高的候选项子集，以供后续的排序模块进一步处理。由于排序模块后续会对召回的结果进行精确排序，召回层不需要过分追求每一项候选的精准度，其核心目标是确保重要的候选不被遗漏并且能够在低延迟下完成处理。为了实现这一目标，推荐系统广泛采用了多路召回策略。多路召回通过并行计算各个召回通路，不仅可以显著提高处理效率，还能通过不同召回策略的互补，综合考虑多种因素，从而提高召回质量。这些召回通路主要分为非个性化和个性化两大类。

(1) 非个性化召回。

非个性化召回算法的核心在于不依靠用户的个人信息或历史互动数据进行召回。这一类别的算法主要涵盖了热门召回、基于运营策略的召回、基于时间的召回和基于地域的召回等方法。热门召回通过分析一段时间内的用户行为数据来识别当前流行的物品，简单而有效地保证了推荐物品的广泛受众；基于运营策略的召回则依据业务需求手动设置推荐规则，有利于实现特定商业目标；基于时间的召回利用季节变化或特定时间段来推荐商品，提升了推荐的时效性和相关性；而基于地域的召回考虑用户所在位置，推荐地域性强的或在特定地区受欢迎的商品，增强了推荐的地域相关性。这些非个性化召回策略为推荐系统提供了一个覆盖广泛、快速生成候选集的有效途径，为深入的个性化推荐和精细排序奠定了基础。

(2) 个性化召回。

个性化召回算法基于用户的个人信息、行为习惯以及社交关系等多维度数据，实现对用户兴趣和需求的深度挖掘和理解，做到了千人千面。个性化召回主要包括基于用户画像、基于用户行为以及基于社交关系的召回策略。基于用户画像的召回构建了包含用户的基本信息和兴趣偏好等多维度特征的画像，利用这些特征与内容属性进行匹配，从而实现个性化召回。基于用户行为的召回通过分析用户的历史行为数据挖掘用户的行为模式和偏好，能够动态捕捉用户的即时兴趣和潜在需求，实现更为精准的个性化推荐。基于社交关系的召回利用"物以类聚，人以群分"的原则，分析用户的社交网络，通过好友或社交圈子的偏好来进行推荐。这种方法不仅增加了推荐内容的多样性和新颖性，而且利用了用户信任的社交关系来提升推荐的接受度。

2) 排序层

推荐系统的排序模块是提升用户体验的核心环节，主要负责对召回模块筛选出的内容列表进行进一步的排序优化。这个列表通常包含数百个项，排序模块通过复杂的算法对这些内容进行重排序，以更精确地匹配用户的点击偏好。通过此过程，系统能够筛选出用户最可能感兴趣的几十个项目，显著提升用户的浏览和互动质量。排序过程一般分为三个阶段：粗排、精排和重排，这样的分层处理既优化了推荐结果的相关性，也保证了处理流程的高效性和实时响应能力。

(1) 粗排阶段。

此阶段的目标是快速减少待处理内容的数量，以降低后续排序阶段的计算复杂度。虽然此时采用的模型较为简单，但它们需要足够高效，以确保没有错过任何可能吸引用户的内容。粗排主要通过基本的过滤和评分机制来实现，其关键在于平衡计算效率与结果的全面性。

(2) 精排阶段。

在精排阶段，推荐系统会采用更复杂的算法和模型对候选内容进行详细分析，这些模型通常会结合大量的用户数据、内容特性以及上下文信息。通过深入的特征工程和模型训练，系统能够更精确地预测用户对各个内容的兴趣程度。精排是优化推荐效果的关键步骤，它直接影响到推荐内容的质量和用户满意度。

(3) 重排阶段。

即便经过精排，最终的推荐列表可能仍需要根据业务需求或特定优化目标进行微调。重排阶段的目的是在保证推荐质量的同时，对内容进行最终优化，以满足如多样性、新颖性、公平性等额外的需求。这一阶段通过引入额外的排序规则或调整策略，进一步提升了用户体验和内容的吸引力。

5. 模型训练与更新

1) 离线训练

在提供推荐模型服务之前，模型的离线训练是关键的初始步骤。这一过程涉及确定模型结构、各参数的权重值，以及模型相关算法和策略中的参数取值。离线训练的优点在于可以利用全部可用的历史数据来训练模型，不受实时性要求的限制，可以充分挖掘数据中的信息，以寻找到最佳的模型参数和结构。

2）离线评估

在模型开发和选型过程中，离线评估是对推荐模型进行评价的关键步骤，它涉及以下几个具体指标。

（1）准确度指标：评价模型是否能准确预测用户的兴趣偏好。常用的准确度指标包括精准度、召回率、F1 分数和均方误差等。

（2）覆盖率指标：衡量推荐系统能够推荐出多少比例的物品。高覆盖率意味着系统能够推荐更多种类的物品给用户。

（3）多样性指标：评估推荐列表的物品多样性。高多样性可以满足用户的不同兴趣，提高用户满意度。

（4）产品价值指标：评估推荐系统对于用户体验和产品价值的贡献，这包括用户留存率、平均使用时长等指标。

（5）商业化指标：衡量推荐系统对于公司商业目标的贡献，如客单价、总收益、广告曝光及收益等。

3）在线更新

模型的在线更新与离线训练的主要区别在于其实时性。在线更新能够快速响应用户行为和偏好的变化，及时调整模型参数，从而保证推荐系统的实时性和准确性。这通常需要在保证模型效能的同时，兼顾计算资源和更新速度的平衡。

## 6.1.3 推荐系统数据介绍及建模

1. 常用数据集

1）MovieLens-20M

描述：该数据集由 GroupLens Research 收集，是其电影评价网站的评分数据。MovieLens-20M 电影推荐数据集包含 138493 位用户对 27278 部电影的 20000263 项电影的评分（1~5 分），电影标签数为 465564 个，时间段为 1995 年 1 月~2015 年 3 月。

2）Amazon Review Dataset

描述：该数据集包含 Amazon 平台的评论和元数据，包括自 1996 年 5 月至 2014 年 7 月的 1.428 亿条评论。此数据集包括评分数据（rating）、产品元数据（descriptions、category information、price、brand 和 image features）以及链接数据（共同查看/共同购买的关系图）。

3）Yelp

描述：该数据集由 Yelp 收集，Yelp 数据集整合了 businesses、reviews 和 user data 信息，可用于个人、教育、学术目的。

4）LastFM

描述：该数据集包含了收听来自 Last.fm 在线音乐系统的两千位用户的社交网络、标签和音乐艺术家信息。

5) Douban

描述：该数据集采集于豆瓣电影，电影与演员数据收集于 2019 年 8 月上旬，影评数据（用户、评分、评论）收集于 2019 年 9 月初，共 942 万数据，其中包含 14 万部电影、7 万演员、63 万用户、416 万条电影评分、442 万条影评。

6) Tmall

描述：该数据集由蚂蚁金服提供，用于 IJCAI16 比赛，专注于实体零售店推荐系统研究。它包括用户 ID、商品 ID、交易时间和价格等购买行为数据，助力开发个性化推荐算法，以优化顾客体验和提升销售。

2. 数据预处理

数据预处理是保证数据准确性、一致性和可用性的必要环节，这里采用 Python 中的 pandas 库读取了用户点击日志表和文章信息表，变量名分别为 log_data 和 doc_info。

1) 数据清洗

剔除脏数据：为了确保后续数据处理工作的正常运行，需要保证数据表中的每一个数据都是合法的。例如，文章信息表中的"上传时间"一列，要检查其中的每个数据是否为有效的时间戳，可以通过以下代码实现。

```
1.  # 判断是否为有效的时间数据
2.  def is_valid_time(timestamp):
3.      try:
4.          datetime.fromtimestamp(float(timestamp)/1000)
5.          return True
6.      except:
7.          print('Invalid time:', timestamp)
8.          return False
9.  # 对文章信息表的"上传时间"一列应用上述函数，生成一个布尔序列
10. valid_time_mask = doc_info['post_time'].apply(is_valid_time)
11. # 只保留有效的时间数据
12. doc_info = doc_info[valid_time_mask]
```

剔除无效数据：用户点击日志记录了用户点击过的文章 ID，其中部分文章 ID 可能未出现在文章信息表中，需要剔除这些点击记录，可以通过以下代码实现。

```
1.  # 有效的文章 ID，即 doc_info 中存在的文章 ID
2.  valid_article_ids = set(doc_info['article_id'])
3.  # 判断 log_data 中的文章 ID 是否在 valid_article_ids 中
4.  valid_log_index = log_data['article_id'].isin(valid_article_ids)
5.  # 保留有效的历史点击记录
6.  log_data = log_data[valid_log_index]
```

2) 格式转换

为了方便数值运算，有必要将数据表中的数值类型转换成统一的标准格式。以时间格式为例，将类似"1624747290961"的时间戳字符串转换为标准的 datetime 格式，如"2021-06-27 06:41:30"，可提高可读性，并且方便进行时间对比。时间格式的统一转换可以通过下面的代

码实现。

```
1.  def convert_datetime(timestamp):
2.      timestamp = datetime.fromtimestamp(float(timestamp)/1000)
3.      dt = timestamp.strftime('%Y-%m-%d %H:%M:%S')
4.      return pd.to_datetime(dt)
5.  doc_info['post_time'] = doc_info['post_time'].apply(convert_datetime)
```

3) 缺失值处理

对于数据表中的缺失值，可以选择用默认值进行填充，或者直接剔除缺失值所在行。具体代码实现如下。

```
1.  # 使用默认值填充缺失值
2.  doc_info['post_time'].fillna('1625400960000', inplace=True)
3.  # 或者直接删除缺失值所在行
4.  doc_info.dropna(subset=['post_time'], inplace=True)
```

4) 剔除重复数据

以文章信息表为例，若出现多条文章 ID 相同的记录，可以用 pandas 的去重函数进行处理，代码如下。

```
1.  doc_info.drop_duplicates(subset=['article_id'], keep='last', inplace=True)
```

3. 特征工程

1) 连续型特征离散化

对于年龄、价格等连续型数据，可以通过分桶实现离散化。以用户信息中的年龄为例，可以使用下面的代码将年龄划分到以下 7 个区间。

```
1.  age_bins = [0, 18, 20, 30, 40, 50, 60, 150]
2.  labels = ['<18', '18-20', '20-30', '30-40', '40-50', '50-60', '60+']
3.  user_info['age'] = pd.cut(user_info['age'], bins=age_bins, labels=labels)
```

2) 文本特征提取

对于标题等文本信息，可以通过关键词提取，得到标签特征。下面的代码展示了如何通过 jieba 库提取文章标题的关键词。

```
1.  import jieba.analyse
2.  def extract_keywords(title):
3.      return jieba.analyse.extract_tags(title, topK=3)
4.  doc_info['keywords'] = doc_info['title'].apply(extract_keywords)
```

4. 推荐模型构建

1) 传统召回模型

传统召回模型在推荐系统中扮演着关键的角色，主要用于从大量内容中快速筛选出用户可能感兴趣的项目。在众多召回模型中，协同过滤算法和矩阵分解模型是最为常见和广泛应用的两种技术。如图 6-2 所示，协同过滤算法依赖于用户和物品之间的交互历史，通过分析用户行为的相似性来推荐物品。矩阵分解模型则通过分解用户-物品交互矩阵，以揭示潜在的特征因子，从而实现精准的推荐。这两种方法各有优势，通常在实际应用中根据具体需求和数据环境进行选择和调整。

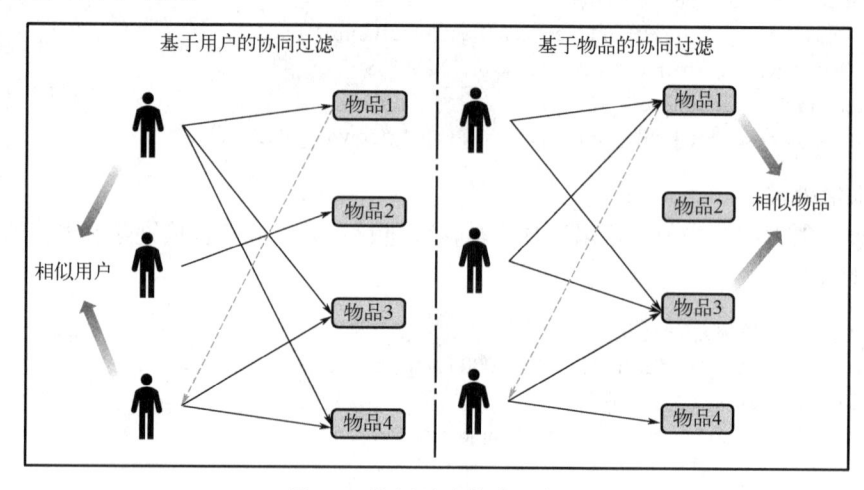

图 6-2 协同过滤算法示意图

(1) 协同过滤算法。

协同过滤算法的基本思想是根据用户之前的喜好以及其他兴趣相近的用户的选择来给用户推荐物品。目前应用比较广泛的协同过滤算法是基于邻域的方法，分为基于用户的协同过滤算法和基于物品的协同过滤算法。基于用户的协同过滤算法给用户推荐和他兴趣相似的其他用户喜欢的产品，而基于物品的协同过滤算法给用户推荐和他之前喜欢的物品相似的物品。下面以基于用户的协同过滤为例，其核心是根据用户历史交互记录进行用户相似度计算，比较常用的度量是皮尔逊相似度，其计算公式如式(6-1)所示：

$$\text{sim}(u,v) = \frac{\sum_{i \in I}(r_{ui} - \overline{r_u})(r_{vi} - \overline{r_v})}{\sqrt{\sum_{i \in I}(r_{ui} - \overline{r_u})^2} \sqrt{\sum_{i \in I}(r_{vi} - \overline{r_v})^2}} \tag{6-1}$$

其中，$r_{ui}$ 和 $r_{vi}$ 分别表示用户 $u$ 和用户 $v$ 对物品 $i$ 的评分值；$\overline{r_u}$ 和 $\overline{r_v}$ 分别表示用户 $u$ 和用户 $v$ 的平均评分值。下面的代码展示了获得用户相似度矩阵的过程。

```
1.  # 随机生成用户评分数据
2.  users = ['user0', 'user1', 'user2', 'user3', 'user4']
3.  items = ['A', 'B', 'C', 'D', 'E']
4.  rating_data = {u: {i: random.randint(1,5) for i in items} for u in users}
5.  # 初始化用户相似度矩阵
6.  similarity_matrix = pd.DataFrame(
7.      np.identity(len(rating_data)),
8.      index=rating_data.keys(),
9.      columns=rating_data.keys(),
10. )
11. # 遍历每条用户-物品评分数据
12. for u1, items1 in rating_data.items():
13.     for u2, items2 in rating_data.items():
```

```
14.     if u1 == u2:
15.         continue
16.     vec1, vec2 = [], []
17.     for item, rating1 in items1.items():
18.         rating2 = items2.get(item, -1)
19.         if rating2 == -1:
20.             continue
21.         vec1.append(rating1)
22.         vec2.append(rating2)
23.     # 计算不同用户之间的皮尔逊相关系数
24.     similarity_matrix[u1][u2] = np.corrcoef(vec1, vec2)[0][1]
25. print(f"用户评分数据: \n{pd.DataFrame(rating_data).T}\n")
26. print(f"用户相似度矩阵: \n{similarity_matrix}")
```

上述代码输出的用户评分数据和用户相似度矩阵如下。

```
1.  用户评分数据:
2.       A B C D E
3.  user0 4 2 5 3 2
4.  user1 4 3 5 2 4
5.  user2 3 4 5 5 2
6.  user3 3 5 3 5 1
7.  user4 2 4 2 5 2
8.  用户相似度矩阵:
9.          user0     user1     user2     user3     user4
10. user0  1.000000  0.571772  0.470588 -0.045835 -0.406745
11. user1  0.571772  1.000000 -0.235435 -0.681385 -0.930261
12. user2  0.470588 -0.235435  1.000000  0.733359  0.542326
13. user3 -0.045835 -0.681385  0.733359  1.000000  0.845154
14. user4 -0.406745 -0.930261  0.542326  0.845154  1.000000
```

在得到用户相似度矩阵后,可以找到与目标用户最相似的 $n$ 个用户,如下面的代码所示。

```
1. # 找到与目标用户最相似的 n 个用户
2. target_user = 'user0'
3. n = 2
4. # 根据相似度进行排序
5. ranked_users = similarity_matrix[target_user].sort_values(ascending=False)
6. # 由于最相似的用户为自己,去除本身
7. sim_users = ranked_users[1:n+1].index.tolist()
8. print(f'与用户{target_user}最相似的{n}个用户为: {sim_users}')
```

上述代码运行结果如下。

与用户 user0 最相似的 2 个用户为:['user1', 'user2']

进一步,可以预测该用户对任一目标物品的评分,下面的代码展示了评分预测过程。

```
1. # 加权得分总和
2. weighted_sum = 0.0
3. # 相似度总和
```

```
4.    sim_sum = 0.0
5.    # 遍历 n 个相似用户，预测目标用户对目标物品的评分
6.    for sim_user in sim_users:
7.        # 获取目标用户与相似用户的皮尔逊相关系数
8.        sim_coeff = similarity_matrix[target_user][sim_user]
9.        # 计算相似用户的平均评分
10.       sim_user_avg = np.mean(list(rating_data[sim_user].values()))
11.       # 计算加权得分，并累加到总和中
12.       weighted_sum += sim_coeff * (rating_data[sim_user][target_item] - sim_user_avg)
13.       # 累加相似度
14.       sim_sum += sim_coeff
15.   # 计算目标用户的平均评分
16.   target_user_avg = np.mean(list(rating_data[target_user].values()))
17.   # 计算预测评分
18.   predicted_score = target_user_avg + (weighted_sum / sim_sum)
19.   # 输出预测评分结果
20.   print(f'用户{target_user}对物品{target_item}的预测评分为：{predicted_score}')
```

输出的预测结果如下。

```
1. 用户 user0 对物品 E 的预测评分为：2.6067788401290892
```

(2) 矩阵分解模型。

协同过滤算法虽然简单直观，能够通过用户和物品的交互历史来发现潜在的喜好模式，但它也有明显的局限性。其中最主要的问题是协同过滤算法对稀疏数据的处理能力较弱，这在用户-物品交互矩阵较大且填充度低时尤为明显。为了克服这一问题，矩阵分解模型试图通过分解用户-物品评分矩阵，将其简化为更低维度的用户和物品潜在因子表示，如图6-3所示。这些潜在因子能够捕捉到用户和物品背后的特征，使得即便在原始数据极为稀疏的情况下，也能有效预测用户对未知物品的偏好。

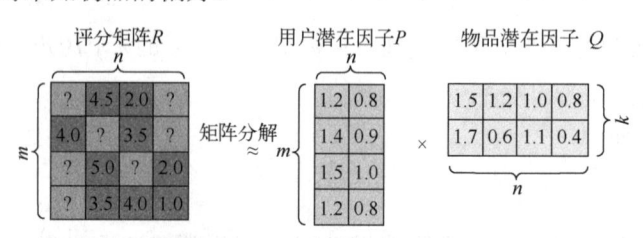

图 6-3　矩阵分解模型示意图

基于矩阵分解的召回模型主要通过奇异值分解或梯度下降法实现。传统的奇异值分解需要原始矩阵为稠密矩阵，但现实应用中，用户的评分矩阵通常非常稀疏，这限制了其直接应用。此外，奇异值分解在计算上也较为复杂，尤其当处理大规模数据时，其高计算复杂度成为了一个挑战。相对而言，梯度下降法在处理矩阵分解时具有更强的灵活性和适应性，它将矩阵分解转换成一个最优化问题，使用已知评分数据来迭代学习用户和物品的潜在因子矩阵。

梯度下降法中比较典型的实现是 BiasSVD 算法，该算法采用式(6-2)预测用户 $u$ 对物品 $i$ 的评分：

$$\hat{r}_{ui} = \mu + b_u + b_i + \boldsymbol{p}_u^{\mathrm{T}} \cdot \boldsymbol{q}_i \tag{6-2}$$

其中，$\mu$ 是全局平均评分，表示整体用户对物品的平均打分水平；$b_u$ 是用户 $u$ 的偏置项，反映了某个用户相对于平均水平可能更倾向于给出更高或更低的评分；$b_i$ 是物品 $i$ 的偏置项，指出某物品相较于平均可能被评分更高或更低；$\boldsymbol{p}_u$ 是用户 $u$ 的潜在因子向量，代表用户的偏好特征；$\boldsymbol{q}_i$ 是物品 $i$ 的潜在因子向量，代表物品的属性特征。这些组件共同工作，用于精确预测用户对物品的评分。

BiasSVD 的优化目标函数如式 (6-3) 所示：

$$\min_{q^*,p^*} \frac{1}{2} \sum_{(u,i) \in K} [r_{ui} - (\mu + b_u + b_i + \boldsymbol{q}_i^{\mathrm{T}} \boldsymbol{p}_u)]^2 + \lambda (\|\boldsymbol{p}_u\|^2 + \|\boldsymbol{q}_i\|^2 + b_u^2 + b_i^2) \tag{6-3}$$

其中，$K$ 表示所有已知用户评分的集合；$\lambda$ 是正则化参数，用于控制模型复杂度并防止过拟合。

下面是构建 BiasSVD 模型的代码。

```
1.  class BiasSVD:
2.      def __init__(self, ratings, k=5, lr=0.1, reg=0.1, iters=100):
3.          # 初始化参数
4.          self.k = k                          # 隐因子数
5.          self.u_vecs = {}                    # 用户隐因子
6.          self.i_vecs = {}                    # 物品隐因子
7.          self.u_bias = {}                    # 用户偏置
8.          self.i_bias = {}                    # 物品偏置
9.          self.mu = 0                         # 全局均值
10.         self.lr = lr                        # 学习率
11.         self.reg = reg                      # 正则化
12.         self.iters = iters                  # 迭代次数
13.         self.ratings = ratings              # 评分数据
14.         self._init_factors()
15.     def _init_factors(self):
16.         """初始化用户和物品隐因子，以及偏置"""
17.         for u, is_ in self.ratings.items():
18.             self.u_vecs[u] = [random.random() / math.sqrt(self.k) for _ in range(self.k)]
19.             self.u_bias[u] = 0
20.             for i in is_:
21.                 if i not in self.i_vecs:
22.                     self.i_vecs[i] = [random.random() / math.sqrt(self.k) for _ in range(self.k)]
23.                     self.i_bias[i] = 0
24.     def train(self):
25.         """训练模型参数"""
26.         # 计算全局均值
27.         total_rating = sum(r for is_ in self.ratings.values() for r in is_.values())
28.         total_count = sum(len(is_) for is_ in self.ratings.values())
29.         self.mu = total_rating / total_count
30.         for _ in range(self.iters):
31.             for u, is_ in self.ratings.items():
32.                 for i, r in is_.items():
```

```
33.        # 预测评分并计算误差
34.        pred = self.predict(u, i)
35.        err = r - pred
36.        # 更新用户和物品偏置
37.        self.u_bias[u] += self.lr * (err - self.reg * self.u_bias[u])
38.        self.i_bias[i] += self.lr * (err - self.reg * self.i_bias[i])
39.        # 更新隐因子矩阵
40.        for f in range(self.k):
41.            puf, qif = self.u_vecs[u][f], self.i_vecs[i][f]
42.            self.u_vecs[u][f] += self.lr * (err * qif - self.reg * puf)
43.            self.i_vecs[i][f] += self.lr * (err * puf - self.reg * qif)
44.        # 学习率衰减
45.        self.lr *= 0.9
46.    def predict(self, u, i):
47.        """预测用户 u 对物品 i 的评分"""
48.        # 计算用户隐因子和物品隐因子的点积
49.        dot = sum(pf * qf for pf, qf in zip(self.u_vecs[u], self.i_vecs[i]))
50.        # 加上用户偏置、物品偏置和全局均值
51.        return dot + self.u_bias[u] + self.i_bias[i] + self.mu
```

以下代码展示了 BiasSVD 模型的构建、训练和预测过程。

```
1.    # 建立模型
2.    model = BiasSVD(rating_data, k=10)
3.    # 参数训练
4.    model.train()
5.    # 预测 user0 对物品 E 的评分
6.    print(model.predict('user0', 'E'))
```

预测结果如下。

```
1.    2.407042380531283
```

2）深度召回模型

深度召回模型主要利用神经网络学习用户和物品的高维表征，从而实现精准的个性化推荐。其中，双塔模型因其高效的学习能力而广受欢迎，代表性的算法包括 DSSM 和 YoutubeDNN。此外，NeuMF 模型通过将传统的矩阵分解方法与神经网络结合起来，利用神经网络的非线性和灵活性，提升了模型捕获用户偏好的能力。作为深度学习推荐系统早期的尝试之一，AutoRec 将自编码器的思想与协同过滤进行结合，是一种基于单隐层神经网络的推荐模型。AutoRec 的设计原理在于通过神经网络的非线性能力来增强传统协同过滤方法的表达能力，特别是在处理稀疏数据和捕捉复杂用户-物品交互关系方面展现出独特优势，下面将对 AutoRec 模型进行详细介绍。

自编码器是一种能够将输入编码到低维隐藏表示中，再从这些表示中重构输出的神经网络。如图 6-4 所示，AutoRec 将交互矩阵的列（或行）作为输入，目标是重构评分矩阵，以此实现推荐。AutoRec 模型与协同过滤类似，可以分为基于用户的 AutoRec 和基于物品的 AutoRec，下面以基于物品的 AutoRec 为例。AutoRec 模型由编码器和解码器组成，在基于物品的 AutoRec 模型中，每个物品的评分向量（即评分矩阵的列）被视为模型的输入。编码器部

分的作用是将每个物品的评分向量 $R_{*i}$ 通过一个函数映射到隐藏层，可以表示为式(6-4)：

$$z = g(VR_{c*i} + \mu) \tag{6-4}$$

其中，$g(\cdot)$ 是编码器的激活函数；$V$ 是编码器的权重矩阵；$\mu$ 是偏置项；$z$ 是得到的隐藏层表示。

解码器部分则负责将这个低维表示 $z$ 重建回原始的评分向量，可以表示为式(6-5)：

$$h(R_{*i}) = f(Wz + b) \tag{6-5}$$

其中，$f(\cdot)$ 是解码器的激活函数；$W$ 是解码器的权重矩阵；$b$ 是偏置项；$h(R_{*i})$ 是重建的评分向量。

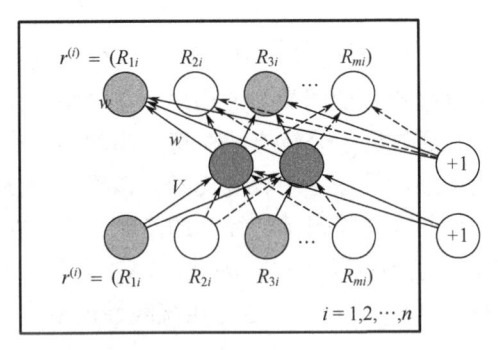

图 6-4 AutoRec 算法框架图

AutoRec 模型的优化目标是最小化原始评分向量与重建评分向量之间的重构误差，同时加入正则化项以防过拟合，其目标函数如式(6-6)所示：

$$\mathop{\arg\min}_{W,V,\mu,b} \sum_{i=1}^{M} \left\| R_{*i} - h(R_{*i}) \right\|_{\mathcal{O}}^{2} + \lambda(\left\| W \right\|_{F}^{2} + \left\| V \right\|_{F}^{2}) \tag{6-6}$$

其中，$\|\cdot\|_{\mathcal{O}}$ 表示只考虑观测到的评分项；$\lambda$ 控制正则化项的强度，防止模型过于复杂导致过拟合。

通过这种编码-解码过程，AutoRec 模型不仅能够从给定的评分数据中学习到物品之间的深层关系，而且能够利用这些关系预测未知评分，从而为用户推荐可能感兴趣的物品。与传统的协同过滤方法相比，AutoRec 模型通过引入自编码器的结构，能够更好地处理评分矩阵的稀疏性和高维性，提供更准确的推荐结果。下面是 AutoRec 模型的实现代码。

```
1.  class AutoRec(nn.Module):
2.      def __init__(self, num_hidden, num_items, dropout=0.05):
3.          super(AutoRec, self).__init__()
4.          self.encoder = nn.Linear(num_items, num_hidden)
5.          self.decoder = nn.Linear(num_hidden, num_items)
6.          self.activation = nn.Sigmoid()
7.          self.dropout = nn.Dropout(dropout)
8.      def forward(self, x):
9.          hidden = self.activation(self.encoder(x))
10.         hidden = self.dropout(hidden)
11.         pred = self.decoder(hidden)
12.         return pred
```

3)传统排序模型

基于传统机器学习方法的排序模型主要包括逻辑回归模型和因子分解模型(factorization model,FM)。逻辑回归模型广泛应用于统计领域,尽管其名称含有"回归",但它主要处理的是分类问题,特别是二分类问题。在排序场景中,逻辑回归可以用来预测一个项目是否会被用户点击、购买或喜欢等。逻辑回归通过使用一个逻辑函数(通常是 Sigmoid 函数)来估计概率,这个函数可以将任意输入压缩到 0 和 1 之间的值,表示一个事件发生的概率。逻辑回归的数学表达如下:

$$\hat{y}(\boldsymbol{x}) = \mathrm{Sigmoid}\left(w_0 + \sum_{i=1}^{n} w_i x_i\right) \tag{6-7}$$

其中,$y(\boldsymbol{x})$ 是预测的概率;$w_0, w_1, \cdots, w_n$ 是模型参数;$x_1, x_2, \cdots, x_n$ 是输入特征。

因子分解模型是一种能够捕捉特征间交互的通用预测模型,尤其在处理具有大量稀疏特征的数据集时表现出色。FM 通过因子分解方法对特征间的相互作用进行建模,这使其在推荐系统中的评分预测或点击率预测等任务中表现优异。该模型的核心概念是将各特征映射至一个较低维度的向量空间,这些向量能揭示特征间的隐藏联系。在此向量空间内,任意两个特征的交互都可以通过它们向量的点积实现。因此,FM 不仅可以处理单独的特征(一阶特征),也可以捕捉到特征的复合(高阶组合),这是传统线性模型难以实现的。FM 的数学表达式如下:

$$\hat{y}(\boldsymbol{x}) = w_0 + \sum_{i=1}^{n} w_i x_i + \sum_{i=1}^{n} \sum_{j=i+1}^{n} \langle \boldsymbol{v}_i, \boldsymbol{v}_j \rangle x_i x_j \tag{6-8}$$

其中,$\hat{y}(\boldsymbol{x})$ 是模型预测的输出;$w_0, w_i$ 是模型的线性参数;$\boldsymbol{v}_i$ 和 $\boldsymbol{v}_j$ 是对应特征 $i$ 和 $j$ 的向量表征;$\langle \boldsymbol{v}_i, \boldsymbol{v}_j \rangle$ 表示这两个向量的点积,用以模拟特征间的交互效果。下面是使用 FM 的实现代码。

```
1.    class FM(nn.Module):
2.        def __init__(self, latent_dim, fea_num):
3.            # 初始化模型
4.            super(FM, self).__init__()
5.            # 潜在因子的维度
6.            self.latent_dim = latent_dim
7.            # 全局偏置
8.            self.w0 = nn.Parameter(torch.zeros([1,]))
9.            # 一阶参数
10.           self.w1 = nn.Parameter(torch.rand([fea_num, 1]))
11.           # 二阶参数
12.           self.w2 = nn.Parameter(torch.rand([fea_num, latent_dim]))
13.       def forward(self, inputs):
14.           # 一阶特征的线性组合
15.           first_order = self.w0 + torch.mm(inputs, self.w1)
16.           # 二阶特征交互
17.           second_order_interactions = torch.mm(inputs, self.w2) ** 2
18.           second_order_self_interactions = torch.mm(inputs ** 2, self.w2 ** 2)
```

```
19.    second_order = 0.5 * torch.sum(
20.        second_order_interactions - second_order_self_interactions,
21.        dim=1, keepdim=True)
22.    # 结果由一阶和二阶特征组合而成
23.    return first_order + second_order
```

4)深度排序模型

随着深度学习的兴起,传统的排序模型也逐渐与深度学习技术融合,形成了一系列新型的深度排序模型。这些模型在捕捉复杂特征交互和模式识别方面的能力得到了显著增强。有部分工作尝试将传统的因子分解模型与深度进行结合,如 FNN、NFM 和 DeepFM。其中,DeepFM 由两部分组成(图 6-5):一部分是因子分解机(factorization machine,FM)组件,负责捕捉低阶的特征交互;另一部分是深度神经网络,负责学习高阶的特征交互。这两部分共享相同的输入特征表示,并且在输出层进行组合,共同做出最终的预测。DeepFM 的数学表达如下:

$$\hat{y}(\boldsymbol{x}) = \sigma\left(w_0 + \sum_{i=1}^{n} w_i x_i + \sum_{i=1}^{n}\sum_{j=i+1}^{n} \langle \boldsymbol{v}_i, \boldsymbol{v}_j \rangle x_i x_j + \text{DNN}(\boldsymbol{x})\right) \tag{6-9}$$

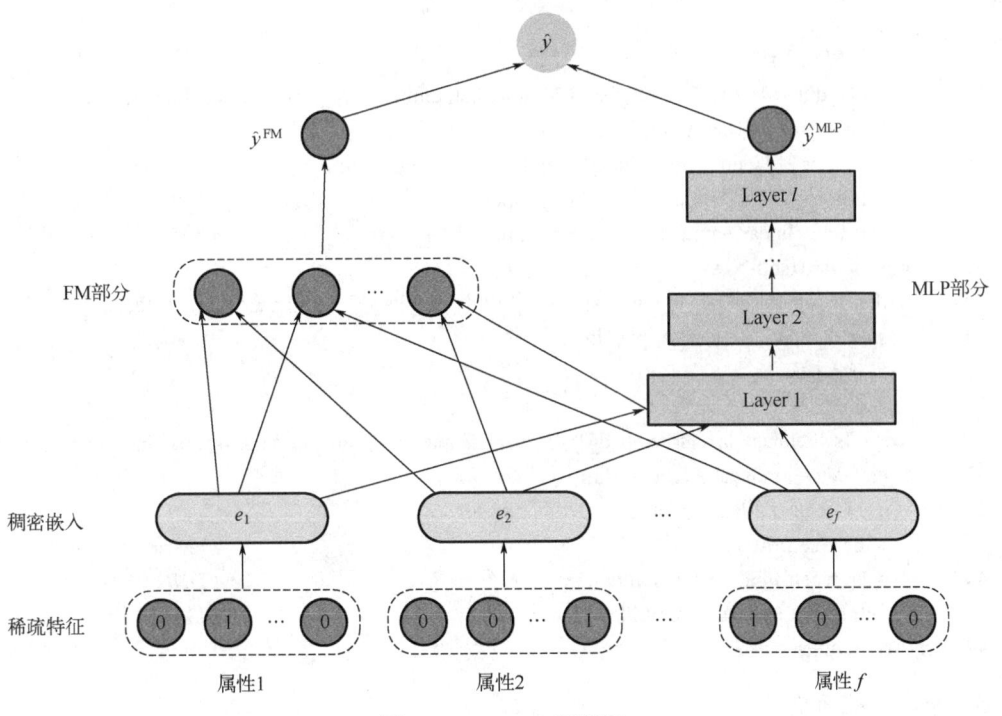

图 6-5 DeepFM 框架图

下面是 DeepFM 模型的实现代码。

```
1.  # DNN 模型定义
2.  class DNN(nn.Module):
3.      def __init__(self, hidden_units, dropout=0.):
4.          super(DNN, self).__init__()
5.          # 创建线性层序列
```

```
6.        layers = zip(hidden_units[:-1], hidden_units[1:])
7.        self.dnn_network = nn.ModuleList([nn.Linear(in_f, out_f) for in_f, out_f in layers])
8.        self.dropout = nn.Dropout(dropout)              # 定义 dropout 层
9.     def forward(self, x):
10.       for linear in self.dnn_network:
11.           x = F.relu(linear(x))                        # 应用 ReLU 激活函数
12.           x = self.dropout(x)                          # 应用 dropout
13.       return x
14. # FM 模型同上文
15. # DeepFM 模型定义
16. class DeepFM(nn.Module):
17.    def __init__(self, feature_columns, hidden_units, dnn_dropout=0.):
18.       super(DeepFM, self).__init__()
19.       # 分离稠密和稀疏特征列
20.       self.dense_feats, self.sparse_feats = feature_columns
21.       # 初始化嵌入层
22.       self.embed_layers = nn.ModuleDict({
23.           f'embed_{i}': nn.Embedding(feat['feat_num'], feat['embed_dim'])
24.           for i, feat in enumerate(self.sparse_feats)
25.       })
26.       # 计算输入维度
27.       input_dim = len(self.dense_feats) + sum(feat['embed_dim'] for feat in self.sparse_feats)
28.       hidden_units = [input_dim] + hidden_units
29.       self.fm = FM(self.sparse_feats[0]['embed_dim'], input_dim)     # FM 组件
30.       self.dnn = DNN(hidden_units, dnn_dropout)                       # DNN 网络
31.       self.final_linear = nn.Linear(hidden_units[-1], 1)              # 输出层
32.    def forward(self, x):
33.       dense_inputs, sparse_inputs = x[:, :len(self.dense_feats)], x[:, len(self.dense_feats):]
34.       sparse_inputs = sparse_inputs.long()
35.       # 嵌入稀疏特征
36.       embeds = [self.embed_layers[f'embed_{i}'](sparse_inputs[:, i]) for i in range(sparse_inputs.shape[1])]
37.       embeds = torch.cat(embeds, dim=-1)
38.       x = torch.cat([dense_inputs, embeds], dim=-1)
39.       wide = self.fm(x)                                               # FM 输出
40.       deep = self.final_linear(self.dnn(x))                           # DNN 输出
41.       outputs = torch.sigmoid(wide + deep)                            # 最终输出
42.    return outputs
```

5. 推荐系统简单实践

本小节将基于经典的 NeuMF 排序模型，实现一个 Top-K 推荐系统。

1) 数据集

采用 MovieLens-1M 数据集作为实验数据，该数据集包含 user.dat、movies.dat 和 ratings.dat 三个文件。由于 NeuMF 模型只需要交互数据作为输入，所以只需使用 ratings.dat 文件，该文件包含 6040 位用户对 3706 部电影的评分数据，共计 1000209 条。

2）读取数据

采用 pandas 库从 ratings.dat 文件中读取数据，该文件保存在 ml-1m 文件夹中。评分数据由四个字段组成，分别是用户 ID、物品 ID、评分和时间戳，读取代码如下。

```
1.  def load_rating_data(file_path):
2.      f = os.path.join(file_path, 'ratings.dat')
3.      columns = ['user_id', 'item_id', 'rating', 'timestamp']
4.      data = pd.read_table(f, sep='::', names=columns, engine='python')
5.      num_users = data.user_id.unique().shape[0]
6.      num_items = data.item_id.unique().shape[0]
7.      return data, num_users, num_items
8.  data, num_users, num_items = load_rating_data('ml-1m')
9.  print(data.shape[0], num_users, num_items)
```

运行代码得到的输出为 1000209、6040 和 3706 三个数字，分别对应评分数量、用户数量和物品数量。

3）数据预处理

进行数据预处理，包括划分数据集、构建交互字典和负样本采样。

在划分数据集之前，先对用户 ID 和物品 ID 进行重新编码，然后根据时间顺序，将用户的最后一次交互加入测试集中，其余交互作为训练集。该步骤的实现代码如下。

```
1.  def preprocess_data(data):
2.      # 对用户和物品重新编码
3.      user_encoder = {u: i for i, u in enumerate(data.user_id.unique())}
4.      item_encoder = {i: j for j, i in enumerate(data.item_id.unique())}
5.      data['user_id'] = data['user_id'].apply(lambda x: user_encoder[x])
6.      data['item_id'] = data['item_id'].apply(lambda x: item_encoder[x])
7.      # 按时间顺序划分训练集和测试集
8.      train_data_list = []
9.      test_data_dict = {}
10.     # 按用户分组并迭代每个用户的数据
11.     group_by_user = data.groupby('user_id')
12.     for user_id, group in group_by_user:
13.         # 对每个用户的数据按时间戳排序，确保最后一条数据用于测试集
14.         sorted_group = group.sort_values('timestamp')
15.         # 所有除了最后一条的数据都用于训练集
16.         train_data_list.extend(sorted_group[:-1].values)
17.         # 最后一条数据用于测试集
18.         test_data_dict[user_id] = sorted_group.iloc[-1].values
19.     # 将训练集和测试集数据从列表转换为 DataFrame 格式
20.     train_data = pd.DataFrame(train_data_list, columns=data.columns)
21.     test_data = pd.DataFrame(list(test_data_dict.values()), columns=data.columns)
22.     return train_data, test_data
23. train_data, test_data = preprocess_data(data)
```

在得到训练集和测试集之后，从中提取用户列表、物品列表和用户交互字典，该部分代码如下。

```
1.  def load_interactions(data):
2.      # 初始化用户列表和物品列表
3.      user_list, item_list = [], []
4.      # 初始化用户与物品交互字典,键为用户 ID,值为用户交互过的物品 ID 列表
5.      user_interactions = {}
6.      # 遍历数据集中的每一行
7.      for row in data.itertuples():
8.          # 获取用户 ID 和物品 ID
9.          user_id, item_id = int(row[1]), int(row[2])
10.         # 添加用户 ID 和物品 ID 到相应的列表中
11.         user_list.append(user_id)
12.         item_list.append(item_id)
13.         # 将物品 ID 添加到用户的交互物品列表中
14.         if user_id not in user_interactions:
15.             user_interactions[user_id] = []
16.         user_interactions[user_id].append(item_id)
17.     return user_list, item_list, user_interactions
18. train_users, train_items, train_interactions = load_interactions(train_data)
19. test_users, test_items, test_interactions = load_interactions(test_data)
```

从用户未交互的物品中随机选择物品作为负样本,正负样本比例采用 1∶4,代码如下。

```
1.  def get_train_instances(train_interactions, num_items, num_negatives):
2.      user_input, item_input, labels = [], [], []
3.      for user, items in train_interactions.items():
4.          for item in items:
5.              user_input.append(user)
6.              item_input.append(item)
7.              labels.append(1)
8.              for _ in range(num_negatives):
9.                  j = random.randint(0, num_items-1)
10.                 while j in train_interactions[user]:
11.                     j = random.randint(0, num_items-1)
12.                 user_input.append(user)
13.                 item_input.append(j)
14.                 labels.append(0)
15.     return user_input, item_input, labels
16. num_negatives = 4
17. user_input, item_input, labels=get_train_instances(train_interactions, num_items, num_negatives)
```

4)模型构建

NeuMF 是一种融合了传统矩阵分解和深度学习技术的推荐模型,如图 6-6 所示,该模型由两个部分组成:广义矩阵分解(generalized matrix factorization,GMF)部分和多层感知机(multi-layer perceptron,MLP)部分。这两个子网络通过不同的方法处理用户和物品的信息,最终将结果融合以提高预测精度。其中,GMF 部分基于传统的矩阵分解,通过将用户和物品的潜在因子向量 $P_u$ 和 $Q_i$ 进行哈达玛积来生成中间特征向量 $x$;MLP 旨在通过深层非线性变换来捕捉用户和物品之间的复杂交互。MLP 从用户和物品的拼接潜在因子向量 $z^{(1)} = [U_u, V_i]$

开始,通过多个层次递进地提取和转换特征:

$$\phi^{(L)}(z^{(L-1)}) = \alpha^L(\mathbf{W}^{(L)}z^{(L-1)} + b^{(L)}) \tag{6-10}$$

其中,$\mathbf{W}^{(L)}$ 和 $b^{(L)}$ 分别是该层的权重矩阵和偏置向量;$\alpha^L$ 是激活函数。

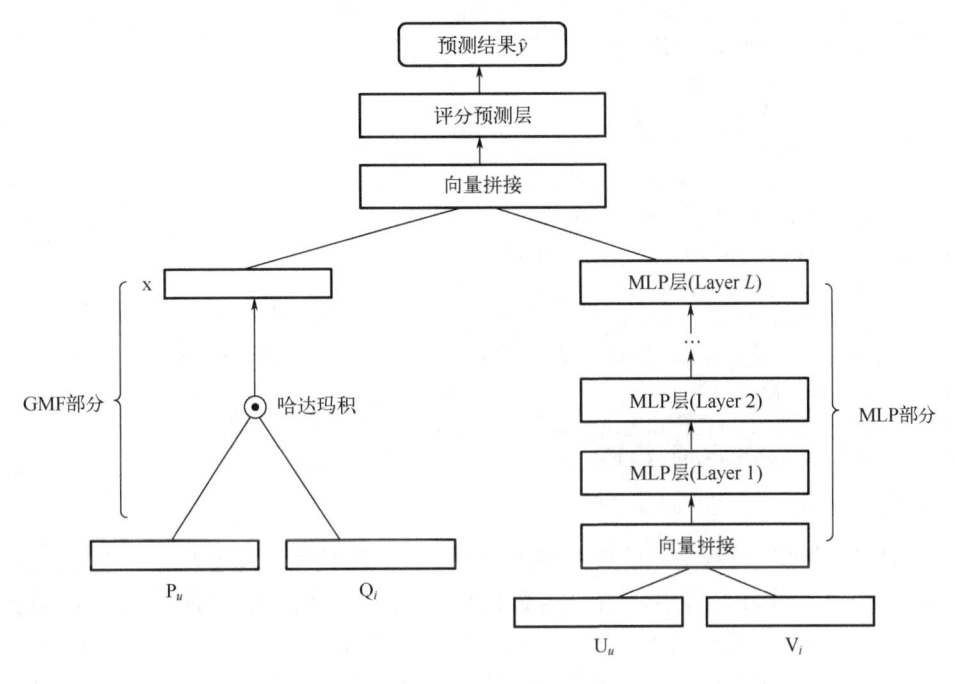

图 6-6　NeuMF 模型结构图

最终的预测评分是通过融合 GMF 和 MLP 子网络在其各自的最后阶段生成的特征向量来完成的。这些特征向量被拼接,并通过一个全连接层及 Sigmoid 激活函数进行处理,从而生成最终的用户对物品的评分:

$$\hat{y}_{ui} = \sigma(\mathbf{h}^T[\mathbf{x}, \phi^L(z^{(L-1)})]) \tag{6-11}$$

其中,$\sigma(\cdot)$ 是 Sigmoid 激活函数;$\mathbf{h}$ 是全连接层的权重向量。通过这种方式,NeuMF 结合了 GMF 的泛化能力和 MLP 的深度非线性学习能力,提高了模型预测用户对物品评分的准确性。

基于 PyTorch 实现 NeuMF 的代码如下。

```
1.  class NeuMF(nn.Module):
2.      def __init__(self, num_factors, num_users, num_items, layers):
3.          super(NeuMF, self).__init__()
4.          self.P = nn.Embedding(num_users, num_factors)
5.          self.Q = nn.Embedding(num_items, num_factors)
6.          self.U = nn.Embedding(num_users, layers[0]//2)
7.          self.V = nn.Embedding(num_items, layers[0]//2)
8.          MLP_layers = []
9.          input_size = layers[0]
10.         for output_size in layers[1:]:
11.             MLP_layers.append(nn.Linear(input_size, output_size))
12.             MLP_layers.append(nn.ReLU())
```

```
13.         input_size = output_size
14.     self.mlp = nn.Sequential(*MLP_layers)
15.     self.prediction_layer = nn.Linear(num_factors+layers[-1], 1)
16.   def forward(self, user_id, item_id):
17.     # MF 部分
18.     p_mf = self.P(user_id)
19.     q_mf = self.Q(item_id)
20.     gmf = torch.mul(p_mf, q_mf)
21.     # MLP 部分
22.     p_mlp = self.U(user_id)
23.     q_mlp = self.V(item_id)
24.     mlp_input = torch.cat((p_mlp, q_mlp), dim=-1)
25.     mlp = self.mlp(mlp_input)
26.     # 合并 MF 和 MLP 的输出
27.     combined = torch.cat((gmf, mlp), dim=1)
28.     # 计算预测得分
29.     pred_scores = self.prediction_layer(combined)
30.     return torch.sigmoid(pred_scores)
```

5）模型训练

在 NeuMF 的训练过程中，两个关键的组件是损失函数和优化器，它们共同决定了模型如何从训练数据中学习。其中，损失函数采用二元交叉熵损失（binary cross-entropy loss, BCELoss），这种损失函数适用于处理二分类问题，非常适合推荐场景。BCELoss 计算的是模型预测值和真实值之间的交叉熵，优化目标是最小化这个值，即减少预测错误。优化器的任务是更新模型的权重，以减小损失函数的值。本例中采用 Adam 优化器，Adam 是一种自适应学习率的优化算法，能够自动调整每个参数的学习率，具有收敛速度快、稳定性强的特点。训练部分的实现代码如下。

```
1.  # 创建 Dataset 和 DataLoader
2.  train_dataset = TensorDataset(
3.      torch.LongTensor(user_input),
4.      torch.LongTensor(item_input),
5.      torch.FloatTensor(labels)
6.  )
7.  train_loader = DataLoader(train_dataset, batch_size=256, shuffle=True)
8.  # 定义损失函数和优化器
9.  criterion = nn.BCELoss()
10. optimizer = optim.Adam(net.parameters(), lr=0.001)
11. # 设置训练设备
12. device = torch.device("cuda" if torch.cuda.is_available() else "cpu")
13. # 训练模型
14. epochs = 20
15. best_hr, best_ndcg, best_epoch = -1, -1, -1
16. net = NeuMF(8, num_users, num_items, [64, 32, 16, 8])
17. for epoch in range(epochs):
18.     net.train()
19.     for user, item, label in train_loader:
```

```
20.     optimizer.zero_grad()
21.     user = user.to(device)
22.     item = item.to(device)
23.     label = label.to(device)
24.     # 计算损失
25.     pred_score = net(user, item)
26.     loss = criterion(pred_score, label.reshape(-1, 1))
27.     # 反向传播
28.     loss.backward()
29.     optimizer.step()
```

6) 模型评估

本例中采用命中率(hit rate,HR)和归一化折扣累积增益(normalized discounted cumulative gain，NDCG)两个常用指标来评估推荐模型的有效性。这些指标从不同的角度反映了推荐系统的性能。

HR@k 衡量的是在前 k 个推荐项中，至少有一个推荐项是用户感兴趣的项目的概率。这个指标的计算公式为

$$\text{HR}@k = \frac{|V|}{|U|} \tag{6-12}$$

其中，V 和 U 分别表示命中用户集合和全体用户集合。

NDCG@k 则更加关注推荐列表中项目的排序质量,特别是它通过对排在列表前端的相关项给予更高的权重来强调排序的正确性。NDCG@k 的计算公式为

$$\text{NDCG}@k = \frac{\text{DCG}@k}{\text{IDCG}@k} \tag{6-13}$$

其中，DCG@k 是折扣累积增益，根据推荐项的相关性和它们在列表中的位置来计算，具体公式为

$$\text{DCG}@k = \sum_{i=1}^{k} \frac{2^{\text{rel}_i} - 1}{\log_2(i+1)} \tag{6-14}$$

其中，$\text{rel}_i$ 表示第 i 个推荐项的相关性等级，通常是二元的(即相关或不相关)。

IDCG@k 是在理想情况下的最大可能 DCG@k，它假设推荐列表是按照从最相关到最不相关的顺序完美排序的。IDCG@k 的公式为

$$\text{IDCG}@k = \sum_{i=1}^{\min(k,n)} \frac{2^{\text{rel}_i} - 1}{\log_2(i+1)} \tag{6-15}$$

这里的 min(k,n) 确保计算不会超出实际存在的相关推荐项数量 n。

评估部分的实现代码如下。

```
1.  def hr_and_ndcg(rankedlist, groundtruth, k):
2.      # 计算 HR
3.      hr_k = int(any(item in set(groundtruth) for item in rankedlist[:k]))
4.      # 计算 DCG
5.      dcg_k = 0.0
```

```
6.      for i, item in enumerate(rankedlist[:k]):
7.          if item in groundtruth:
8.              dcg_k += 1 / np.log2(i + 2)
9.      # 计算 IDCG
10.     idcg_k = 0.0
11.     for i in range(min(len(groundtruth), k)):
12.         idcg_k += 1 / np.log2(i + 2)
13.     # 计算 NDCG
14.     ndcg_k = dcg_k / idcg_k if idcg_k > 0 else 0
15.     return hr_k, ndcg_k
16. def evaluate(net, groudtruth, history, num_users, num_items, device, k=10:
17.     net.eval()
18.     all_hit_rate, all_ndcg = [], []
19.     with torch.no_grad():
20.         for u in range(num_users):
21.             candidates = list(set(range(num_items)) - set(history[u]))
22.             user_ids = torch.LongTensor([u] * len(candidates)).to(device)
23.             item_ids = torch.LongTensor(candidates).to(device)
24.             pred_scores = net(user_ids, item_ids).squeeze().cpu().numpy()
25.             pred_scores = list(zip(item_ids.cpu().numpy(), pred_scores))
26.             ranked_list = sorted(pred_scores, key=lambda t: t[1], reverse=True)
27.             ranked_items = [r[0] for r in ranked_list]
28.             hr, ndcg = hr_and_ndcg(ranked_items, groudtruth[u], k)
29.             all_hit_rate.append(hr)
30.             all_ndcg.append(ndcg)
31.     return np.mean(np.array(all_hit_rate)), np.mean(np.array(all_ndcg))
32. hr_10, ndcg_10 = evaluate(net, test_interactions, train_interactions, num_users, num_items, device, k=10)
```

## 6.2 推荐系统的优化技术

本节将介绍推荐系统的三个优化技术，包括双向推荐系统、基于知识图谱的推荐系统、可解释推荐系统。

### 6.2.1 双向推荐系统

**1. 双向推荐系统简介**

与传统的推荐系统不同，双向推荐系统（reciprocal recommender system，RRS）引入了交互性和互惠性的核心概念，突出了双方相互选择的重要性。这种系统的设计考虑了推荐的双方，不仅仅是单向的用户对产品或服务的偏好，而且是基于两个用户或两个实体之间双向兴趣和偏好的匹配。因此，成功的推荐依赖于精确理解和预测每个参与者的偏好，以便发现和推荐那些具有相互吸引潜力的匹配对。

双向推荐系统被广泛应用于多个领域，尤其是在线约会和职业招聘网站等在线平台，这些平台涉及双方的主动选择与互动。在这些场景中，一个成功的匹配需要双方的相互兴趣与回应。例如，在线约会中，双方的共同认可与吸引是匹配形成的关键；在职业招聘中，则基于求职者对职位的兴趣与雇主对求职者资格的认可。双向推荐系统通过智能分析与学习,在庞大的候选池中筛选出最有可能建立良好交流与合作的匹配。

尽管双向推荐系统前景广阔,但在构建与实施中也面临诸多挑战。最显著的挑战之一是交互数据的稀疏性问题。在特定应用场景,如招聘过程,用户间互动可能因职位填补或求职成功而中断,造成可用于算法训练与预测的有效数据减少。同时,用户偏好随个人经历和市场环境变化而动态演进。因此,高效的双向推荐系统需能识别和适应偏好变化,并解决数据稀疏问题。这要求研究者和开发者不断寻求新的数据处理技术和推荐策略,以确保系统能在不断变化的环境中提供准确满意的推荐。

2. 双向推荐系统常用数据集

1)智联招聘人岗智能匹配数据集

描述:智联招聘人岗智能匹配数据集是一个由智联招聘提供的真实世界数据集,旨在支持和促进求职者与职位之间的精准匹配。该数据集由阿里巴巴大数据智能云上编程大赛提供,包含了丰富的求职者信息、职位描述以及双方的交互数据。

2)Job Recommendation Case Study

描述:该数据集来自 Kaggle 平台,包含用户信息、岗位描述和用户申请记录。

3)Job Recommendation Analysis

描述:该数据集来自 Kaggle 平台,包含用户工作经验、岗位描述和浏览记录。

3. 双向推荐模型介绍

1)基于隐因子分解的双向推荐模型

尽管隐因子模型在传统推荐领域已经取得了显著的成功,但它无法直接应用于双向推荐系统,因为传统的用户-项目推荐方法主要关注于评估单一用户对项目的兴趣,而忽略了在双向推荐场景中,两个用户之间的相互兴趣和偏好匹配的重要性。为了解决这一问题,LFRR 模型做了重大的改进,主要通过引入一种能够同时考虑两个用户偏好的模型架构。这个模型通过不同的偏好聚合策略,有效地将两个用户的偏好结合起来,从而在双向推荐场景中提供更为准确和个性化的匹配建议。此外,LFRR 的引入不仅改善了推荐的准确性,也增加了处理更大数据集的能力,克服了以往双向推荐系统在数据规模上的限制。

2)基于内容信息的双向推荐模型

基于内容信息的双向推荐模型旨在解决双向推荐系统中存在的交互数据稀疏性问题。以招聘推荐场景为例,利用求职者的简历、职位的描述等内容信息,这类模型能够在缺乏足够交互数据的情况下,通过分析和理解内容信息本身,提高匹配的准确性和效率。

PJFNN 和 APJFNN 是基于内容信息进行双向推荐的两个典型模型。PJFNN 采用卷积神经网络对文本内容进行编码,通过端到端的学习,有效地捕捉人才与职位间的相互适配性。特别是 PJFNN 的分层,表示结构能够详细评估候选人与职位的适配度,并精确识别出候选人满足的职位要求,从而在大规模真实世界数据集上展现出优越的性能。APJFNN 则采用循环神经网络来捕捉职位要求和求职者经验的词级语义表示。通过设计四种层次化的能力感知注意力机制,APJFNN 能够衡量职位要求对于语义表示的不同重要性以及每项工作经验对特定能力要求的贡献度,显著提高了匹配的解释性和精准度。

3)基于图神经网络的双向推荐模型

DPGNN 是一个面向招聘推荐场景提出的基于图神经网络的双向推荐模型,为了模拟候选人与职位之间的双向选择偏好,DPGNN 引入了一种双视角图表示学习方法,通过为每个候选人(或职位)设置两种不同的节点,来刻画匹配成功和匹配失败,并将它们统一于一张双视角交互图中。这种方法允许模型从求职者和雇主的双视角出发,有效捕捉双方的互动和偏好。

## 6.2.2 基于知识图谱的推荐系统

### 1. 基于知识图谱的推荐系统简介

基于知识图谱的推荐系统通过整合和利用知识图谱,提高了推荐系统的准确性和用户满意度。知识图谱本身是一种复杂的网络结构,其中包含大量实体及其相互关系,如人物、地点、物品等。这些实体和关系被精心组织并图形化,形成了一个丰富的信息库。通过将这种结构化知识库融入推荐系统,可以更精准地理解用户偏好,以及内容的多维度属性。这种方法不仅基于用户的行为数据,如浏览和购买历史,还深入考察了用户可能的兴趣点和需求,通过实体间的逻辑和语义关系来发现新的推荐机会。

基于知识图谱的推荐系统的核心优势在于其能够提供深层次的个性化推荐。通过分析知识图谱中的实体关系,如共同作者、品牌或者类别,系统能够揭示用户潜在的兴趣和需求,从而提供更为相关和精准的推荐内容。此外,系统能够利用图谱中的关联路径发现用户未直接表达出来的兴趣,进而挖掘和推荐更多潜在感兴趣的内容。这种基于深度理解的推荐方式,不仅增强了推荐的个性化程度,也大大提升了用户的探索效率和满意度。

除了提高推荐准确性外,基于知识图谱的推荐系统还增强了推荐的解释性。通过明确展示推荐理由,如"因为你喜欢这个品牌的其他产品"或"这些项目与你之前喜欢的类别相似",系统可以让用户明白为何某些项目被推荐给他们。这种透明度不仅增加了用户对推荐系统的信任,也提供了更加丰富的用户体验,使用户在接受推荐时感到更加自在和满意。

基于知识图谱的推荐系统因其高度的准确性和个性化推荐能力,在多个领域都有着广泛的应用。在电子商务中,它可以帮助用户发现新产品,并提供购买建议;在在线教育平台,它能够根据学习者的兴趣和学习历程推荐合适的课程;在内容发现平台,如新闻聚合和视频分享网站,它可以通过分析用户的兴趣和内容之间的关系,提供更加精准和丰富的内容推荐。这种推荐系统的普遍应用,不仅提升了用户体验,还为企业创造了更大的商业价值。

### 2. 基于知识图谱的推荐系统常用数据集

1)KB4Rec

描述:KB4Rec 是一个专为基于知识图谱的推荐系统研究而设计的链接数据集,旨在将推荐系统中的项目与 Freebase 知识库中的实体进行关联。该数据集提供了一个桥梁,使得推荐系统能够利用大规模知识库数据,从而增加推荐的准确性和深度。数据集包括多个领域的链接数据,如电影、音乐和图书,为研究者提供了一个丰富的资源来探索基于知识图谱的推荐系统。

2)MIND

描述:MIND 是一个大规模的新闻推荐研究数据集,该数据集从微软新闻网站的匿名行为日志中收集而来。MIND 包含大约 16 万篇英文新闻文章和超过 1500 万条由 100 万用户生成的曝光日志。每篇新闻文章包含丰富的文本内容，包括标题、摘要、正文、类别和实体信息，其中实体来自于 WikiData 知识图谱。每条曝光日志记录了用户的点击事件、未点击事件以及该用户在此曝光之前的历史新闻点击行为。

3. 基于知识图谱的推荐模型介绍

1）基于知识图谱节点嵌入的推荐模型

基于知识图谱节点嵌入的方法通常是指利用知识图谱中实体及其关系所蕴含的丰富语义信息，将这些信息嵌入推荐系统中，从而提高推荐的准确性和可解释性。例如，多任务学习框架 MKR 结合了知识图谱嵌入任务和推荐任务，通过交叉和压缩单元连接两种任务，并通过优化这两种任务的联合损失函数来增强用户和项目的表示向量。然而，MKR 未能充分利用知识图谱中的高阶邻接实体信息。CKE 模型则尝试通过嵌入知识图谱中的文本和视觉信息来丰富项目表示向量。KGIN 模型进一步提出了将用户偏好细化为不同的意图嵌入，并通过知识图谱关系的注意力加权组合模块获取这些嵌入。此外，知识图谱还可以作为上下文嵌入信息来提升推荐系统的性能，例如，MKR 模型利用基于强化学习的知识感知推理来提高推荐结果的可解释性。

2）基于知识图谱路径嵌入的推荐模型

基于知识图谱路径嵌入的方法是指通过捕获知识图谱或异构信息网络中的路径连通性来增强推荐性能。例如，HeteRec 模型利用基于元路径的隐式特征嵌入表示异构信息网络中用户与项目之间的路径连通性，其作者构建了一个基于路径隐式特征的推荐系统，并使用贝叶斯个性化排序算法进行优化。RippleNet 模型则结合了基于节点信息嵌入和基于路径信息嵌入的优点，它沿着从知识图谱中抽取的路径逐步传播用户偏好，并尝试捕获用户的层次化兴趣意图。此外，EKPNet 模型作为一种增强的知识感知路径网络推荐模型，可以通过自动生成的知识图谱路径捕获项目之间的显式特征，同时通过用户项目交互记录捕获项目之间的隐式特征。

### 6.2.3 可解释推荐系统

1. 可解释推荐系统简介

可解释推荐系统旨在向用户提供清晰、透明的推荐理由，以增强用户对推荐结果的理解和信任。在传统的推荐系统中，尽管算法可以提供个性化的推荐，但用户往往难以理解为什么会收到这些建议。缺乏解释可能导致用户对推荐系统的不信任甚至抵触。引入可解释性不仅帮助用户理解推荐的背后逻辑，还可以提升用户体验，增加用户与推荐系统的互动，从而提高推荐的接受率和用户满意度。

可解释推荐系统通过明确指出推荐理由，如基于用户的过往行为、偏好相似的其他用户的选择、物品与物品之间的关联性等，大大提升了推荐的透明度。这种明确的解释使用户能够理解推荐的根据，增强了用户对系统的信任。例如，如果一个系统推荐一本书给用户，它可以解释说是因为用户喜欢相似题材的其他书籍，或因为其他有着相似阅读喜好的用户也喜欢这本书。这种解释不仅加深了用户对自己偏好的理解，还可能促进用户探索新兴趣领域。

在实现可解释推荐系统时，开发者需要在系统设计中考虑如何集成解释机制。这可能涉及改进算法，使其能够在提供推荐的同时生成易于理解的解释。例如，决策树和规则基础的推荐算法本身具有较高的可解释性，因为它们通过一系列清晰的决策规则来生成推荐。此外，近年来，人工智能领域的研究者也在探索如何利用机器学习模型，特别是深度学习，来生成解释性强的推荐，尽管这是一个挑战，但已经有了一些进展，如利用注意力机制来突出推荐理由中最重要的因素。

可解释推荐系统在多个领域中具有广泛的应用前景，从电子商务到在线内容平台，再到健康和教育领域，用户都可以从更加透明和个性化的推荐中受益。例如，在医疗健康领域，可解释的推荐可以帮助医生和病人理解某些治疗或药物选择的理由；在教育技术领域，可解释性有助于学生理解为什么推荐某些课程或资源对他们的学习路径最有益。随着技术的进步和用户对高质量推荐的需求增加，可解释推荐系统的研究和应用将继续扩大，为用户提供更加丰富、个性化且可信赖的推荐体验。

2. 可解释推荐系统常用数据集

1) REASONER

描述：REASONER 是由中国人民大学和华为的研究者共同构建的一个可解释推荐数据集，旨在推动可解释推荐领域的发展。该数据集专注于视频推荐场景，并且包含了多种推荐解释目的的真实标注数据，如增强推荐说服力、解释信息量和用户满意度等，使其可广泛应用于可解释推荐、推荐系统纠偏以及基于心理学的推荐等领域。

2) Amazon

描述：Amazon 是一个广泛用于推荐系统研究的大型数据集，它包含了亚马逊网站上的评论记录和产品元数据。这个数据集涵盖了从 1996 年 5 月到 2014 年 7 月的长时间跨度，为研究者提供了丰富的历史信息和用户行为模式。数据集的主要组成部分包括用户评分、评论文本内容、可用性投票以及产品描述、类别信息、价格、品牌和图像特征等。可解释推荐系统主要用到其中的用户评分文本内容。

3) Yelp

描述：Yelp 是推荐系统研究领域中常用的一个大型数据集，主要包含餐馆信息、用户信息以及对应的历史评论记录等信息。该数据集由 Yelp 进行持续性开源及更新，截至 2021 年 8 月，共包含约 16 万商户以及 860 万条评论。Yelp 数据集为研究者提供了丰富的资源，以便更好地理解和分析用户行为、评价体系以及社交影响等因素在推荐系统中的作用。主要字段包括商户的基本信息、用户的基本资料以及用户对商户的具体评价和反馈。通过这些数据，研究者可以探索如何结合用户的社交影响和评价内容来提供更具解释性的推荐。

3. 可解释推荐模型介绍

1) 事前可解释推荐模型

事前可解释推荐模型旨在提供推荐生成之前的解释逻辑，以增强用户对推荐系统决策过程的理解。典型的模型包括显式因子分解模型(explicit factorization model，EFM)，该模型通过分析用户评论，提取产品特性及用户对这些特性的情感倾向，进而构建用户和商品的显式特征向量，使推荐的生成过程可追溯。此外，树增强嵌入模型(tree-enhanced embedding model，

TEM)融合了决策树的直观分类规则和嵌入技术的高效表征能力,通过学习数据中的显式决策规则,并将其整合至嵌入模型中,以提高推荐的透明度。规则挖掘方法,如关联规则挖掘,能够从大规模的交易数据中挖掘出物品间的关联性,为用户提供直观的推荐理由。基于主题建模的方法利用用户评论中的隐含主题与商品特性的关联,通过主题词云等方式向用户展示推荐的内在逻辑。知识图谱方法,如 RippleNet,利用知识图谱深层的实体和关系信息,揭示用户兴趣与推荐物品间的联系,从而实现深层次的推荐解释。

2) 事后可解释推荐模型

事后可解释推荐模型专注于在推荐决策做出之后提供解释。这类模型通常不直接在推荐过程中集成可解释性,而是在推荐完成后为其附加解释。Wang 等提出了一种基于强化学习的模型,该模型采用双智能体机制,一方面生成文本解释,另一方面预测推荐系统的评分输出,实现模型的事后解释。Peake 等提出了基于规则提取的方法,通过训练白盒模型来模拟黑盒模型的输出,以此提供解释。Cheng 等提出了一种名为快速影响分析(fast influence analysis, FIA)的解释方法,该方法通过影响函数来理解不同训练样本对隐因子模型预测的影响,并基于最具影响力的交互提供直观的解释。此外,还有一些工作借助文本生成模型生成推荐解释,如基于 Transformer 的 PETER 模型,利用自然语言生成技术创造出个性化的解释文本,可以有效提升用户对推荐系统输出的信任度和满意度。

## 6.3 基于知识图谱的可解释人岗智能匹配实践

本节将采用基于采样后的智联招聘人岗智能匹配数据集,开发一个基于知识图谱的可解释人岗智能匹配实践案例。

### 6.3.1 基于知识图谱的可解释双向推荐算法

1. 数据集介绍

本节将基于采样后的智联招聘人岗智能匹配数据集进行实验。该数据集收集自真实业务场景,数据集中的主要信息包括人才信息(如人才的居住地、学历、年龄和工作经验等)、岗位信息(如岗位标题、学历要求和薪资待遇等)和交互数据(如求职者对不同职位的浏览、投递行为)。

2. 数据预处理

首先读取人才信息、岗位信息和交互数据,然后通过数据预处理过程对数据进行清洗和筛选,以确保数据的质量和准确性。完整步骤如下。

(1) 读取数据:使用 pd.read_csv 函数从指定路径读取人才信息、岗位信息和交互数据,数据之间使用制表符分隔(sep='\t')。

(2) 去除重复的交互数据:使用 drop_duplicates 方法去除交互数据中重复的行,并通过 keep='first' 参数保留第一次出现的重复行,inplace=True 表示在原数据上进行操作。

(3) 只保留匹配成功的岗位:通过筛选出交互数据中"satisfied"列值为 1(即匹配成功)的记录,提取出对应的"jd_no"(即岗位编号),并转换为集合形式,再筛选岗位信息中存在于该集合中的记录，以保留匹配成功的岗位信息。

（4）只保留有效岗位的交互数据：同样根据成功匹配的岗位信息提取的"jd_no"集合，筛选出交互数据中存在于该集合中的记录，以保留有效岗位的交互数据。

（5）只保留有交互的人才：根据保留的交互数据，提取出"user_id"的集合，筛选人才数据中存在于该集合中的记录，以保留有交互的人才数据。

（6）清洗交互数据：再次根据经过前面筛选得到的有交互的人才集合和有效岗位集合，筛选交互数据，保留符合条件的交互数据，确保交互数据中的人才和岗位都是有效的。

数据预处理的完整代码如下。

```
1.   # 读取数据
2.   df_user = pd.read_csv(os.path.join(data_dir, 'table1_user.txt'), sep='\t')
3.   df_jd = pd.read_csv(os.path.join(data_dir, 'table2_jd.txt'), sep='\t')
4.   df_action = pd.read_csv(os.path.join(data_dir, 'table3_action.txt'), sep='\t')
5.   # 去除重复的交互数据
6.   df_action.drop_duplicates(keep='first', inplace=True)
7.   df_action.reset_index(drop=True)
8.   # 只保留匹配成功的岗位
9.   valid_jd = set(df_action[df_action['satisfied']==1]['jd_no'].unique().tolist())
10.  df_jd = df_jd[df_jd['jd_no'].isin(valid_jd)].reset_index(drop=True)
11.  # 只保留有效岗位的交互数据
12.  df_action = df_action[df_action['jd_no'].isin(valid_jd)].reset_index(drop=True)
13.  # 只保留有交互的人才
14.  valid_user = set(df_action['user_id'].unique().tolist())
15.  df_user = df_user[df_user['user_id'].isin(valid_user)].reset_index(drop=True)
16.  # 清洗交互数据
17.  valid_user = set(df_user['user_id'].unique().tolist())
18.  valid_jd = set(df_jd['jd_no'].unique().tolist())
19.  df_action = df_action[df_action['user_id'].isin(valid_user) & df_action['jd_no'].isin(valid_jd)].reset_index(drop=True)
```

通过执行上述代码，可以确保数据的一致性和完整性，提高后续分析建模的准确性和可靠性。

3. 知识图谱构建

在构建知识图谱时，将实体映射到唯一的索引是常见的做法，这有助于后续的处理和分析。以下是在构建知识图谱时针对"城市"节点的处理过程的代码。

```
1.   # 创建一个空字典，用于存储城市到索引的映射
2.   city2index = {}
3.   # 给人才信息表添加一个新列'KG_cur_city'，初始值设为-1
4.   df_user['KG_cur_city'] = -1
5.   # 遍历人才信息表的每一行
6.   for index, row in df_user.iterrows():
7.       # 获取当前行的居住城市ID，并将其转换为整数
8.       city_id = int(row['live_city_id'])
9.       # 如果当前城市ID不在映射字典中，则添加到字典中，并将值设为当前字典的长度（即新索引）
10.      if city_id not in city2index:
```

```
11.        city2index[city_id] = len(city2index)
12.    # 更新人才信息表当前行的'KG_cur_city'列为城市ID对应的索引值
13.    df_user.loc[index, 'KG_cur_city'] = city2index[city_id]
14. # 给人才信息表添加一个新列'KG_desire_city'，初始值设为字符串'-1'
15. df_user['KG_desire_city'] = '-1'
16. # 再次遍历人才信息表的每一行
17. for index, row in df_user.iterrows():
18.    # 获取当前行的期望工作城市ID，这些ID以逗号分隔的字符串形式给出
19.    city_ids_str = row['desire_jd_city_id'].split(',')
20.    # 创建一个空列表，用于存储转换后的城市索引
21.    city_ids = []
22.    # 遍历分割后的城市ID字符串列表
23.    for city_id_str in city_ids_str:
24.        # 如果城市ID字符串为空或者为'-'，则跳过
25.        if city_id_str == '' or city_id_str == '-':
26.            continue
27.        # 将城市ID字符串转换为整数
28.        city_id = int(city_id_str)
29.        # 如果当前城市ID不在映射字典中，则添加到字典中，并将值设为当前字典的长度（即新索引）
30.        if city_id not in city2index:
31.            city2index[city_id] = len(city2index)
32.        # 将城市ID对应的索引添加到city_ids列表中
33.        city_ids.append(city2index[city_id])
34.    # 更新人才信息表当前行的'KG_desire_city'列为转换后的城市索引列表，用逗号连接成字符串
35.    df_user.loc[index, 'KG_desire_city'] = ','.join([str(x) for x in city_ids])
36. # 给岗位表添加一个新列'KG_job_city'，初始值设为-1
37. df_jd['KG_job_city'] = -1
38. # 遍历岗位信息表的每一行
39. for index, row in df_jd.iterrows():
40.    # 获取当前行的工作城市ID，并将其转换为整数
41.    city_id = int(row['city'])
42.    # 如果当前城市ID不在映射字典中，则添加到字典中，并将值设为当前字典的长度（即新索引）
43.    if city_id not in city2index:
44.        city2index[city_id] = len(city2index)
45.    # 更新岗位信息表当前行的'KG_job_city'列为城市ID对应的索引值
46.    df_jd.loc[index, 'KG_job_city'] = city2index[city_id]
```

以上步骤完成了将城市实体抽象为可用于知识图谱的索引，这样在图谱中引用城市时，可以直接使用索引，而不是城市ID，这种索引化有助于提高数据处理的效率。

4. 特征工程

1）元路径提取

元路径是连接不同实体的一系列关系类型，通过这些元路径，可以从异构图中提取丰富的语义信息。以下是从人才-岗位知识图谱中提取元路径的代码。

```
1. # 计算每种类型节点的起始索引（用于将节点ID映射到全局ID）
2. type_start_index = {kg.ntypes[0]: 0}
```

```
3.    for i, ntype in enumerate(kg.ntypes[1:]):
4.        type_start_index[ntype] = type_start_index[kg.ntypes[i]] + kg.number_of_nodes(kg.ntypes[i])
5.    # 定义函数：根据给定的元路径和起始节点，采样得到一组路径
6.    def sample_metapath(kg, metapath, start_node, num_path):
7.        traces, eids, types = dgl.sampling.random_walk(
8.            kg, [start_node]*num_path, metapath=metapath, return_eids=True)
9.        # 移除轨迹中最后一个节点为-1 的情况（即未完成的路径）
10.       keep_idx = (traces[:, -1] != -1).nonzero(as_tuple=True)[0]
11.       traces = traces[keep_idx]
12.       eids = eids[keep_idx]
13.       paths = torch.cat([traces, eids], dim=-1)
14.       paths = torch.unique(paths, dim=0)
15.       out_paths = torch.zeros_like(paths)
16.       out_paths[:, 0::2] = paths[:, :paths.shape[-1]//2+1]
17.       out_paths[:, 1::2] = paths[:, paths.shape[-1]//2+1:]
18.       return out_paths
19.   all_paths = []
20.   path_lens = []
21.   # 为所有的人才-岗位对初始化路径索引列表
22.   ui_path_index = [[] for _ in range(num_user*num_item)]
23.   # 计算所有元路径中最长路径的长度
24.   max_path_len = max([len(meta_path)*2+1 for meta_path in meta_paths])
25.   # 当前处理的起始索引
26.   cur_start_index = 0
27.   for meta_path in meta_paths:
28.       print("processing meta-path: ", meta_path)
29.       max_try = 10  # 设置最大尝试次数
30.       # 根据元路径的长度设置不同的路径采样数量
31.       if len(meta_path) > 2:
32.           num_path = 2000000
33.       if meta_path[-1].split('_')[-1] == 'experience':
34.           num_path = 2000000
35.       else:
36.           num_path = 1000000
37.       user_path = []
38.       # 使用 dgl.metapath_reachable_graph 检查人才和岗位之间是否存在元路径连接
39.       uj_graph = dgl.metapath_reachable_graph(kg, meta_path)
40.       for user_index in tqdm(range(kg.number_of_nodes('user'))):
41.           # 获取给定人才可以通过元路径到达的岗位的索引
42.           job_indexes = uj_graph.successors(user_index)
43.           if job_indexes.shape[0] == 0:
44.               continue
45.           paths = sample_metapath(kg, meta_path, user_index, num_path)
46.           sampled_job = paths[:, -1].unique().shape[0]
47.           count = 0
48.           # 如果采样到的岗位数量小于实际数量，则尝试重新采样，直至达到最大尝试次数
49.           while sampled_job < job_indexes.shape[0] and count < max_try:
```

```
50.        paths = torch.cat([paths, sample_metapath(kg, meta_path, user_index, num_path)], dim=0)
51.        paths = torch.unique(paths, dim=0)
52.        sampled_job = paths[:, -1].unique().shape[0]
53.        count += 1
54.        # 记录采样得到的路径中，对应的人才-岗位对索引
55.        for i in range(paths.shape[0]):
56.            uid = paths[i, 0].item()
57.            jid = paths[i, -1].item()
58.            uj_pair_index = uid * num_item + jid
59.            ui_path_index[uj_pair_index].append(cur_start_index + i)
60.        # 将路径中的边类型和节点类型转换为全局索引
61.        for i, r_type in enumerate(meta_path):
62.            r_index = kg.etypes.index(r_type)
63.            paths[:, 2*i+1] = r_index + kg.num_nodes() + 1
64.            src_type, dst_type = [(triple[0], triple[2]) for triple in kg.canonical_etypes if triple[1] == r_type][0]
65.            paths[:, 2*i] = paths[:, 2*i] + type_start_index[src_type] + 1
66.        paths[:, -1] = paths[:, -1] + type_start_index[dst_type] + 1
67.        paths = paths.cpu().numpy()
68.        user_path.append(paths)
69.        cur_start_index += paths.shape[0]
70.    user_path = np.concatenate(user_path, axis=0)
71.    # 如果路径长度小于最大路径长度，则用零填充到最大长度
72.    if user_path.shape[1] < max_path_len:
73.        user_path = np.concatenate([user_path, np.zeros((user_path.shape[0], max_path_len-user_path.shape[1]))], axis=-1)
74.    user_path = user_path.astype(np.int32)
75.    path_len = np.ones(user_path.shape[0]) * (len(meta_path) * 2 + 1)
76.    path_lens.append(path_len)
77.    # 保存每一种元路径采样得到的路径
78.    all_paths.append(user_path)
```

代码执行结果包括以下部分：all_paths，包含从知识图谱中采样得到的所有元路径，这些路径反映了不同实体之间的关系；path_lens，记录了每条路径的实际长度，这对于后续的特征处理非常重要；ui_path_index，是一个索引列表，记录了每个人才-岗位对在所有路径中的位置，这有助于后续的关系学习和预测。

2) 知识图谱表征学习

首先，在进行知识图谱表征学习之前，需要将知识图谱中的边分为训练集、验证集和测试集。这一步骤的目的是确保模型有足够的数据用于学习，并且能够在隔离的数据上进行评估和测试。该步骤的代码如下。

```
1.  # 初始化训练集、验证集和测试集的输出列表
2.  train_out = []
3.  valid_out = []
4.  test_out = []
5.  # 遍历图中的所有关系类型
6.  for u, r, v in kg.canonical_etypes:
7.      # 获取每种关系类型的源节点和目标节点的 ID
```

```
8.      src_ids, dst_ids = kg.edges(etype=r)
9.      # 生成一个随机排列序列
10.     perm = np.random.permutation(len(src_ids))
11.     # 重新排序节点
12.     src_ids = src_ids[perm]
13.     dst_ids = dst_ids[perm]
14.     # 划分数据集：80%训练集，10%验证集，10%测试集
15.     train_size = int(len(src_ids) * 0.8)
16.     valid_size = int(len(src_ids) * 0.1)
17.     test_size = int(len(src_ids) * 0.1)
18.     # 将数据添加到相应的输出列表中
19.     for src_id, dst_id in zip(src_ids[:train_size], dst_ids[:train_size]):
20.         line = f"{u}ID{src_id.item()}\t{r}\t{v}ID{dst_id.item()}\n"
21.         train_out.append(line)
22.     for src_id, dst_id in zip(src_ids[train_size:train_size+valid_size], dst_ids[train_size:train_size+valid_size]):
23.         line = f"{u}ID{src_id.item()}\t{r}\t{v}ID{dst_id.item()}\n"
24.         valid_out.append(line)
25.     for src_id, dst_id in zip(src_ids[train_size+valid_size:], dst_ids[train_size+valid_size:]):
26.         line = f"{u}ID{src_id.item()}\t{r}\t{v}ID{dst_id.item()}\n"
27.         test_out.append(line)
```

运行上述代码后，训练集、验证集和测试集将分别被保存在../processed_data/ zhaopin/kge/文件夹的train.txt、valid.txt和test.txt文件中。

然后，使用dglke库获取知识图谱的中节点和边的TransR表征，可以通过在命令行中执行以下命令启动训练过程。

```
1.   DGLBACKEND=pytorch dglke_train --model_name TransR --dataset zhaopin --data_path ../processed_data/zhaopin/kge/ --data_files train.txt valid.txt test.txt --format raw_udd_hrt --batch_size 1000 --neg_sample_size 200 --hidden_dim 256 --gamma 19.9 --lr 0.25 --max_step 25000 --log_interval 100 --batch_size_eval 16 -adv --regularization_coef 1.00E-09 --test --gpu 0 --mix_cpu_gpu --save_path ../processed_data/zhaopin/kge/
```

通过上述命令完成训练后，知识图谱表征将被存储在../processed_data/zhaopin/kge/文件夹中。

5. 模型构建

与传统的推荐系统相比，构建一个有效的双向推荐系统面临着独特的挑战，其中一个主要的问题是交互数据的稀疏性。例如，在招聘推荐中，一旦求职者接受了一个职位，求职者和招聘者之间的互动就会暂时停止，直到求职者开始寻求新的工作。同时，当职位被填满时，招聘者将停止与该职位的候选人互动。这种双向停止的模式导致了相对于传统推荐系统中用户与项目的丰富交互，以及两者之间的历史交互信号显著减少。为了解决数据稀疏性的问题，一些研究已经尝试利用辅助信息，如简历和职位描述。然而，这类用户生成的内容格式各异，使得精确提取和匹配偏好变得困难。不仅如此，现有的方法从单一视角对这些辅助信息进行建模，然而当评估同一份内容时，双方往往具有不同的意图和偏好。这种缺乏双向视角的模型使得其准确性和可解释性受到限制。

上述限制强调了在双向推荐中采用双向视角进行建模的必要性。例如，在招聘推荐场景

中，候选者和招聘者可能在某些维度(如技能和行业)上达成一致，但由于他们的关注点不同，可能在其他维度(如地点偏好和教育背景)上存在不匹配。捕获这种细微的意图和动机差异对于提高匹配的准确性至关重要。

为了解决现有方法的局限性，下面将实现一个基于知识图谱的可解释双向推荐(knowledge-aware explainable reciprocal recommendation，KAERR)算法，该算法将来自推荐双方的辅助信息融入知识图谱中。如图6-7所示，通过提取双方之间的元路径，KAERR算法可以明确地捕捉他们的不同偏好和意图。使用双向长短期记忆网络(BiLSTM)从双方不同视角对元路径进行编码，并使用注意力机制将它们融合起来。此外，进行双向预测，并使用双向四元组损失函数对模型进行优化。通过学习注意力权重，模型能够揭示不同元路径的相对重要性，从而为推荐结果提供解释。通过从双向视角有效地建模知识图谱信息，KAERR算法不仅能够提高推荐的准确性，还能提供解释性的推荐理由。

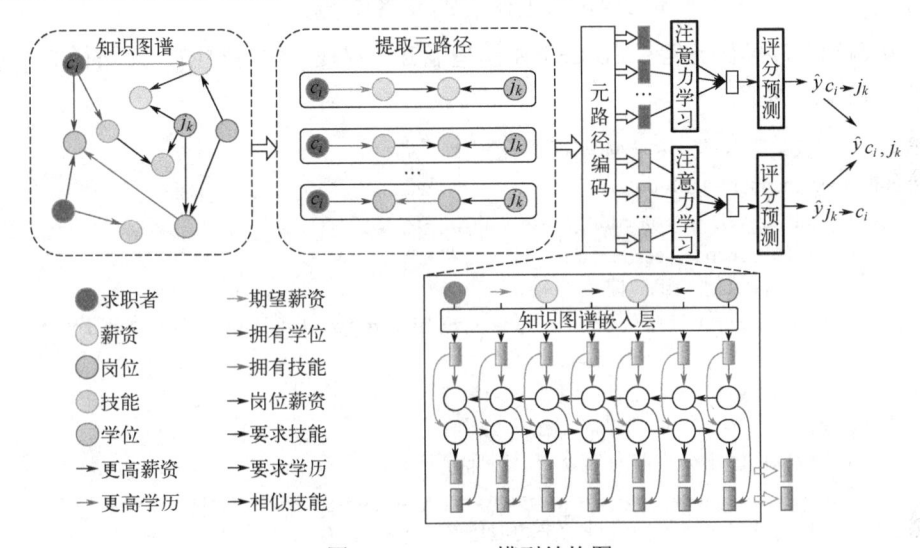

图 6-7　KAERR 模型结构图

1) 双视角元路径编码器

当捕捉候选者和职位对每条元路径的不同偏好时，首先独立地对每一侧的元路径实例进行编码，这是因为相同的元路径可能会隐含不同的意图。例如，"候选人-拥有学位-博士-更低学位-学士-要求学位-工作"这一元路径对招聘人员来说表明候选人的教育水平符合要求，是一个积极的信号；然而对追求更高学位的候选人来说，这可能并不那么重要，甚至可能是负面的。因此，在建模元路径时考虑双方视角是必要的。

选择使用 BiLSTM 编码器，因为每条元路径可以被视为由实体和关系组成的序列。LSTM 擅长从序列数据中提取特征，包括处理序列内的依赖关系。通过将候选者和工作分别视为序列起始点，BiLSTM 编码器能够学习每个元路径的双视角表示。对于建模候选者 $c_i$ 和工作 $j_k$ 之间的每个元路径实例 $p = (e_1, r_1, e_2, r_2, \cdots, e_{n-1} r_{n-1}, e_n) \in \mathcal{P}_{i,k}$，首先通过一个由 TransR 初始化的知识图嵌入层，将元路径中的元素映射到低维嵌入中。TransR 能够捕获实体和关系的结构特征，有助于后续元路径建模。具体而言，元路径实例的嵌入为

$$\mathbf{E} = \text{Embed}(p) = [e_1, e_2, \cdots, e_T] \tag{6-16}$$

其中，$\mathbf{E} \in \mathrm{R}^{T \times d_e}$；$e_t \in \mathrm{R}^{d_e}$，是第$t$个元素的$d_e$维知识图嵌入；$T = 2n-1$，是元路径的长度。

然后，嵌入序列$\mathbf{E}$被输入到BiLSTM编码器中，以学习上下文表示：

$$\vec{h}_t = \mathrm{BiLSTM}(e_t, \vec{h}_{t-1}) \tag{6-17}$$

$$\overset{\leftarrow}{h}_t = \mathrm{BiLSTM}(e_t, \overset{\leftarrow}{h}_{t+1}) \tag{6-18}$$

其中，$\vec{h}_t, \overset{\leftarrow}{h}_t \in \mathrm{R}^{d_h}$，分别是$d_h$维前向和后向隐藏状态在步骤$t$。

为了表示候选者$c_i$和工作$j_k$对元路径实例$p$的视角，通过对两个方向的BiLSTM隐藏状态进行平均，计算双视角聚合表示：

$$p^c = \frac{1}{T}\sum_{t=1}^{T}\vec{h}_t, \quad p^j = \frac{1}{T}\sum_{t=1}^{T}\overset{\leftarrow}{h}_t \tag{6-19}$$

其中，$p^c, p^j \in \mathrm{R}^{d_h}$，分别是候选者$c_i$和工作$j_k$的元路径表示。

通过从两端顺序编码元路径，BiLSTM模型能够从双视角学习对同一元路径的不同偏好。该模块的代码实现如下。

```
1.  # 定义路径编码器类，用于编码知识图谱中的元路径
2.  class PathEncoder(nn.Module):
3.      def __init__(self, kg_embedding_size, hidden_size):
4.          super(PathEncoder, self).__init__()
5.          # 使用 BiLSTM 来编码路径
6.          self.bilstm = nn.LSTM(kg_embedding_size, hidden_size, batch_first=True, bidirectional=True)
7.      def forward(self, path_emb_seq):
8.          # 通过 BiLSTM 得到路径向量
9.          path_vecs, _ = self.bilstm(path_emb_seq)
10.         # 将双向的输出分为前向部分和后向部分两部分
11.         f_path_vecs, b_path_vecs = torch.split(path_vecs, path_vecs.shape[-1] // 2, dim=-1)
12.         # 对所有路径节点的向量进行平均池化
13.         u_path_vecs = torch.mean(f_path_vecs, dim=1)
14.         i_path_vecs = torch.mean(b_path_vecs, dim=1)
15.         return u_path_vecs, i_path_vecs
```

2）基于注意力机制的元路径融合

对于同一元路径实例，候选者和招聘者两侧分配的注意力可能会有所不同。为了捕捉这种双视角的偏好，采用一个注意力机制来聚合元路径的表示。注意力模块可以学习软权重，以突出影响力较大的元路径，同时抑制对两侧都不相关的元路径。

具体来说，对于每一个候选者-职位对$(c_i, j_k)$，给定他们的元路径表示$\{p_l^c\}_{l=1}^{L}$和$\{p_l^j\}_{l=1}^{L}$，这些表示来自双视角元路径编码器，其中$L$是元路径的数量，计算注意力权重如下：

$$\alpha_l^c = \sigma(p_l^c w_c^a + b_c^a), \quad \alpha_l^j = \sigma(p_l^j w_j^a + b_j^a) \tag{6-20}$$

其中，$w_c^a, w_j^a \in \mathrm{R}^{d_h}$和$b_c^a, b_j^a \in \mathrm{R}$，分别是可训练的权重向量和偏置项；$\sigma(\cdot)$是将注意力权重压缩到0和1之间的Sigmoid函数。

融合的元路径表示是使用注意力权重计算的加权和：

$$m^c = \sum_{l=1}^{L} \alpha_l^c p_l^c, \quad m^j = \sum_{l=1}^{L} \alpha_l^j p_l^j \tag{6-21}$$

其中，$m^c$ 和 $m^j$ 分别为聚合的候选者和职位表示，这些表示暗示了他们对彼此的偏好；注意力权重 $\alpha_l^c$ 和 $\alpha_l^j$ 表示从双视角看不同元路径的相对重要性，这为推荐结果提供了解释。

元路径融合模块的代码实现如下。

```python
# 定义路径注意力融合网络
class PathFusion(nn.Module):
    def __init__(self, hidden_size):
        super(PathFusion, self).__init__()
        self.hidden_size = hidden_size
        self.user_path_attn = nn.Sequential(
            nn.Linear(hidden_size, 1),
            nn.Sigmoid()
        )
        self.item_path_attn = nn.Sequential(
            nn.Linear(hidden_size, 1),
            nn.Sigmoid()
        )
    def forward(self, u_path_emb, i_path_emb, valid_path_mask, path_shape):
        u_path_weight = self.user_path_attn(u_path_emb)
        i_path_weight = self.item_path_attn(i_path_emb)
        u_path_weight = u_path_weight.view(path_shape[0], -1)
        i_path_weight = i_path_weight.view(path_shape[0], -1)
        u_path_A = torch.where(valid_path_mask == 1, 0, u_path_weight)
        i_path_A = torch.where(valid_path_mask == 1, 0, i_path_weight)
        u_path_emb_pool = torch.matmul(u_path_A.unsqueeze(1), u_path_emb.reshape(-1, path_shape[1], self.hidden_size)).squeeze(1)
        i_path_emb_pool = torch.matmul(i_path_A.unsqueeze(1), i_path_emb.reshape(-1, path_shape[1], self.hidden_size)).squeeze(1)
        return u_path_emb_pool, i_path_emb_pool, u_path_A, i_path_A
```

3) 模型预测

这里的预测方式与传统的推荐系统不同，传统的推荐系统通过融合双方的表示来进行预测，而这里分别从双方的角度进行预测，然后取平均值。

具体来说，给定候选者 $c_i$ 和职位 $j_k$ 的聚合元路径表示 $m^c$ 和 $m^j$，有

$$\hat{y}_{c_i \to j_k} = \sigma(m^c \boldsymbol{w}_c^p + b_c^p), \quad \hat{y}_{j_k \to c_i} = \sigma(m^j \boldsymbol{w}_j^p + b_j^p) \tag{6-22}$$

其中，$\boldsymbol{w}_c^p, \boldsymbol{w}_j^p \in \mathbf{R}^d$，是可训练的权重向量，用于将聚合的元路径表示转换为匹配概率；$b_c^p, b_j^p \in \mathbf{R}$，是可训练的偏置项；$\hat{y}_{c_i \to j_k}$ 基于候选者对元路径的聚合偏好，预测职位 $j_k$ 满足候选者 $c_i$ 的概率，而 $\hat{y}_{j_k \to c_i}$ 则预测相反方向的概率。

为了组合双视角的预测，取它们的平均值作为最终的匹配概率：

$$\hat{y}_{i,k} = \frac{1}{2}(\hat{y}_{c_i \to j_k} + \hat{y}_{j_k \to c_i}) \tag{6-23}$$

该部分的代码实现如下。

```
# 评分预测
1.   u_path_score_final = self.user_path_predict(u_path_emb_pool)
     i_path_score_final = self.item_path_predict(i_path_emb_pool)
2.   score = u_path_score_final + i_path_score_final
     score = score / 2
```

### 6. 模型训练

为了优化模型参数，KAERR 算法提出了一种双向四元组损失函数，包含双向匹配损失和单向匹配损失。

对于每一个正样本匹配 $\langle c_i, j_k \rangle$，构造负样本 $\langle c_i, j'_k \rangle$ 和 $\langle c'_i, j_k \rangle$，其中 $c'_i$ 和 $j'_k$ 分别是随机抽样的负候选项和工作。训练集可以表示为

$$\mathcal{D} = \{\langle i,k,i',k'\rangle | (i,k) \in \mathcal{M}, (i,k') \in \overline{\mathcal{M}}, (i',k) \in \overline{\mathcal{M}}\} \tag{6-24}$$

其中，$\mathcal{M}$ 和 $\overline{\mathcal{M}}$ 是匹配集和非匹配集；$\langle i,k,i',k' \rangle$ 是四元组 $\langle c_i, j_k, c'_i, j'_k \rangle$ 的缩写。

双向匹配损失定义如下：

$$\mathcal{L}_{bm} = -\frac{1}{|\mathcal{D}|} \sum_{(i,k,i',k')\in\mathcal{D}} \log[\sigma(2\hat{y}_{i,k} - \hat{y}_{i,k'} - \hat{y}_{i',k})] \tag{6-25}$$

其中，$\sigma(\cdot)$ 表示 Sigmoid 函数。

考虑到负样本可能包含一些单方面匹配的样本，可以通过单方面匹配矩阵 $U$ 来识别。具体来说，$u_{ik} = 1$ 表示候选人 $c_i$ 申请了但被工作 $j_k$ 拒绝，$u_{ik} = -1$ 表示相反的方向，$u_{ik} = 0$ 表示它们之间没有单方面的匹配。单向匹配损失定义如下：

$$\mathcal{L}_{um} = -\frac{1}{|\mathcal{D}|} \sum_{(i,k,i',k')\in\mathcal{D}} \log[\sigma(f(i,k,i',k'))] \tag{6-26}$$

其中，$f(i,k,i',k') = u_{ik'}(\hat{y}_{i\to k'} - \hat{y}_{k'\to i}) + u_{i'k}(\hat{y}_{i'\to k} - \hat{y}_{k\to i'})$。通过组合这两部分，最终的损失函数为

$$\mathcal{L} = \mathcal{L}_{bm} + \lambda \mathcal{L}_{um} \tag{6-27}$$

其中，$\lambda$ 平衡了两个损失项。通过最小化这个损失函数，可以优化模型参数以提高匹配预测的性能。

与使用交叉熵损失或成对损失的先前方法相比，这里的双向四元组损失模型能够更好地适应双向推荐的要求。损失函数的代码实现如下。

```
1.   # 计算正样本和负样本的得分
2.   pos_score, pos_record = self.forward(user_item_path, user_item_valid_path_num)
3.   neg1_score, neg1_record = self.forward(user_neg_item_path, user_neg_item_valid_path_num)
4.   neg2_score, neg2_record = self.forward(neg_user_item_path, neg_user_item_valid_path_num)
5.   # 获取用户对负样本物品的单向交互情况
6.   neg1_user_single_inter = self.user_single_inter[user_ids, neg_item_ids]
7.   # 获取负样本用户对物品的单向交互情况
8.   neg2_user_single_inter = self.user_single_inter[neg_user_ids, item_ids]
9.   # 获取负样本的用户和物品得分
```

```
10.  neg1_user_score, neg1_item_score = neg1_record[0], neg1_record[2]
11.  neg2_user_score, neg2_item_score = neg2_record[0], neg2_record[2]
12.  # 计算单向交互的 BPR 损失
13.  single_loss_1 = self.bpr_loss(neg1_user_score*neg1_user_single_inter, neg1_item_score*neg1_user_single_inter)
14.  single_loss_2 = self.bpr_loss(neg2_user_score*neg2_user_single_inter, neg2_item_score*neg2_user_single_inter)
15.  # 计算总损失，包括正样本与负样本得分的 BPR 损失和单向交互损失的组合
16.  Loss = self.bpr_loss(2*pos_score, neg1_score+neg2_score)+0.5*single_loss_1+0.5*single_loss_2
```

## 6.3.2 系统评测与验证

### 1. 性能对比

将基线模型根据它们的核心技术分为三组：①基于协同过滤思想的 LFRR，该方法根据用户与物品之间的交互推荐物品；②包括 PJFNN、BPJFNN 和 APJFNN 在内的基于内容过滤的方法，这些方法依赖于用户资料内容特征；③结合了协同过滤与基于内容过滤的混合方法 DPGNN。上述基线模型都是专门针对双向推荐场景提出的。

实验结果如表 6-1 所示，其中 R@5 和 P@5 指标分别是 Recall@5 和 Precision@5 的缩写。

表 6-1 模型对比分析实验表

| 模型 | 岗位推荐 ||||  人才推荐 ||||
|---|---|---|---|---|---|---|---|---|
| | R@5 | P@5 | NDCG@5 | MRR@5 | R@5 | P@5 | NDCG@5 | MRR@5 |
| LFRR | 0.2060 | 0.0418 | 0.1124 | 0.0822 | 0.2519 | 0.0519 | 0.1490 | 0.1172 |
| PJFNN | 0.3679 | 0.0745 | 0.2259 | 0.1811 | 0.4625 | 0.0947 | 0.3075 | 0.2601 |
| BPJFNN | 0.2317 | 0.0469 | 0.1360 | 0.1065 | 0.2373 | 0.0483 | 0.1409 | 0.1108 |
| APJFNN | 0.2543 | 0.0515 | 0.1510 | 0.1180 | 0.2296 | 0.0463 | 0.1353 | 0.1049 |
| DPGNN | 0.4929 | 0.0997 | 0.3250 | 0.2713 | 0.3556 | 0.0725 | 0.2210 | 0.1793 |
| KAERR | 0.9319 | 0.1911 | 0.8052 | 0.7651 | 0.9522 | 0.1937 | 0.8349 | 0.7963 |

### 2. 案例分析

下面分别选取一个匹配成功和匹配失败的案例进行研究。如图 6-8 所示，在匹配成功的案例中，我们的模型从候选者和招聘者的视角预测出高分。元路径上的注意力权重突出了影响匹配的关键因素。对候选者而言，最高的权重集中在地点和薪资上，表明这些是主要考虑因素。另一方面，招聘者更加重视教育背景、技能和经验。

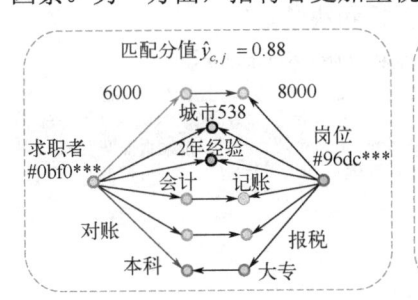

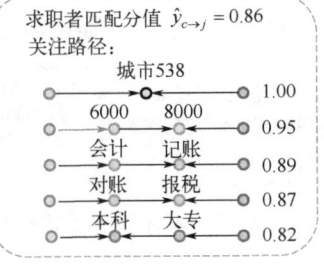

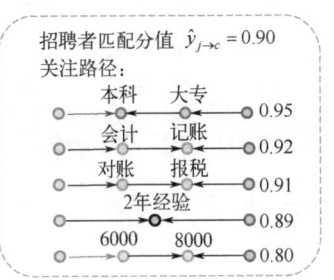

图 6-8 匹配成功案例分析图

相比之下，图 6-9 所描绘的匹配失败案例展示了不同的情况。尽管候选者满足了职位要求，拥有合适的教育背景、工作经验和技能，这通过职位视角的高预测分数得到了体现，但候选者对该职位的自身预测分数仍然较低。这种分数上的差异是因为职位的地点不符合候选者的偏好，最终导致整体匹配分数低下。这个例子强调了在匹配过程中考虑双方偏好的重要性，并展示了我们的模型在现实世界推荐场景中提供的细腻可解释性。

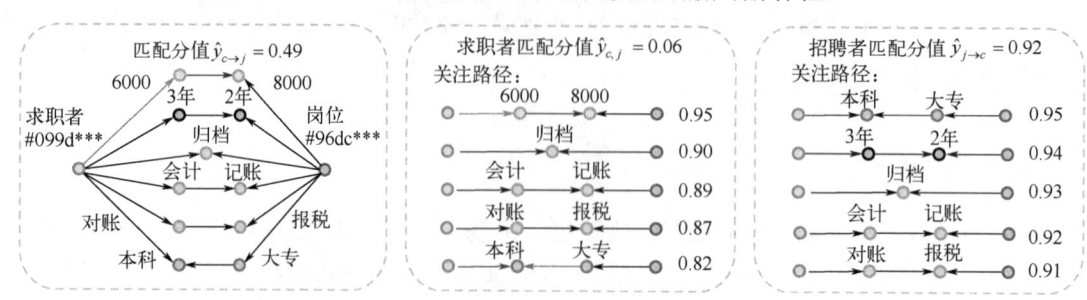

图 6-9　匹配失败案例分析图

### 6.3.3　工程实践

本节将探讨基于知识图谱的可解释双向推荐算法在工程应用中的具体实现，这包括系统的整体架构设计、技术栈的选择及算法部署策略，旨在提供一个实际可行的框架，帮助读者更好地理解如何将理论应用到实际的系统开发中。

#### 1. 工程实践重要环节

该工程实践包含以下环节。

（1）训练推荐模型：在工程实践中，首先参考 6.3.1 节训练基于知识图谱的可解释双向推荐算法，将得到的模型用于后续部署。

（2）实现推荐请求接口：实现函数用于接收人才 ID 或岗位 ID，返回推荐结果。

（3）封装服务：使用 Django 等工具，将训练好的模型输出封装为一个服务。这个服务可以通过接口进行调用，并根据输入的推荐目标返回相应的推荐结果。

（4）调用服务：使用 Spring Boot 等框架，在系统中调用封装好的服务。通过调用接口，将待匹配的人才或岗位传递给推荐模型服务。

（5）返回推荐结果：通过 Spring Boot 接口，获取推荐模型服务返回的推荐结果。

（6）用户获取推荐列表：用户可以得到推荐列表，这些列表显示了与用户选择的推荐目标匹配的人才或岗位。用户可以基于这些结果进行进一步分析和决策。

将从零开始构建一个人岗智能匹配平台，工程化构建流程如图 6-10 所示。

图 6-10　工程化构建流程图

## 2. 工程实践具体细节

以下是工程化实施的具体细节。

1) 算法封装和接口发布

算法模型大多以 Python 作为首选开发语言，训练好的算法函数可使用 FastAPI、Flask、Django 等插件库或框架快速进行接口封装和发布。本例采用 Django 作为 API 框架，首先在命令行运行以下命令，实现 Django 的安装和项目构建。

```
1.  pip install django
2.  django-admin startproject sulab
3.  cd sulab
4.  python manage.py startapp kaer
```

接下来，创建视图，在 kaer 文件夹下创建 views.py，将算法模块接入视图，代码如下。

```
1.  class UserQueryByKeyword(View):
2.      def get(self, request):
3.          query_params = request.GET
4.          keyword = str(query_params['keyword'])
5.          results = search_users(keyword)
6.          print(results)
7.          objDict = {}
8.          objDict['obj'] = list(results.values())
9.          objDict['error'] = {'err_msg': '', 'err_code': 0}
10.         return JsonResponse(objDict, safe=False)
11.
12. class JobQueryByKeyword(View):
13.     def get(self, request):
14.         query_params = request.GET
15.         keyword = str(query_params['keyword'])
16.         results = search_jobs(keyword)
17.         print(results)
18.         objDict = {}
19.         objDict['obj'] = list(results.values())
20.         objDict['error'] = {'err_msg': '', 'err_code': 0}
21.         return JsonResponse(objDict, safe=False)
22.
23. class RecommendForUser(View):
24.     def get(self, request):
25.         query_params = request.GET
26.         user_id = int(query_params['user_id'])
27.         results = recommend_for_user(user_id)
28.         print(results)
29.         objDict = {}
30.         objDict['obj'] = list(results.values())
31.         objDict['error'] = {'err_msg': '', 'err_code': 0}
32.         return JsonResponse(objDict, safe=False)
```

```
33.
34.    class RecommendForJob(View):
35.        def get(self, request):
36.            query_params = request.GET
37.            job_id = int(query_params['job_id'])
38.            results = recommend_for_job(job_id)
39.            print(results)
40.            objDict = {}
41.            objDict['obj'] = list(results.values())
42.            objDict['error'] = {'err_msg': '', 'err_code': 0}
43.            return JsonResponse(objDict, safe=False)
```

然后，配置 kaer/urls.py，将视图加入 URL。

```
1.  from django.urls import path
2.  from kaer.kaer.views import UserQueryByKeyword,JobQueryByKeyword,RecommendForUser,RecommendForJob
3.
4.  urlpatterns = [
5.      path('user_query_by_keyword', UserQueryByKeyword.as_view(), name='UserQueryByKeyword'),
6.      path('job_query_by_keyword', JobQueryByKeyword.as_view(), name='JobQueryByKeyword'),
7.      path('recommend_for_user', RecommendForUser.as_view(), name='RecommendForUser'),
8.      path('recommend_for_job', RecommendForJob.as_view(), name='RecommendForJob'),
9.  ]
```

最后，运行服务器，可通过"ip:8000/user_query_by_keyword"等 URL 访问该服务。

```
python manage.py runserver 0.0.0.0:8000
```

2) Spring Boot 搭建

通过 Spring Boot 框架对接口进行统一的调度、管理、认证授权以及分布式微服务架构的支持。搭建一个基于 Spring Boot 的 Web MVC 框架，优化接口的处理流程，增强系统的可扩展性和可维护性。下面介绍基于 IDEA 搭建 Spring Boot 框架的流程。

（1）如图 6-11 所示，通过新建项目选择 Spring Initializr，项目名称和包名可自定义填写。

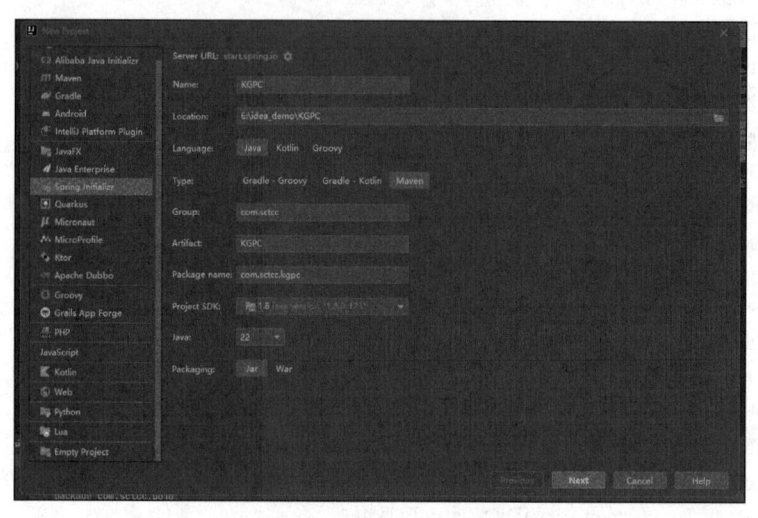

图 6-11 在 IDEA 中新建项目

(2) 如图 6-12 所示，在选择依赖库时，只需勾选 Spring Web 即可完成项目的创建。

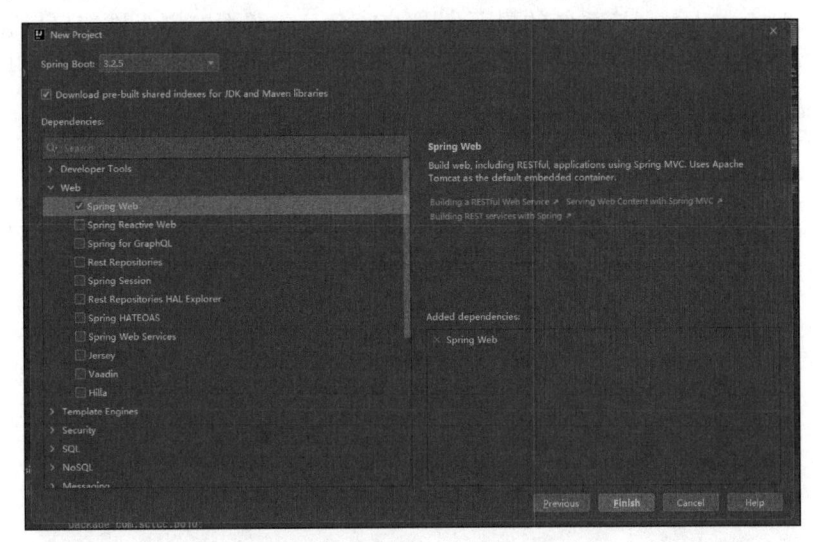

图 6-12　在 IDEA 中选择依赖库

3) 前端开发及接口对接

(1) 在安装 node.js 后，在命令行运行以下命令实现 vue-cli3 的安装和项目创建。

```
1.  npm install-g @vue/cli
2.  vue create my-project
3.  npm run server
```

(2) 在 view 文件夹下新建 AI 文件夹，在 AI 文件夹下创建 KAER 文件夹，并在该目录创建 index.vue 文件。

接着，进行 vue-router 路由配置。找到 router.js 文件打开并添加如下代码。

```
1.  import Router from "vue-router";
2.  let routes = [
3.  {
4.      path: "/AI/KAER",
5.      name: "KAER",
6.      component: () => import("@/views/AI/KAER/index"),
7.  }]
8.  const router = new Router({
9.      base: process.env.BASE_URL,
10.     routes
11. });
```

4) 项目访问

在浏览器访问项目。至此，整个工程化的项目构建就完成了。

## 6.3.4　演示系统

为了直观地展示基于知识图谱的可解释双向推荐算法的效果和功能，本节开发了一个演示系统，该演示系统能够向用户直观地展示算法如何在实际招聘场景中工作。

本系统为人岗匹配场景的双向推荐系统,既可以为系统中的人才推荐适合的岗位,也可以为岗位匹配适合的人才。该系统的界面如图 6-13 所示,界面左侧为推荐目标选择区,该区域分为上下两个部分,分别用于选择待匹配的岗位和人才;界面右侧为推荐结果展示区,可以展示界面左侧选定目标的推荐结果。

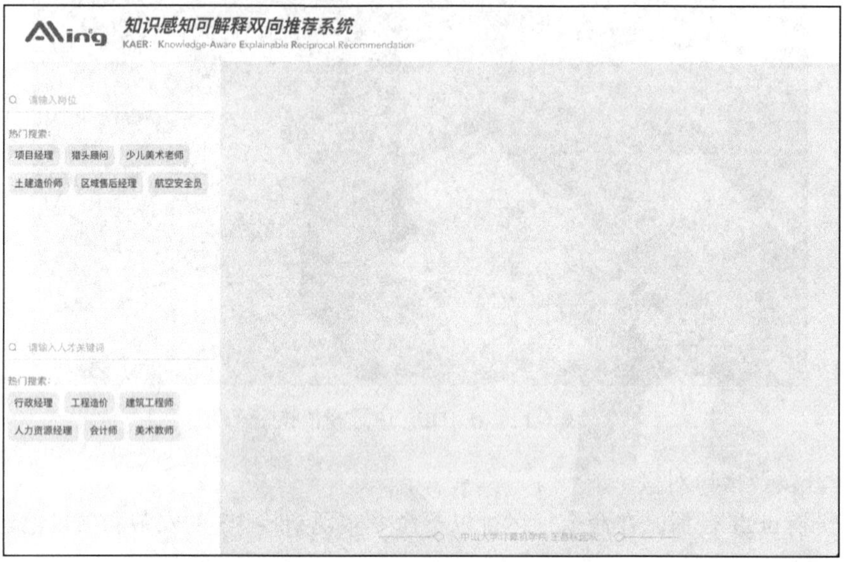

图 6-13　知识感知可解释双向推荐系统界面

具体地,用户可以通过在界面实现以下操作。

1. 搜索待匹配的岗位

在界面左侧上半部分的搜索框中输入岗位关键词(如土建造价师),系统将展示对应的待匹配岗位供选择以进行匹配,如图 6-14 所示。

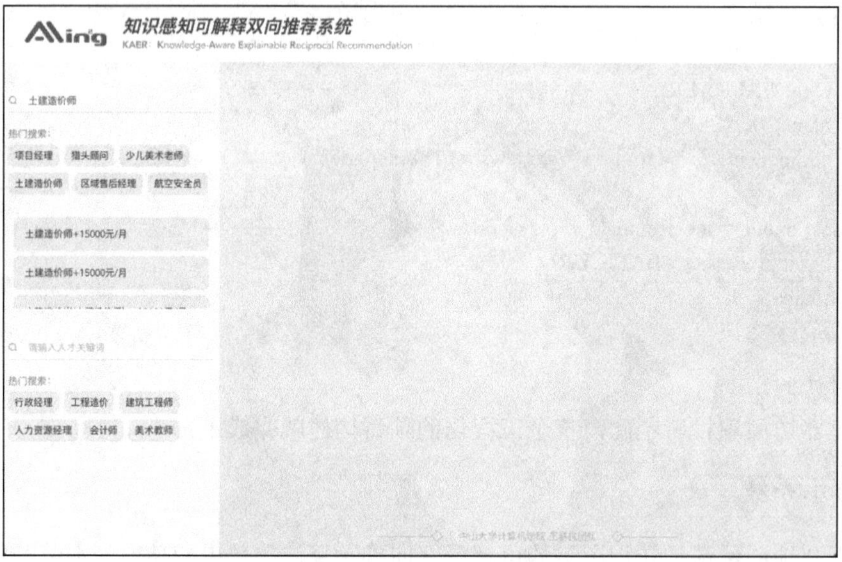

图 6-14　岗位搜索演示图

## 2. 为岗位匹配人才

在界面左侧选择待匹配的岗位后，系统将在界面右侧展示适合该岗位的人才及其详细信息，如图 6-15 所示。

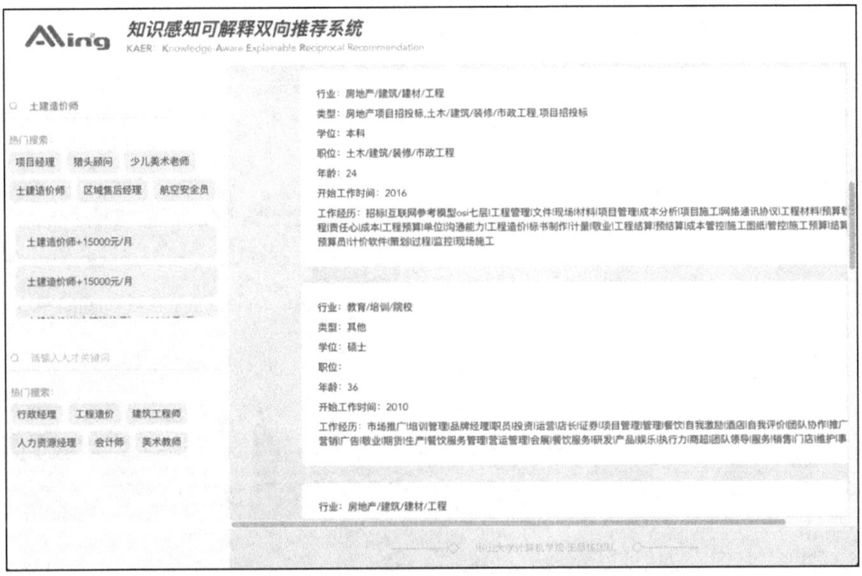

图 6-15　人才推荐演示图

## 3. 搜索待匹配的人才

在界面左侧下半部分的搜索框中输入人才关键词（如工程造价），系统将展示对应的待匹配人才供选择以进行匹配，如图 6-16 所示。

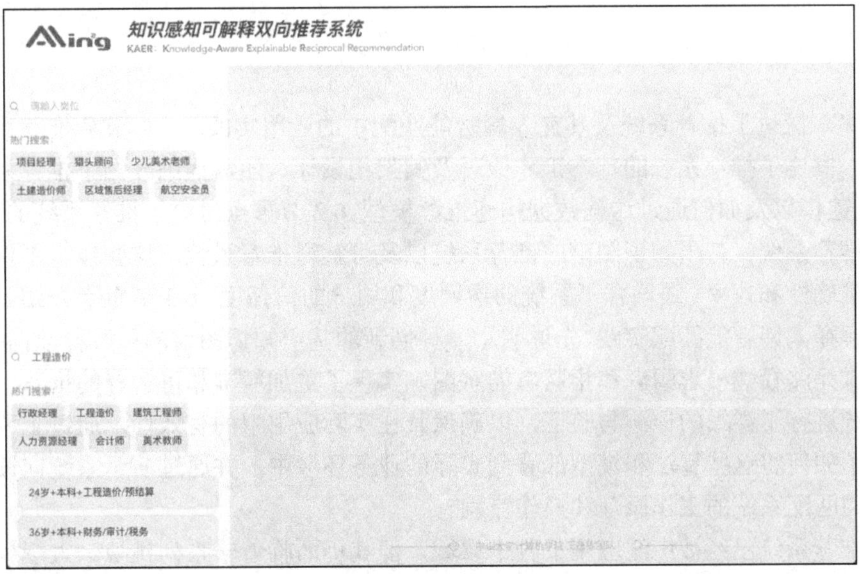

图 6-16　人才搜索演示图

**4. 为人才匹配岗位**

在界面左侧选择待匹配的人才后，系统将在界面右侧展示适合该人才的岗位及其详细信息，如图 6-17 所示。

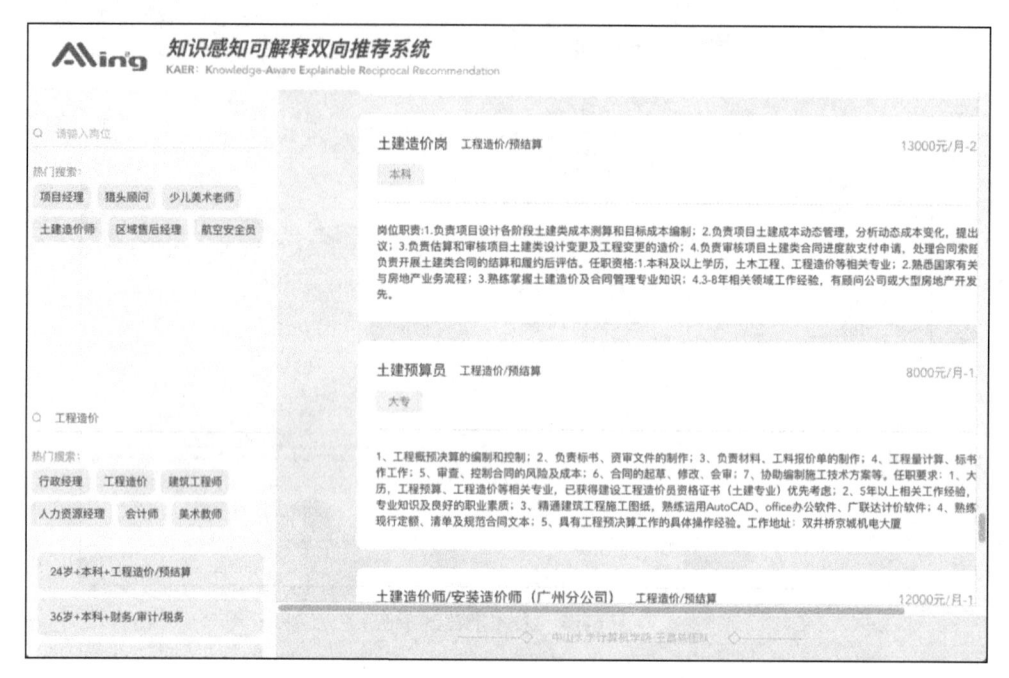

图 6-17　岗位推荐演示图

借助这个演示系统，用户可以通过实际操作和可视化结果，深入了解本书提出的方法和工程实践的价值。

# 小　　结

本章深入探讨了推荐系统及其在人岗智能匹配中的应用实践。6.1 节从推荐系统的背景知识入手，概述了推荐系统的基本工作原理及其架构设计，随后详细介绍了推荐系统的数据来源、数据建模以及如何通过这些数据构建推荐模型。6.2 节重点讨论了推荐系统的优化技术，包括双向推荐系统、基于知识图谱的推荐系统以及可解释推荐系统。这些技术不仅提高了推荐系统的准确性和效率，还增强了系统的透明度和用户的信任度。6.3 节重点介绍了基于知识图谱的可解释人岗智能匹配实践，先说明了一种创新的基于知识图谱的可解释双向推荐算法，该算法通过元路径建模求职者和招聘者的意图，实现了更加精准和可解释的推荐。此外，本章还对系统进行了详细的评测与验证，以确保其在实际应用中的有效性。通过工程实践的讨论，展示了如何将这些算法和模型部署到实际的业务环境中，并通过演示系统向读者直观地展示了人岗匹配系统的工作原理和操作流程。

尽管推荐系统已经被广泛应用于各个领域，但其仍面临着一系列挑战。大规模数据处理的需求对算法的计算效率和资源优化提出了更高要求。同时，用户隐私和数据安全问题日益成为社会关注的焦点,如何在提升个性化推荐的同时保护用户隐私,是推荐系统发展中必须考虑的问题。此外,随着技术的不断进步,算法的透明度和可解释性也变得越来越重要,用户和监管机构都期望能够理解算法的决策过程。最后,推荐系统的社会影响,如可能导致的信息茧房效应和算法歧视,也需要在设计时予以重视。未来的研究需要在这些方面进行深入探索,以实现更加公正、安全、高效的推荐系统。

## 习　　题

1. 基于本书提供的数据集和代码,训练 NeuMF 并报告实验结果。
2. 基于本书提供的数据集和代码,训练 KAERR 模型并报告实验结果。
3. 除了本书提及的三种优化技术,调研推荐系统还有哪些前沿的优化技术方向?
4. 附加题:实现本章工程化接口实战。

# 第 7 章　工程实践的简要回顾及扩展

## 7.1　四个工程实践的简要回顾

本书涉及四个工程实践。每一个工程实践都深入探讨了一个特定领域的技术及其工程实现。下面对各个工程实践进行简要的回顾。

第 3 章(知识图谱构建与挖掘)：专利大数据实践。该章对知识图谱及其构建的背景知识进行了介绍，并进一步阐述了知识图谱构建与挖掘的优化技术，使读者对知识图谱及其处理有了较为深入的了解。最后，结合上述相关的技术，针对专利文本数据，完成了知识图谱感知的专利成果聚类模型的开发，使读者对知识图谱的工程应用有了进一步的认识。

第 4 章(文本检测)：互联网大数据实践。该章通过对垃圾文本检测技术的介绍，使读者对这一技术的主要流程有所了解。然后，进一步介绍了基于字符相似性网络的垃圾文本检测优化技术，让读者了解了文本检测技术的优化方式。最后，实现了基于字符相似性网络的对抗垃圾文本检测模型，使读者清晰地了解了检测垃圾文本的具体流程。

第 5 章(多模态数据分析)：医疗大数据实践。该章介绍了多模态数据分析与医疗大数据分析的相关技术，使读者对多模态数据和医疗大数据有了初步认识。基于上述基础知识，通过对基于多模态数据融合的智慧医疗诊断模型的开发流程的描述，使读者能够清晰了解多模态数据在医学领域的具体应用。

第 6 章(推荐系统)：人岗智能匹配实践。该章首先对推荐系统的背景知识进行了介绍，并以此为基础进一步介绍了推荐系统的优化技术，使读者对推荐系统的相关理论有了较为深入的认识。最后，通过详细介绍基于知识图谱的可解释人岗智能匹配实践，使读者能够较为清晰地了解推荐系统的工程实现流程。

## 7.2　数据工程实践扩展

### 7.2.1　技术角度的扩展

本书中介绍的四个工程实践在技术上具有相互关联性，可以通过扩展应用实现更广泛的功能和应用场景。

1. 知识图谱技术扩展应用

知识图谱技术不仅限于单一应用场景，其多种扩展应用包括如下几个方面。

(1)文本检测：知识图谱可以通过建立语义网络，帮助识别文本中的关键实体和关系。例如，在新闻文章中，知识图谱可以识别出涉及的事件、人物和地点，并揭示它们之间的关系，从而提供更深入的语义分析。

(2)时间序列分析：知识图谱能够将时间事件与相关数据关联起来，提供更丰富的上下文信息。例如，在金融数据分析中，知识图谱可以关联市场事件、政策变动与时间序列数据，帮助更准确地预测市场趋势。

(3)多模态数据分析：知识图谱可以整合和关联不同模态的数据（如图像、音频、文本）。例如，在医疗领域，知识图谱可以将患者的影像数据、病历文本和基因数据联系起来，提供综合诊断支持。

(4)推荐系统：知识图谱通过分析用户和内容之间的复杂关系，提升推荐的精准度。例如，在电商平台上，知识图谱可以根据用户的购买历史、浏览记录和兴趣爱好，推荐更相关的商品。

2. 文本检测技术扩展应用

文本检测技术具有广泛的应用场景，可以扩展到如下几个方面。

(1)知识图谱：文本检测可以从大量文本数据中提取实体和关系，构建和更新知识图谱。例如，在医学领域，文本检测可以从研究论文中提取疾病、症状和治疗方法，完善医学知识图谱。

(2)时间序列分析：文本检测可以从文本中提取时间信息和事件序列。例如，在社交媒体数据分析中，文本检测可以识别出用户在不同时间段内的活动模式和情感变化，帮助进行趋势预测。

(3)多模态数据分析：文本检测与其他模态数据结合，能够提供更全面的分析。例如，在智能交通系统中，文本检测可以处理交通报告和天气预报文本，与传感器数据结合，优化交通管理。

(4)推荐系统：文本检测可以分析用户生成的文本内容（如评论、帖子）以了解用户偏好。例如，在内容推荐平台上，文本检测可以识别用户的兴趣点，推送相关的文章或视频。

3. 多模态数据分析技术扩展应用

多模态数据分析技术可以扩展应用于如下几个方面。

(1)推荐系统：多模态数据分析可以为推荐系统提供多维度的信息支持，提高推荐的准确性。例如，在音乐推荐系统中，多模态分析可以结合用户的听歌历史、社交互动和文本评论，提供更精准的音乐推荐。

(2)时间序列分析：多模态数据可以为时间序列分析提供多个模态的序列信息。例如，图像模态融合文本模态的时间序列分析，可以实现电影中的图像画面与字幕相结合的视频分析。

## 7.2.2 应用领域角度的扩展

1. 知识图谱技术

知识图谱技术不仅可以用于专利大数据的实践，还能应用于学术论文、法律文件和产品数据等领域。通过知识图谱技术，可以在学术论文中挖掘出论文之间的引用关系、主题关联以及作者合作网络，辅助科研人员了解研究动态；在法律文件中，可以构建法规之间的关联网络，帮助法律专业人士快速找到相关法规和判例依据；在产品数据中，可以关联产品特性、生产商和市场反馈等信息，为企业提供研发和市场策略的参考。

2. 文本检测技术

文本检测技术不仅可以用于互联网大数据的实践，还可以扩展到医学文本数据、手写文本和古籍数据的检测与分析等。医学领域的文本检测可以帮助挖掘出疾病、治疗方案和药物等知识，为医疗诊断和医学研究提供支持；手写文本检测有助于将教育和档案等领域的手写内容数字化，提升管理和检索效率；古籍文本检测可以将历史文化遗产数字化，便于研究和保护。

3. 多模态数据分析技术

多模态数据分析技术不仅适用于医疗大数据的实践，还可以扩展到安防、智能制造、智慧城市和金融等领域。在安防领域，多模态数据分析可以整合视频、音频和传感器等数据，提升监控和安全系统的智能化水平；在智能制造中，可以整合生产线上的多种数据，提升生产效率并降低成本；在智慧城市建设中，可以整合城市数据，实现对交通、能源和环境的智能化管理；在金融领域，可以整合客户行为和交易数据，为风险管理和客户服务提供支持。

4. 推荐系统技术

推荐系统技术不仅可以用于人岗智能匹配实践，还可以扩展到电商、音乐、视频和社交等领域。电商领域的推荐系统能够根据用户的行为，为其推荐符合兴趣的商品；音乐推荐系统能根据用户的听歌历史，推荐符合其品位的音乐；视频推荐系统能够通过用户的观看历史，推荐符合其兴趣的视频内容；社交平台上的推荐系统可以帮助用户找到感兴趣的朋友、群组和内容。

### 7.2.3 跨领域技术应用

1. 知识图谱与自然语言处理：提升语义理解与信息提取

知识图谱与自然语言处理的结合为各领域带来了深远的影响。知识图谱提供了结构化的知识表示，包括实体、关系和属性，而自然语言处理技术使得计算机能够理解和处理人类语言。这种结合使得我们能够构建智能搜索引擎、智能问答系统、智能客服机器人等应用，这些应用能够更加准确地理解用户的需求并提供个性化的服务。例如，在智能搜索引擎中，知识图谱提供了结构化的知识库，自然语言处理技术可以理解用户的查询意图，从而提供更精准的搜索结果。在医疗领域，结合知识图谱和自然语言处理技术，可以帮助医生快速获取最新的医学知识、诊断方案等信息，从而支持医疗决策和诊断过程。这些跨领域技术应用充分发挥了知识图谱和自然语言处理技术的优势，为实际问题的解决提供了全新的思路和方法。

2. 时间序列分析与推荐系统：动态推荐系统的实现

时间序列分析与推荐系统的结合在多个领域都有着重要的应用，为用户提供个性化、实时的推荐服务。时间序列分析是一种用于处理按时间顺序排列的数据集的统计技术，而推荐系统则根据用户的历史行为和偏好，向其推荐可能感兴趣的内容或产品。

在电商领域，时间序列分析可用于分析商品销售数据、用户行为等时间相关的信息，了解产品的销售趋势、季节性变化等。结合推荐系统，可以根据时间序列分析的结果，为用户提供更加个性化、准确的商品推荐。例如，根据用户在不同时间段的购买历史和浏览行为，推荐系统可以动态地调整推荐策略，提供符合用户当前需求和兴趣的商品推荐。

在内容推荐领域，时间序列分析可以用于分析用户对不同类型内容的偏好随时间的变化趋势。通过分析用户在不同时间段的点击、观看等行为数据，可以发现用户的兴趣变化和活跃时间段。结合推荐系统，可以根据时间序列分析的结果，调整推荐内容的权重和排序，提高推荐的准确性和用户满意度。

在金融领域，时间序列分析被广泛应用于股票价格预测、风险管理等方面。结合推荐系统，可以根据时间序列分析的结果，为投资者提供个性化的投资建议和股票推荐，帮助他们做出更加准确的投资决策。

总之，时间序列分析与推荐系统的结合能够为用户提供个性化、实时的推荐服务，在电商、内容推荐、金融等领域都有着重要的应用前景。通过分析时间相关的数据和用户行为，可以更好地理解用户的需求和兴趣，提高推荐系统的效果和用户满意度。

### 7.2.4 数据融合技术应用

多模态数据在知识图谱中的应用展现了巨大的潜力，为丰富知识的表达和深度理解提供了新的可能性。多模态数据指的是包含多种类型(如文本、图像、视频、音频等)的数据，它们能够提供更全面、丰富的信息，有助于构建更完整、准确的知识图谱。

首先，多模态数据能够丰富知识图谱的节点和关系。传统的知识图谱主要基于文本数据构建，而多模态数据的引入可以使得知识图谱中的实体和关系更加多样化、丰富化。例如，将图像数据与知识图谱结合，可以描述实体的外观、特征，从而提高图谱的丰富性和准确性。其次，多模态数据能够提高知识图谱的语义理解和推理能力。不同模态的数据相互补充，提供更多维度的信息，有助于对知识进行更深层次的理解和推理。例如，结合文本和图像数据，可以实现对实体的跨模态关联分析，发现更丰富、深入的知识关系。另外，多模态数据还能够拓展知识图谱的应用场景和领域。传统的知识图谱主要应用于文本理解、信息检索等领域，而多模态数据的引入可以拓展到图像识别、视频理解、音频分析等更多领域。例如，在智能医疗领域，结合多模态数据可以综合分析医学影像和病历文本，为医生提供更全面的诊断支持。

综上所述，多模态数据在知识图谱中的应用丰富了知识的表达和理解，提升了图谱的语义理解和推理能力，拓展了应用场景和领域。随着多模态数据技术的不断进步和应用场景的不断拓展，相信多模态数据与知识图谱的结合将在未来发挥越来越重要的作用。

# 参 考 文 献

彭智勇，高云君，李国良，等，2024. 面向多模态数据的新型数据库技术专题前言[J]. 软件学报，35(3): 1049-1050.

BALTRUSAITIS T, AHUJA C, MORENCY L P, 2019. Multimodal machine learning: a survey and taxonomy[J]. IEEE transactions on pattern analysis and machine intelligence, 41(2): 423-443.

BENOIT K, 2019. Text as data: an overview[M]. 2nd ed. Handbook of Research Methods in Political Science and International Relations.

BORDES A, USUNIER N, GARCIA-DURAN A, et al., 2013. Translating embeddings for modeling multi-relational data[C]//Proceedings of the 26th international conference on neural information processing systems. New York: Curran Associates Inc.: 2787-2795.

CAVNAR W B, TRENKLE J M, 1994. N-gram-based text categorization[C]//Proceedings of SDAIR-94, 3rd annual symposium on document analysis and information retrieval. .

CHEN Y H, HUANG L, WANG C D, et al., 2023. Adversarial spam detector with character similarity network[J]. IEEE transactions on industrial informatics, 19(3): 2541-2551.

CHUNG J , GULCEHRE C , CHO K H, et al., 2014. Empirical evaluation of gated recurrent neural networks on sequence modeling[J]. Eprint arxiv .

DEVLIN J, CHANG M W, LEE K, et al., 2019. BERT: pre-training of deep bidirectional transformers for language understanding[C]//Proceedings of the 2019 conference of the north american chapter of the association for computational linguistics: human language technologies. : 4171-4186.

HAN J W, MICHELINE K, 2000. Data mining: concepts and techniques[M]. San Francisco, Morgan Kaufmann Publishers.

HE X N, LIAO L Z, ZHANG H W, et al., 2017. Neural collaborative filtering[C]//Proceedings of the 26th international conference on world wide web. New York: ACM: 173-182.

HOCHREITER S, SCHMIDHUBER J, 1997. Long short-term memory[J]. Neural computation, 9(8): 1735-1780.

JI S X, PAN S R, CAMBRIA E, et al., 2022. A survey on knowledge graphs: representation, acquisition, and applications[J]. IEEE Transactions on Neural Networks and Learning Systems, 33(2): 494-514.

KOREN Y, BELL R, VOLINSKY C, 2009. Matrix factorization techniques for recommender systems[J]. Computer, 42(8): 30-37.

KRIZHEVSKY A, SUTSKEVER I, HINTON G E, 2017. ImageNet classification with deep convolutional neural networks[J]. Communications of the ACM, 60(6): 84-90.

LAI K H, YANG Z R, LAI P Y, et al., 2024. Knowledge-aware explainable reciprocal recommendation[A]. Proceedings of the 38th AAAI conference on artificial intelligence. Hong Kong: AAAI Press: 8636-8644.

LECUN Y, BOTTOU L, BENGIO Y, et al., 1998. Gradient-based learning applied to document recognition[J]. Proceedings of the IEEE, 86(11): 2278-2324.

LESKOVEC J, RAJARAMAN A, ULLMAN J D, 2014. Mining of massive datasets[M]. 2nd ed. Cambridge:

Cambridge University Press.

LIN Y K, LIU Z Y, SUN M S, et al., 2015. Learning entity and relation embeddings for knowledge graph completion[C]//Proceedings of the 29th AAAI conference on artificial intelligence. Hong Kong: AAAI Press: 2181-2187.

MIKOLOV T, CHEN K, CORRADO G, et al., 2013. Efficient estimation of word representations in vector space[C]//The 1st international conference on learning representations(ICLR), Scottsdale.

MIKOLOV T, KARAFIÁT M, BURGET L, et al., 2010. Recurrent neural network based language model[C]//INTERSPEECH 2010, 11th annual conference of the international speech communication association, Chiba.

SCHLICHTKRULL M, KIPF T N, BLOEM P, et al., 2018. Modeling relational data with graph convolutional networks[C]//Proceedings of the semantic web-15th international conference. Berlin: Springer: 593-607.

SIVIC J, ZISSERMAN A, 2009. Efficient visual search of videos cast as text retrieval[J]. IEEE transactions on pattern analysis and machine intelligence, 31(4): 591-606.

VASWANI A, SHAZEER N, PARMAR N, et al., 2017. Attention is all you need[C]//Proceedings of the 31st international conference on neural information processing systems. New York: Curran Associates Inc.: 6000-6010.

WANG X, HE X N, CAO Y X, et al., 2019. KGAT: knowledge graph attention network for recommendation[C]//Proceedings of the 25th ACM SIGKDD international conference on knowledge discovery & data mining. New York: ACM: 950-958.

WANG X, JI H Y, SHI C, et al., 2019. Heterogeneous graph attention network[C]//Proceedings of the world wide web conference. New York: ACM: 2022-2032.

WANG Z, ZHANG J W, FENG J L, et al., 2014. Knowledge graph embedding by translating on hyperplanes[C]//Proceedings of the 28th AAAI conference on artificial intelligence. Hong Kong: AAAI Press: 1112-1119.